电子技术与应用

主 编 刘睿强 雷晓平 高小梅 刘 浩

北京理工大学出版社
BEIJING INSTITUTE OF TECHNOLOGY PRESS

内 容 简 介

本书按"项目引导""岗课赛证融通""以学生为中心""教学做一体化"的理念通过校企合作编写而成，将电子信息类课程必须掌握的基础理论知识与实践技能分解到书中的六个不同项目之中，由浅入深、循序渐进地讲述了电子技术的发展历程、基本概念和电路的基本组成，主要包括：二极管、三极管、集成运算放大器等基本电子器件的特性及使用方法，基本放大电路的组成和工作原理；逻辑门电路、组合逻辑电路、时序逻辑电路等数字电路的基本知识和应用。同时提高"技术跟随度"，将这些内容与企业行业技术岗位、国家有关竞赛项目（全国大学生电子设计大赛等）、"1+X"职业等级证书对电子技术理论知识与实践技能进行深度融合，突出边学边做的教学理念，重视实践应用，强化学生技能培养。

本书配有教学课件、微课等信息化教学资源，具有较强的可读性、实用性和先进性。

本书可作为高等职业技术学院和技师学院电子信息类和电气控制类专业的高职教材，也可作为从事电子技术工作人员的参考书，还可作为学生参加电子信息类竞赛及考证的指导用书，并且适合初学者自学使用。

图书在版编目（CIP）数据

电子技术与应用/刘睿强等主编. -- 北京：北京
理工大学出版社，2023.12
 ISBN 978-7-5763-2328-3

Ⅰ.①电… Ⅱ.①刘… Ⅲ.①电子技术-教材
Ⅳ.①TN

中国国家版本馆 CIP 数据核字（2023）第 234934 号

责任编辑：陈莉华　　文案编辑：陈莉华
责任校对：周瑞红　　责任印制：施胜娟

出版发行 / 北京理工大学出版社有限责任公司
社　　址 / 北京市丰台区四合庄路 6 号
邮　　编 / 100070
电　　话 / (010) 68914026（教材售后服务热线）
　　　　　 (010) 68944437（课件资源服务热线）
网　　址 / http://www.bitpress.com.cn

版 印 次 / 2023 年 12 月第 1 版第 1 次印刷
印　　刷 / 涿州市新华印刷有限公司
开　　本 / 787 mm × 1092 mm　1/16
印　　张 / 16.5
字　　数 / 378 千字
定　　价 / 73.00 元

前言

随着人工智能等现代科技的飞速发展，新一代信息技术已成为国家战略性新兴产业，电子技术已经深入各个领域，如下一代通信网络、物联网、三网融合、新型平板显示、高性能集成电路和以云计算为代表的高端软件等。因此，对于电子技术与应用的学习，具有非常重要的现实意义。

全书以典型的电工电子产品或工作任务为载体，共安排 6 个学习项目，分别是 OTL 功率放大电路的设计与制作、集成运算放大器基本应用电路设计与制作、直流稳压电源电路设计与制作、多数表决器的设计与制作、八路数显抢答器的设计与制作、流水灯的设计与制作，每个项目由项目描述、知识链接、项目实施、项目总结与评价、项目技能训练、项目拓展组成，便于按照"六步法"实施"理实一体化"项目教学。通过本课程学习，使学生获得电子技术方面的基础知识和技能，培养学生分析和解决电子线路问题的能力以及熟练使用常用仪器仪表的能力。

本书体例新颖、配套信息化资源丰富。以精品在线开放课程为基础，包含教学课件、微课、动画、模拟仿真、测验和作业、案例等，并提供全书所有电路的原理图、实物图及测试结果截图，既方便教师教学，也方便读者自学。

本书具有鲜明的新形态一体化教材特点：

（1）课程思政，德技并修。通过项目载体及拓展训练，巧妙融入思政内涵及社会主义核心价值观，培养学生团结互助和法制意识，以及精益求精的工匠精神、科技报国的爱国情怀。

（2）岗课赛证融通。本书以"岗课赛证融通"四位一体的育人理念进行编写，"岗"是教材编写标准，以电子信息类企业行业具体岗位需求为目标；"课"是教材服务对象，对接电子技术职业标准和工程过程的岗位核心职业能力培养；"赛"是全国大学生电子设计大赛、全国职业院校"集成电路开发及应用"技能大赛等，以赛促练、以赛促学提升技能水平；"证"是"1＋X"智能终端产品调试与维修职业技能等级证书、集成电路设计与验证职业技能等级证书等，以职业技能等级证书评价课程学习，使读者通过学习具备与企业岗位需求的职业能力。

（3）任务驱动，目标明确，适合教学。本书以项目为载体，利用任务驱动的方式讲解了模拟电子线路与数字逻辑电路分析与设计的方法和步骤，能够启发读者的思路，提高读者解决实际问题的能力。

（4）由浅入深，循序渐进，条理清楚。本书总共为6个项目，每个项目包含2~4个任务，内容主要包含半导体器件基础知识、二极管工作原理及单向导电性、桥式整流电路、桥式整流电容滤波电路、集成稳压电路、基本共发射极放大电路、反馈的概念、功率放大电路基础知识、OTL互补对称功率放大电路；基本逻辑门电路、组合逻辑电路、触发器电路及时序逻辑电路等，适合高职学生的认知水平和特点。教师可根据学生的实际水平或者学时的数量来选择部分教学内容，学生也可根据自己的需求来选择学习的内容。

（5）工学一体，校企合作。本书由学校一线教师和电子科技集团公司第二十四研究所、重庆吉芯科技有限公司相关著名企业的高级工程师王友华等全程参与、审核，更有利于培养学生的独立学习能力和工程实践能力。

（6）以能力为本位，以项目方式进行教学，以学生为中心。全书以项目为载体，每个项目又以实际的面包板或电路板为平台，要求学生基于实际的平台实现项目的各种指标要求，以提升学生的实践应用技能。学习内容按照实际的项目来编排，每一个项目又包含几个任务，通过完成任务来锻炼学生的实际操作能力。同时，作者结合了自己在实践中积累的经验，列出了在实际操作中的注意事项，其他教师和学生都反馈教学效果良好。

参加本书编写、调试工作的有重庆电子工程职业学院刘睿强、雷晓平、高小梅、刘浩、吴娟、李忠、李仕旭、张邦凤、童瑞君、王用鑫、侯薇、黄睿、王荣辉、周青呈。在本书的编写过程中，我们得到了许多专家和同行的支持和帮助，在此表示衷心的感谢。本书的顺利出版，要感谢北京理工大学出版社的领导和专家给予的大力支持和帮助。

由于编者的水平和经验有限，书中难免存在错误和不妥之处，恳请读者批评指正并提出宝贵意见。

编　者

目 录

项目 1

OTL 功率放大电路的设计与制作

 项目描述

日常生活中，在工业生产领域或是物联网应用技术领域、通信技术领域，都需要利用电信号作为信息的载体来进行信息的传输和处理，但是有很多电信号本身的强度达不到传输和接收的标准，就需要通过放大电路将微弱的电信号放大成较大的电信号，以驱动设备工作。所以，放大电路是电路系统中最基本的电路，应用非常广泛。

本项目先介绍半导体的基本知识及 PN 结的概念与特性，再介绍半导体二极管和晶体三极管的基本结构、伏安特性和主要参数，然后介绍放大电路的基本性能指标，重点通过共发射极放大电路说明了放大电路、多级放大电路的组成和工作原理，再对功率放大电路进行介绍，最后完成简易的 OTL 互补对称功率放大电路的分析设计、仿真验证、安装与调试。

通过本项目的学习，学生理解相关知识之后，应达成以下能力目标和素养目标。

岗位职业能力

根据工作任务要求和工艺规范，正确选用和代换集成运算放大器，并能合理进行电路仿真设计、电路布局、正确接线，完成基本运算电路安装和调试，达到产品质量标准。

知识目标

- 掌握半导体二极管的结构和特性。
- 掌握晶体三极管的结构和特性。
- 掌握基本共发射极放大电路的结构及工作原理。
- 了解功率放大电路的分类。
- 掌握互补对称功率放大电路的工作原理。

技能目标

- 能利用三极管构成互补对称功率放大电路，实现功率放大。
- 能熟练地进行电路的安装和调试。
- 能利用示波器观测输出信号的波形、识读波形数据、对电路进行故障检测和排查。

1

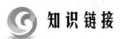

素养目标

- 通过学习并实践二极管、三极管等元器件的识别与检测，培养学生的质量意识。
- 通过 OTL 功率放大电路制作和虚拟仿真设计相结合的实训过程，培养电路综合分析设计能力，树立创新意识，引导学生培养解决复杂工程问题的能力。
- 通过实训过程的 6S 管理及电子设计规范，理解工程伦理的基本原则，帮助其树立正确的职业道德观。
- 通过项目电路的安装和调试实践，提升"精益求精、一丝不苟、追求卓越"的工匠精神。

项目引入

我们为什么要学习放大电路？

放大电路又可称为放大器，它是使用最为广泛的电子电路之一，也是构成其他电子电路的基础单元电路。所谓放大，就是将输入的微弱信号（简称信号，指变化的电压、电流等）放大到所需要的幅度值且与原输入信号变化规律一致的信号，即进行不失真的放大。只有在不失真的情况下放大才有意义。

实际应用中，放大电路的输入信号都是很微弱的，一般为毫伏级或微伏级，为达到实际应用的需求，需将输入信号放大成千上万倍。而单级放大电路的电压放大倍数通常只有几十倍，所以需要将多个单级放大电路级联起来，组成多级放大电路对输入信号进行连续放大，达到实际电路需求。

无论是分立元件放大电路还是集成放大电路，其末级都要接负载，而要驱动负载，放大电路的末级通常使用功率放大电路。功率放大电路的任务是输出足够的功率，推动负载工作。例如扬声器发声、继电器动作、电动机旋转等。

知识链接

1.1 半导体器件基础知识

自然界的物质按导电性能来分，可分为导体、半导体和绝缘体。导电性能介于导体和绝缘体之间的物质称为半导体，半导体的电阻率为 $10^{-3} \sim 10^{-9} \ \Omega \cdot cm$。常用的半导体有硅（Si）和锗（Ge）以及砷化镓（GaAs）等。

半导体的导电能力在不同的条件下有很大的差别：当受外界热和光的作用时，它的导电能力明显变化；往纯净的半导体中掺入某些特定的杂质元素时，会使它的导电能力具有可控性；这些特殊的性质决定了半导体可以制成各种器件。

1.1.1　本征半导体

常用的半导体元素锗和硅，它们都是 4 价元素，其原子结构示意图如图 1－1 所示。它们的最外层都有 4 个电子，带 4 个单位负电荷。通常把原子核和内层电子看作一个整体，称为惯性核。惯性核带有 4 个单位正电荷，最外层有 4 个价电子带有 4 个单位负电荷，因此，整个原子为电中性。

图 1－1　4 价元素原子简化结构模型

半导体及本征激发

将天然的硅和锗提纯可形成单晶半导体，在单晶半导体中，原子在空间排列成有规则的空间点阵。其中每个原子的价电子既要受到本身原子核的束缚，也要受到相邻原子的吸引。根据原子核外电子排布理论，原子外层为 8 个电子时最稳定，因此，每一个价电子都将和相邻原子的一个价电子组成价电子对，这对价电子被相邻两个原子所共有，形成相邻原子间的共价键结构，从而使每个原子达到稳定，如图 1－2 所示。

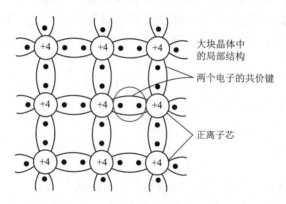

大块晶体中的局部结构

两个电子的共价键

正离子芯

图 1－2　共价键结构平面示意图

常用的半导体材料是单晶硅（Si）和单晶锗（Ge）。所谓单晶，是指整块晶体中的原子按一定规则整齐地排列着的晶体。完全纯净的、无任何结构缺陷的单晶半导体称为本征半导体。

本征半导体中，共价键对价电子的束缚力非常强，在热力学温度为零度（T＝0 K）且无其他外界激发的情况下，价电子被共价键牢牢地束缚着，半导体中没有可以自由运动的带电粒子，因而此时的半导体不能导电。

当半导体从外界获得一定的能量（如光照、升温、电磁场激发等），一些价电子就可能挣脱共价键的束缚而成为可以移动的自由电子，当有外电场作用时，这些自由电子就可以做定向运动形成电子电流。与此同时，当共价键中的一个价电子受激发挣脱原子核的束缚成为自由电子时，在共价键中便留下了一个空位子，称为"空穴"，如图 1－3 所示。当空穴出现时，相邻原子的价电子比较容易离开它所在的共价键而填补到这个空穴中来使该价电子原来所在共价键中出现一个新的空穴，这个空穴又可能被相邻原子的价电子填补，再出现新的空穴。价电子填补空穴的这种运动无论在形式上还是效果上都相当于带正电荷的空穴在运动，且运动方向与价电子运动方向相反。为了区别于自由电子的运动，把这种运动称为空穴运动，并把空穴看成是一种带正电荷的载流子。

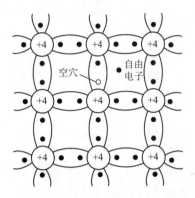

图 1 - 3　本征半导体中的空穴和自由电子

在本征半导体中，自由电子和空穴总是成对产生的，因此称为电子 - 空穴对，当自由电子在运动过程中遇到空穴时可能会填充进去从而恢复一个共价键，与此同时消失一个电子 - 空穴对，这一相反过程称为复合。在一定温度条件下，产生的电子 - 空穴对和复合的电子 - 空穴对数量相等时，形成相对平衡，这种相对平衡属于动态平衡，达到动态平衡时电子 - 空穴对维持一定的数目。

可见，在半导体中存在着自由电子和空穴两种载流子，而金属导体中只有自由电子一种载流子，这也是半导体与导体导电方式的不同之处。

1.1.2　杂质半导体

本征半导体的导电能力很弱，热稳定性也很差，因此，不宜直接用它制造半导体器件。半导体器件多数是用含有一定数量的某种杂质的半导体制成的。根据掺入杂质性质的不同，杂质半导体分为 P 型半导体和 N 型半导体。

1. P 型半导体

在本征半导体硅（或锗）中，若掺入微量的 3 价元素，如硼，这时硼原子就取代了晶体中的少量硅原子，占据晶格上的某些位置，如图 1 - 4 所示。由图可知，硼原子的 3 个价电子分别与其邻近的 3 个硅原子中的 3 个价电子组成完整的共价键，而与其相邻的另 1 个硅原子的共价键中则缺少 1 个电子，

杂质半导体

出现了 1 个空穴。这个空穴被附近硅原子中的价电子来填充后，使 3 价的硼原子获得了 1 个电子而变成负离子。同时，邻近共价键上出现 1 个空穴。由于硼原子起着接受电子的作用，故称为受主原子，又称受主杂质。

在本征半导体中每掺入 1 个硼原子就可以提供 1 个空穴，当掺入一定数量的硼原子时，就可以使半导体中空穴的数目远大于本征激发电子的数目，成为多数载流子，而电子则成

为少数载流子。显然，参与导电的主要是空穴，故这种半导体称为空穴型半导体，简称 P 型半导体。

2. N 型半导体

在本征半导体硅（或锗）中掺入微量的 5 价元素，例如磷，则磷原子就取代了硅晶体中少量的硅原子，占据晶格上的某些位置，如图 1–5 所示。

由图可见，磷原子最外层有 5 个价电子，其中 4 个价电子分别与邻近 4 个硅原子形成共价键结构，多余的 1 个价电子在共价键之外，只受到磷原子对它微弱的束缚，因此在室温下，即可获得挣脱束缚所需的能量而成为自由电子，游离于晶格之间。失去电子的磷原子则成为不能移动的正离子。磷原子由于可以释放 1 个电子而被称为施主原子，又称施主杂质。

在本征半导体中每掺入 1 个磷原子就可产生 1 个自由电子，而本征激发产生的空穴的数目不变。这样，在掺入磷的半导体中，自由电子的数目就远远超过了空穴数目，成为多数载流子（简称多子），空穴则为少数载流子（简称少子）。显然，参与导电的主要是电子，故这种半导体称为电子型半导体，简称 N 型半导体。

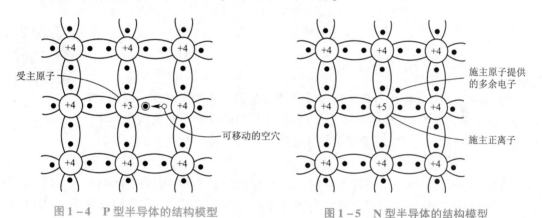

图 1–4 P 型半导体的结构模型   图 1–5 N 型半导体的结构模型

1.1.3 PN 结及其单向导电性

（一）PN 结的形成

在一块完整的硅片上，用不同的掺杂工艺使其一边形成 N 型半导体，另一边形成 P 型半导体，那么在两种半导体交界面处就形成了一个具有特殊导电性能的带电薄层，这就是 PN 结，如图 1–6 所示。PN 结是构成各种半导体器件的基本单元。

由于 P 区的多数载流子是空穴，少数载流子是电子；N 区多数载流子是电子，少数载流子是空穴，这就使交界面两侧明显地存在着两种载流子的浓度差。因此，N 区的电子必然越过界面向 P 区扩散，并与 P 区界面附近的空穴复合而消失，在 N 区的一侧留下了一层不能移动的正离子；同样，P 区的空穴也越过界面向 N 区扩散，与 N 区界面附近的电子复合而消失，在 P 区的一侧，留下一层不能移动的负离子。扩散的结果，使交界面两侧出现了由不能移动的带电离子组成的空间电荷区，因而形成了一个由 N 区指向 P 区的电场，称为内电场。随着扩散的进行，空间电荷区加宽，内电场增强，由于内电场的作用是阻碍多子扩散，促使少子漂移，所以，当扩散运动与漂移运动达到动态平衡时，将形成稳定的空间电荷区，称为 PN 结。由于空间电荷区内缺少载流子，所以又称 PN 结为耗尽层或高阻区。内建电场形成的电势差因材料的不同略有差异，硅材料为 0.6 ~ 0.8 V，锗材料为 0.2 ~ 0.3 V。

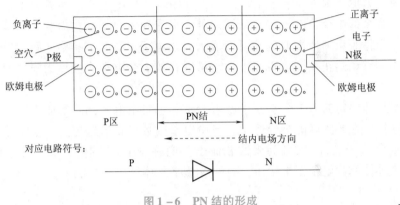

图 1-6 PN 结的形成

PN 结的形成及
其单向导电性

（二）PN 结的单向导电性

PN 结在未加外加电压时，扩散运动与漂移运动处于动态平衡，通过 PN 结的电流为零。当给 PN 结两端外加电压时，PN 结的动态平衡就被破坏了，外加电压的极性不同，PN 结表现出的导电性能截然不同。

1. 正向特性

当电源正极接 P 区，负极接 N 区时，称为给 PN 结加正向电压或正向偏置，如图 1-7 所示。当 PN 结正偏时，PN 结上外加电场的方向与内电场相反，在它的推动下，内建电场的作用被削弱，使空间电荷区变窄，耗尽层厚度变薄。结果使内电场减弱，破坏了 PN 结原有的动态平衡。于是扩散运动超过了漂移运动，扩散又继续进行。与此同时，电源不断向 P 区补充正电荷，向 N 区补充负电荷，结果在电路中形成了较大的正向电流 I_F。而且 I_F 随着正向电压的增大而增大。

2. 反向特性

当电源正极接 N 区、负极接 P 区时，称为给 PN 结加反向电压或反向偏置，如图 1-8 所示。反向电压产生的外加电场的方向与 PN 结内电场的方向相同，使 PN 结内电场加强，使 PN 结进一步加宽，PN 结的电阻增大，进一步阻挡了多子的扩散运动。这时通过 PN 结的电流，主要是少子形成的漂移电流，称为反向电流 I_R。由于在常温下，少数载流子的数量不多，故反向电流很小，而且当外加电压在一定范围内变化时，它几乎不随外加电压的变化而变化，因此反向电流又称为反向饱和电流。当反向电流可以忽略时，就可认为 PN 结处于截止状态。

综上所述，PN 结具有正偏导通、反偏截止的特性，这就是 PN 结的单向导电性。

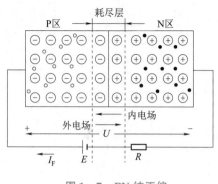

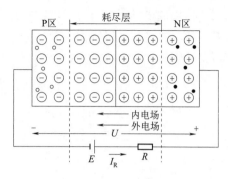

图 1-7　PN 结正偏　　　　　图 1-8　PN 结反偏

（三）PN 结的击穿特性

当 PN 结上加的反向电压增大到一定数值时，反向电流突然剧增，这种现象称为 PN 结的反向击穿。PN 结出现击穿时的反向电压称为反向击穿电压，用 U_{BR} 表示。反向击穿可分为雪崩击穿和齐纳击穿两类。

1. 雪崩击穿

当反向电压较高时，结内电场很强，使得在结内做漂移运动的少数载流子获得很大的动能。当它与结内原子发生直接碰撞时，将原子电离，产生新的电子 - 空穴对。这些新的电子 - 空穴对，又被强电场加速再去碰撞其他原子，产生更多的电子 - 空穴对。如此链锁反应，使结内载流子数目剧增，并在反向电压作用下做漂移运动，形成很大的反向电流。这种击穿称为雪崩击穿。显然雪崩击穿的物理本质是碰撞电离。

2. 齐纳击穿

齐纳击穿通常发生在掺杂浓度很高的 PN 结内。由于掺杂浓度很高，其耗尽层内正、负离子排列紧密，耗尽层较薄，这样在较小的反向电压作用下（一般小于 5 V）就可以在耗尽层中形成足够的电场，将束缚在共价键上的电子拉出来，产生大量的电子 - 空穴对，致使反向电流急剧增大，这种现象称为齐纳击穿。

1.2　半导体二极管

1.2.1　二极管的结构及类型

晶体二极管也称半导体二极管，它是在 PN 结上加电极、引线和管壳封装而成的。通常，将 P 区引出的电极称为阳极，而 N 区引出的电极称为阴极。二极管的结构、电路符号如图 1-9 所示。

二极管按工艺及结构的不同，分为点接触型、面接触型和平面型。点接触型适用于工作电流小、工作频率高的场合；面接触型适用于工作电流较大、工作频率较低的场合；平面型适用于工作电流大、功率大、工作频率低

二极管的结构
及伏安特性

的场合。按使用的半导体材料分，有硅二极管和锗二极管；按用途分，有普通二极管、整流二极管、检波二极管、混频二极管、稳压二极管、开关二极管、光敏二极管、变容二极管、光电二极管等。

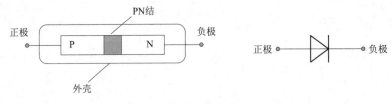

图 1-9　二极管的结构与电路符号

1.2.2　二极管的伏安特性

二极管的伏安特性是指流过二极管的电流与加于二极管两端的电压之间的关系。用逐点测量的方法测绘出来或用晶体管图示仪显示出来的 $u-i$ 曲线，称为二极管的伏安特性曲线。图 1-10 是二极管的伏安特性曲线示意图，依此为例说明其特性。

1. 正向特性

由图 1-10 可以看出，外加的正向电压为零时，电流为零；当正向电压较小时，由于外电场远不足以克服 PN 结内电场对多数载流子扩散运动所造成的阻力，故正向电流很小（几乎为零），二极管呈现出较大的电阻。OA 这段曲线称为死区。

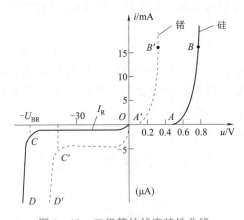

图 1-10　二极管的伏安特性曲线

以硅材料二极管为例，当正向电压升高到 A 点以后内电场被显著减弱，正向电流才有明显增加。A 点对应的电压被称为门限电压或死区电压，用 U_{th} 表示。U_{th} 视二极管材料和温度的不同而不同，常温下，硅管一般为 0.5 V 左右，锗管为 0.1 V 左右。

当正向电压大于死区电压 U_{th} 以后，外电场足以克服内电场的作用而使扩散电路迅速增加，二极管进入正向导通区，如图 1-10 中的 AB 段。在正向导通区中，正向电流随正向电压几乎呈线性增长。把正向电流随正向电压线性增长时所对应的正向电压，称为二极管的导通电压。通常，硅管的导通电压为 0.6~0.8 V（一般取为 0.7 V），锗管的导通电压为

0.1～0.3 V（一般取为 0.2 V）。

2. 反向特性

当二极管两端外加反向电压时，PN 结内电场进一步增强，使扩散更难进行。这时只有少数载流子在反向电压作用下的漂移运动形成微弱的反向电流 I_R。反向电流很小，且几乎不随反向电压的增大而增大（在一定的范围内），如图 1-10 中 OC 段所示，这个区域称为反向截止区。

3. 反向击穿特性

当反向电压增大到一定数值 U_{BR} 时，反向电流剧增，这种现象称为二极管的击穿，U_{BR} 称为击穿电压，U_{BR} 视不同二极管而定，普通二极管一般在几十伏以上，且硅管较锗管高。

击穿特性的特点是，虽然反向电流剧增，但二极管的端电压却变化很小，这一特点成为制作稳压二极管的依据。

1.2.3　二极管的主要参数

描述二极管特性的物理量称为二极管的参数，它是反映二极管电性能的质量指标，是合理选择和使用二极管的主要依据。在半导体器件手册或生产厂家的产品目录中，对各种型号的二极管均用表格列出其参数。二极管的主要参数有以下几种。

1. 最大平均整流电流 I_F

I_F 是指二极管长期工作时，允许通过的最大正向平均电流。它与 PN 结的面积、材料及散热条件有关。实际应用时，工作电流应小于 I_F，否则，可能导致结温过高而烧毁 PN 结。

2. 最高反向工作电压 U_{RM}

U_{RM} 是指二极管反向运用时，所允许加的最大反向电压。实际应用时，当反向电压增加到击穿电压 U_{BR} 时，二极管可能被击穿损坏，因而，U_{RM} 通常取为 $(1/2～2/3)U_{BR}$。

3. 反向电流 I_R

I_R 是指二极管未被反向击穿时的反向电流。I_R 越小，表明二极管的单向导电性能越好。另外，I_R 与温度密切相关，使用时应注意。

4. 最高工作频率 f_M

f_M 是指二极管正常工作时，允许通过交流信号的最高频率。实际应用时，不要超过此值，否则二极管的单向导电性将显著退化。f_M 的大小主要由二极管的电容效应来决定。

特殊二极管

1.2.4　稳压二极管

稳压二极管是一种由硅材料制成的面接触型晶体二极管，简称稳压管。稳压管是利用 PN 结反向击穿时，输出电压稳定的特点来实现稳压的目的的。

二极管的选用与
检测方法

(一) 稳压二极管的稳压原理

稳压管的伏安特性曲线如图 1–11 所示，稳压管的正向特性与普通二极管相同，不同的是，稳压管的反向特性曲线比较陡。稳压管就工作在反向击穿区，其击穿后的特性曲线很陡，说明流过稳压管的反向电路在很大范围内变化时，稳压管两端的电压基本不变，稳压管在电路中能起到稳压的作用。

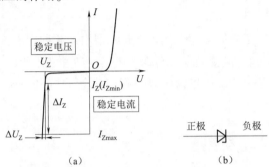

图 1–11　稳压二极管伏安特性曲线及电路符号
(a) 伏安特性曲线；(b) 电路符号

(二) 稳压二极管的主要参数

1. 稳定电压 U_Z

U_Z 是指稳压管反向击穿后其电流为规定值时它两端的电压值。不同型号的稳压管其 U_Z 的范围不同；同种型号的稳压管也常因工艺上的差异而有一定的分散性。所以，U_Z 一般给出的是范围值，例如 2CW11 的 U_Z 在 3.2 ~ 4.5 V（测试电流为 10 mA）。当然，二极管（包括稳压管）的正向导通特性也有稳压作用，但稳定电压只有 0.6 ~ 0.8 V，且随温度的变化较大，故一般不常用。

2. 稳定电流 I_Z

I_Z 是指稳压管正常工作时的参考电流。I_Z 通常在最小稳定电流 I_{Zmin} 与最大稳定电流 I_{Zmax} 之间。其中 I_{Zmin} 是指稳压管开始起稳压作用时的最小电流，电流低于此值时，稳压效果差；I_{Zmax} 是指稳压管稳定工作时的最大允许电流，超过此电流时，只要超过额定功耗，稳压管将发生永久性击穿。故一般要求 $I_{Zmin} < I_Z < I_{Zmax}$。

3. 动态电阻 r_Z

r_Z 是指在稳压管正常工作的范围内，电压的微变量与电流的微变量之比。r_Z 越小，表明稳压管性能越好。

4. 额定功耗 P_Z

P_Z 是由管子温升所决定的参数，$P_Z = U_Z I_{Zmax}$。

5. 温度系数 α

α 是指 U_Z 受温度影响的程度。硅稳压管在 $U_Z < 4$ V 时 $\alpha < 0$；在 $U_Z > 7$ V 时，$\alpha > 0$；在 $U_Z = 4 ~ 7$ V 时，α 很小。

1.3　晶体三极管

晶体三极管又称半导体三极管，简称晶体管或三极管。在三极管内，有两种载流子——电子与空穴，它们同时参与导电，故晶体三极管又称为双极型晶体三极管，简记为BJT（英文 Bipolar Junction Transistor 的缩写）。

1.3.1　晶体三极管的结构及分类

1. 晶体三极管的结构

根据排列方式的不同，三极管有 NPN 和 PNP 两种结构类型，其结构如图 1-12 所示。三极管有两个 PN 结（分别称为发射结和集电结）、三个区。以 NPN 型三极管为例，其中间的掺杂区（P 区）称为基区，两边的 N 型掺杂区域中，掺杂浓度较高的为发射区，掺杂浓度较低的为集电区。从三个区域引出三个电极，分别称为基极 b（或 B）、发射极 e（或 E）和集电极 c（或 C）。发射极的箭头方向代表发射结正向导通时电流的实际流向。

三极管的基本结构与电流放大原理

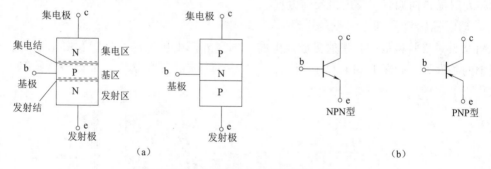

图 1-12　三极管结构示意图及电路符号

（a）三极管结构示意图；（b）三极管电路符号

为了保证三极管具有良好的电流放大作用，在制造三极管的工艺过程中，必须做到：

（1）使发射区的掺杂浓度最高，以有效地发射载流子。

（2）使基区掺杂浓度最小，且最薄，以有效地传输载流子。

（3）使集电区面积最大，且掺杂浓度小于发射区，以有效地收集载流子。

2. 晶体三极管的分类

在实际应用中，从不同的角度对三极管可有不同的分类方法。按材料分，有硅管和锗管；按结构分，有 NPN 型管和 PNP 型管；按工作频率分，有高频管和低频管；按制造工艺分，有合金管和平面管；按功率分，有中、小功率管和大功率管等。

1.3.2 晶体三极管的电流放大原理

1. 晶体三极管的三种连接方式

晶体三极管在电路中的连接方式有三种：①共基极接法；②共发射极接法；③共集电极接法。三极管的三种连接方式如图 1-13 所示。共什么极是指电路的输入端及输出端以这个极作为公共端。

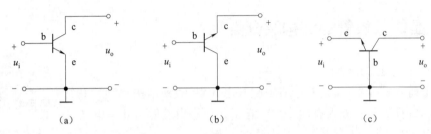

图 1-13　三极管的三种连接方式

（a）共发射极；（b）共集电极；（c）共基极

无论哪种接法，为了使三极管具有正常的电流放大作用，都必须满足一定的外部条件，即满足发射极正向偏置、集电极反向偏置。

2. 晶体三极管内部载流子的运动

NPN 型三极管构成的共发射极放大电路，通过外部电压保证三极管发射结正偏、集电结反偏的条件下，如图 1-14（b）所示，三极管内部载流子的运动，大体经历发射、复合和收集三个过程。

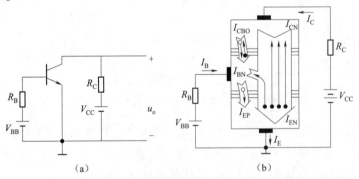

图 1-14　NPN 型三极管构成的共发射极放大电路及载流子传输示意图

（a）共发射极放大电路；（b）载流子传输示意图

（1）发射。由于发射结外加正向电压，发射区的多数载流子（自由电子）在外电场的作用下向基区扩散，两个电源的负极同时向发射区补充电子，形成发射极电流 I_E。

（2）复合。发射区扩散到基区的大量自由电子，其中一部分在遇到基区的空穴时与之复合，复合掉的空穴由集基电源正极补充，形成基极电流 I_B。

（3）收集。由于集电结外加了反偏电压，对在基区中没有被复合掉的自由电子有很强的吸引力，在外电场的作用下，这些自由电子被收集到了集电区，并流向集电极电源正极，形成集电极电流 I_C。

3. 晶体三极管的电流分配关系

通过对晶体三极管放大状态时内部载流子运动的分析，可以得出晶体三极管各电极电流之间的关系如下：

$$I_{EN} = I_{CN} + I_{BN}$$

$$I_E = I_{EN} + I_{EP} = I_{CN} + I_{BN} + I_{CBO} \tag{1-1}$$

$$I_C = I_{CN} + I_{CBO} \tag{1-2}$$

$$I_B = I_{BN} + I_{EP} - I_{CBO} = I'_B - I_{CBO} \tag{1-3}$$

由以上关系我们可以得出三个极之间的外部电流关系：

$$I_E = I_C + I_B \tag{1-4}$$

这个电流关系就是晶体三极管内部的载流子运动的结果。可见，三极管三个电极的电流之间符合基尔霍夫电流定律。

4. 晶体三极管的电流放大作用

晶体三极管最基本的一种应用就是把微弱的电信号放大。晶体三极管在满足放大条件时，从发射区扩散到基区的自由电子中，只有少部分电子与基区中的空穴复合，而绝大部分电子都在集电极反偏电压的作用下漂移到集电区。因此集电极的电流比基极电流大得多，表现为较小的输入电流 I_B 控制较大的输出电流 I_C 的电流放大作用。

通常，用集电区收集的电流与基区复合电流之比衡量共发射极直流电流放大能力，即定义：共发射极直流放大系数 $\bar{\beta}$：

$$\bar{\beta} = \frac{I_{CN}}{I'_B}$$

$$I_C = \bar{\beta} I_B + (1 + \bar{\beta}) I_{CBO} = \bar{\beta} I_B + I_{CEO}$$

当 $I_B \gg I_{CBO}$，$\bar{\beta} \gg 1$ 时：

$$I_C \approx \bar{\beta} I_B \tag{1-5}$$

$$I_E = (1 + \bar{\beta}) I_B \tag{1-6}$$

一只晶体三极管做成之后，其扩散与复合之间的比例也就确定了，因此电流放大系数 $\bar{\beta}$ 的大小由晶体三极管本身性质来决定。

1.3.3　晶体三极管的共发射极特性曲线

三极管的伏安特性及参数

三极管的共发射极特性曲线是指三极管在共发射极连接方式下各电极电压与电流之间的关系曲线，按照输入端口和输出端口的不同分为共发射极输入特性曲线和共发射极输出特性曲线。

1. 共发射极输入特性曲线

晶体三极管共发射极输入特性曲线是指 U_{CE} 为某一定值时，基极电流和发射结电压之间的关系曲线，如图 1-15 所示。

当 $U_{CE} = 0$ V 时，输入特性曲线与二极管的正向伏安特性相似，存在死区电压 U_{on}（也称开启电压），硅管 $U_{on} \approx 0.5$ V，锗管 $U_{on} \approx 0.1$ V。只有当 u_{BE} 大于 U_{on} 时，基极电流 i_B 才会

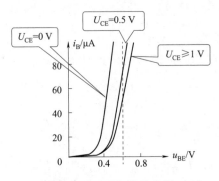

图 1 – 15　输入特性曲线

上升，三极管正常导通。硅管导通电压约为 0.7 V，锗管导通电压约为 0.3 V。

随着 U_{CE} 的增大，输入特性曲线右移，但当 U_{CE} 超过一定数值（$U_{CE} > 1$ V）后，曲线不再明显右移而基本重合。

2. 共发射极输出特性曲线

晶体三极管共发射极输出特性曲线是指在基极电流 I_B 为一常量的情况下，集电极电流 i_C 和管压降 u_{CE} 之间的关系曲线，如图 1 – 16 所示。

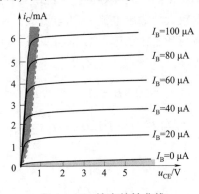

图 1 – 16　输出特性曲线

（1）截止区。特性曲线族中，$I_B = 0$ μA 曲线以下的区域称为截止区。三极管工作在截止区的条件是：发射结和集电结均处于反向偏置状态。此时，三极管三个电极的电流都为零，对于三极管的输出端口 C、E 来讲，等效为开路，三极管的集射极之间等效为一个断开的开关。

（2）饱和区。特性曲线族中，虚线左侧与纵坐标轴之间的区域称为饱和区。三极管工作在饱和区的条件是：发射结和集电结均处于正向偏置状态。三极管饱和时的 u_{CE} 值称为饱和电压降 U_{CES}，小功率硅管约为 0.3 V，锗管约为 0.1 V。此时对于三极管的输出端口 C、E 来讲，等效为短路，因此，深度饱和时三极管的集射极之间等效为一个闭合的开关。

（3）放大区。特性曲线族中，截止区之上、饱和区右侧的区域称为放大区。三极管工作在放大区的条件是：发射结处于正向偏置状态、集电结处于反向偏置状态。此时，表现出三极管放大时的两个特性：①电流受控，即 $\Delta i_C = \beta \Delta i_B$；②恒流特性，只要 I_B 一定，i_C 基本不随 u_{CE} 变化而变化。

1.3.4　晶体三极管的主要参数

三极管的参数反映了三极管各种性能的指标，是分析三极管电路和选用三极管的依据。

（一）共发射极电流放大系数

（1）共发射极直流电流放大系数 $\overline{\beta}$，它表示三极管在共发射极连接时，某工作点处直流电流 I_C 与 I_B 的比值。

（2）共发射极交流电流放大系数 β，它表示三极管共发射极连接且 U_{CE} 恒定时，集电极电流变化量 ΔI_C 与基极电流变化量 ΔI_B 之比。

管子的 β 值太小时，放大作用差；β 值太大时，工作性能不稳定。因此，一般选用 β 为 $30 \sim 80$ 的管子。

（二）极间反向电流

1. 集 – 基反向饱和电流 I_{CBO}

I_{CBO} 是指发射极开路，在集电极与基极之间加上一定的反向电压时，所对应的反向电流。它是少子的漂移电流。在一定温度下，I_{CBO} 是一个常量。随着温度的升高 I_{CBO} 将增大，它是三极管工作不稳定的主要因素。在相同环境温度下，硅管的 I_{CBO} 比锗管的 I_{CBO} 小得多。

2. 穿透电流 I_{CEO}

I_{CEO} 是指基极开路，集电极与发射极之间加一定反向电压时的集电极电流。该电流好像从集电极直通发射极一样，故称为穿透电流。I_{CEO} 和 I_{CBO} 一样，也是衡量三极管热稳定性的重要参数。

（三）频率参数

频率参数是反映三极管电流放大能力与工作频率关系的参数，表征三极管的频率适用范围。

1. 共发射极截止频率 f_{β}

三极管的 β 值是频率的函数，中频段时 β 值几乎与频率无关，但是随着频率的增高，β 值下降。当 β 值下降到中频段的 $\dfrac{1}{\sqrt{2}}$ 倍时，所对应的频率，称为共发射极截止频率，用 f_{β} 表示。

2. 特征频率 f_{T}

当三极管的 β 值下降到 $\beta = 1$ 时所对应的频率，称为特征频率。在 $f_{\beta} \sim f_{T}$ 的范围内，β 值与 f 几乎呈线性关系，f 越高，β 越小，当工作频率 $f > f_{T}$，时，三极管便失去了放大能力。

（四）极限参数

1. 最大允许集电极耗散功率 P_{CM}

P_{CM} 是指三极管集电结受热而引起三极管参数的变化不超过所规定的允许值时，集电极耗散的最大功率。当实际功耗 P_C 大于 P_{CM} 时，不仅使管子的参数发生变化，甚至还会烧坏管子。P_{CM} 可由下式计算：

$$P_{CM} = I_C \times U_{CE}$$

当已知管子的 P_{CM} 时，利用上式可以在输出特性曲线上画出 P_{CM} 曲线。

2. 最大允许集电极电流 I_{CM}

当 I_C 很大时，β 值逐渐下降。一般规定在 β 值下降到额定值的 $\frac{2}{3}\left(\text{或}\frac{1}{2}\right)$ 时所对应的集电极电流为 I_{CM}。当 $I_C > I_{CM}$ 时，β 值已减小到不实用的程度，且有烧毁管子的可能。

3. 反向击穿电压 $U_{(BR)CEO}$ 与 $U_{(BR)CBO}$

$U_{(BR)CEO}$ 是指基极开路时，集电极与发射极间的反向击穿电压。

$U_{(BR)CBO}$ 是指发射极开路时，集电极与基极间的反向击穿电压。三极管的反向工作电压应小于击穿电压的 $\frac{1}{2} \sim \frac{1}{3}$，以保证管子安全可靠地工作。

1.4 基本共发射极放大电路

放大是增大信号（电压、电流或者两者同时）的等级，把微弱电信号的幅度放大。

放大的前提是不失真，即输出量与输入量始终保持线性关系，只有在不失真的情况下放大才是有意义的。日常生活中，利用扩音机放大声音，是电子学中最常见的放大。其原理框图如图 1-17 所示。

图 1-17 放大概念示意图

从图 1-17 中可以看出，放大器大致可以分为输入信号、放大电路、直流电源、输出信号等四部分，它主要用于放大小信号，其输出电压或电流在幅度上得到了放大，输出信号的能量得到了加强。对放大电路的基本要求：一是信号不失真，二是要放大。

1.4.1 放大的概念

（一）放大的基本概念

基本放大电路一般是指由一个三极管组成的三种基本组态放大电路，主要用于放大微弱信号，使输出电压或电流在幅度上得到放大，输出信号的能量得到加强。输出信号的能量实际上是由直流电源提供的，只是经过三极管的控制，使之转换成信号能量，提供给负载。放大电路的结构示意图如图 1-18 所示。

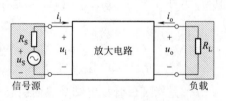

图 1-18 电压放大电路等效模型

（二）放大电路的主要性能指标

1. 放大倍数

放大倍数表征放大电路对微弱信号的放大能力，它是输出信号（U_o、I_o、P_o）与输入信号的比值，又称增益。

放大电路输出电压有效值与输入电压有效值之比称为放大电路的电压放大倍数，它表示放大电路放大电压信号的能力。即

$$A_u = \frac{U_o}{U_i} \tag{1-7}$$

放大电路的输出电流有效值与输入电流有效值之比称为放大电路的电流放大倍数，它表示放大电路放大电流信号的能力。即

$$A_i = \frac{I_o}{I_i} \tag{1-8}$$

2. 输入、输出电阻

放大电路的输入电阻定义为：当输入信号源加入放大电路时，放大电路对信号源所呈现的负载效应，用输入电阻 R_i 来衡量，它相当于从放大电路的输入端看进去的等效电阻。这个电阻的大小等于放大电路输入电压与输入电流的有效值之比，即

$$R_i = \frac{U_i}{I_i} \tag{1-9}$$

放大电路的输入电阻反映了它对信号源的衰减程度。R_i 越大，放大电路从信号源索取的电流越小，加到输入端的信号 U_i 越接近信号源电压 U_S。

放大电路的输出电阻定义为：当放大电路将信号放大后输出给负载时，对负载 R_L 而言，放大电路可视为具有内阻的信号源，该信号源的内阻即称为放大电路的输出电阻。它也相当于从放大电路输出端看进去的等效电阻。输出电阻的测量方法之一是：将输入信号电源短路（如果是电流源则开路），保留其内阻，在输出端将负载 R_L 取掉，且加一测试电压 U_o，测出它所产生的电流 I_o，则输出电阻的大小为

$$R_o = \frac{U_o}{I_o} \tag{1-10}$$

放大电路输出电阻的大小，反映了它带负载能力的强弱。R_o 越小，带负载能力越强。

3. 通频带

通频带用于衡量放大电路对不同频率信号的放大能力。由于放大电路中有电容、电感及半导体器件结电容等电抗元件的存在，在输入信号频率较低或者较高时，放大倍数的数值就会下降并产生相移。一般情况下，放大器只适用于放大某一特定频率范围内的信号。

图1-19表示某放大电路的幅频响应，即电压放大倍数的模与频率的关系，当 A_u 下降到中频电压放大倍数 A_{um} 的 $\frac{1}{\sqrt{2}}$ 倍时，相应的频率 f_L 称为下限频率，f_H 称为上限频率，二者之间的频率范围（中频区）通常称为通频带或者带宽，用 f_{BW} 表示。

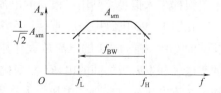

图1-19 放大电路的幅频响应

$$f_{BW} = f_H - f_L$$

1.4.2 共发射极放大电路的基本组成与工作原理

三极管的偏置电压
和三种连接方式

（一）电路组成

单管共发射极放大电路如图 1-20 所示，信号源 u_i 的交流信号加到三极管 VT 的发射结上，这是电路的输入部分，称为输入回路；交流输出电压 u_o 由三极管的 C-E 之间输出到外界负载电阻 R_L 上，这是电路的输出部分，称为输出回路；发射极为输入输出的公共端，因此称为共发射极放大电路，简称共射放大电路。

共射放大
电路的分析

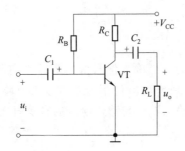

图 1-20 基本共发射极放大电路

图 1-20 中的 VT 是 NPN 型三极管，具有电流放大作用，是放大电路的核心元件。不同的三极管其放大倍数不同，三极管产生放大作用的外部条件是：发射结为正向电压偏置，集电结为反向电压偏置。直流电源 V_{CC} 给三极管提供适当的偏置电压，确保三极管工作在放大状态，同时向负载 R_L 提供能量。通过调整电阻 R_B 的值可以获得合适的基极正向偏置电流，使三极管工作在放大区。集电极电阻 R_C 将三极管的集电极电流转变为电压的变化。电容 C_1 和 C_2 是耦合电容，对于直流信号，相当于开路，避免信号源与放大器之间直流电位的相互影响，而对于交流信号，频率越高，电容所呈现的阻抗越小，构成有效的交流信号通道。

（二）工作原理

共射放大电路的工作原理实质是用微弱的电信号 u_i 改变三极管的基极电流 i_B，即控制三极管的集电极电流 i_C，并依靠 R_C 将电流变化转变为电压变化。因此，三极管的放大实际上是根据输入信号，利用三极管的电流控制作用，把直流电能转化为输出的交流电能。

在图 1-20 电路中，u_i 直接加在三极管 VT 的基极和发射极之间，引起基极电流 i_B 做相应的变化，通过 VT 的电流放大作用，VT 的集电极电流 i_C 也将变化，i_C 的变化引起 VT 的集电极和发射极之间的电压 u_{CE} 变化。u_{CE} 中的交流分量 u_{ce} 经过 C_2 传送给负载 R_L，成为输出交流电压 u_o，实现了电压放大作用。

放大电路中，直流电源的作用和交流信号源的作用同时存在，要使放大电路正常工作，首先要设置合适的静态工作点 Q，通过设置适当的 V_{CC}、R_B 和 R_C 的值，保证三极管工作在放大区，使放大电路既能放大信号，还能保证不失真。

1. 静态分析

我们看到，在这个放大电路中，既有交流信号也有直流信号，为了便于分析和理解，我们将分别对这两个信号在放大电路中的作用进行分析。当电路输入信号电压 $u_i = 0$ 时，放大电路称为静态，或称为直流工作状态。这时电路中没有交流变化量，电路中的电压、电流都是直流量，此时 I_B、I_C、U_{CE} 的值对应三极管输出特性曲线上的一点，该点称为放大电路的静态工作点 Q。

直流通路是放大电路的直流等效电路，是在静态时放大电路的输入回路和输出回路的直流电流流通的路径。在直流通路中，电路中的电容视为开路，信号源为零，即为短路。将图 1–20 电路中，耦合电容 C_1、C_2 开路，信号源短路，其直流通路如图 1–21 所示。

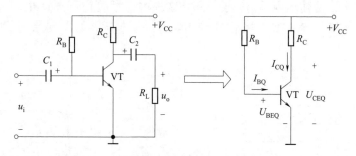

图 1–21　基本共射放大电路直流通路

图中静态工作点的估算：

$$I_{BQ} = (V_{CC} - U_{BEQ}) / R_B$$
$$I_{CQ} = \beta I_{BQ}$$
$$U_{CEQ} = V_{CC} - I_{CQ} \cdot R_C$$

2. 动态分析

在确认为三极管设置了合适的静态工作点后，就可以利用交流通路研究动态参数了。交流通路是输入信号作用下交流信号流经的通路，也就是动态电流流经的通路，在交流通路中，容量大的电容视为短路，独立电压源短路，独立恒流源开路，将图 1–20 电路中 C_1、C_2 短路，直流电源 V_{CC} 短路接地，得到交流通路如图 1–22 所示。

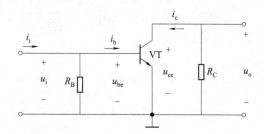

图 1–22　基本共射放大电路的交流通路

电路电压放大倍数 A_u 为：

$$A_u = \frac{u_o}{u_i} = \frac{-i_c \cdot R_C}{i_b \cdot r_{be}} = -\beta \frac{R_C}{r_{be}} \qquad (1-11)$$

由该式可见，基本共射放大电路输入信号与输出信号反相。

1.4.3 波形失真与静态工作点的关系

放大电路中，静态工作点的位置必须设置得当，否则放大电路的输出波形会产生严重的非线性失真，大信号输入尤其如此。当静态工作点 Q 设置过低时，在输入信号负半周靠近峰值的某段时间内，三极管截止，使 i_B、i_C 近似为零，从而导致 u_{ce}、u_o 波形失真。这种因三极管截止而产生的失真称为截止失真，如图 1-23 所示。当静态工作点 Q 点设置过高时，虽然 i_B 为不失真的正弦波，但是由于 i_B 靠近峰值的某段时间内三极管进入了饱和区，使 i_C、u_{ce} 产生失真，使输出电压 u_o 也失真。这种因三极管饱和而产生的失真称为饱和失真，如图 1-24 所示。PNP 型三极管的输出电压 u_o 的波形失真现象与 NPN 型三极管的相反。

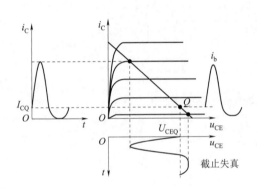

图 1-23　共射放大电路截止失真

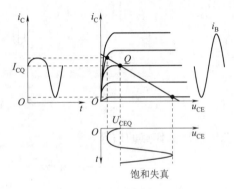

图 1-24　共射放大电路饱和失真

1.5　多级放大电路

在实际工作中，为了放大非常微弱的信号，需要把若干个基本放大电路连接起来，组成多级放大电路，以获得更高的放大倍数和功率输出。一般多级放大电路由输入级、中间级和输出级组成，其框图如图 1-25 所示。

图 1-25　多级放大电路框图

多级放大电路各级之间的耦合方式（即前后级之间的连接方式）一般有四种：直接耦合、阻容耦合、变压器耦合和光电耦合。其中，阻容耦合电路用于分立元件放大电路，直接耦合电路用于集成放大电路。

1.5.1　多级放大电路的耦合方式

1. 阻容耦合

通过电容和电阻将信号由一级传输到另一级的方式称为阻容耦合。图 1-26 所示电路是典型的两级阻容耦合放大电路。

优点：耦合电容的隔直通交作用，使两级 Q 相互独立，给设计和调试带来了方便。

缺点：不能放大直流信号，在放大频率较低的信号时将产生较大的衰减，加之不便于集成化，因而在应用上也就存在一定的局限性。

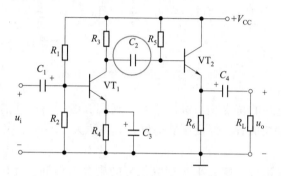

图 1-26　两级阻容耦合放大电路

2. 直接耦合

多级放大电路中各级之间直接（或通过电阻）连接的方式，称为直接耦合。

直接耦合放大电路具有结构简单、便于集成化、能够放大变化十分缓慢的信号、信号传输效率高等优点，在集成电路中获得了广泛的应用。

但是由于没有隔直元件，各级的静态工作点将相互影响，不能独立，因此需要合理地安排各级的直流电平，使它们之间能正确配合。如图 1-27 中 VT_1 管的 U_{CE1} 受到 U_{BE2} 的限制，仅有 0.7 V 左右。因此，第一级输出电压的幅值将很小。为了保证第一级有合适的静态工作点，必须提高 VT_2 管的发射极电位，使 VT_1 有合适的工作点。

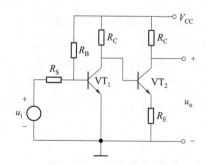

图 1-27　两级直接耦合放大电路

此外，直接耦合放大电路还有零点漂移的缺点。直接耦合放大电路在无输入信号时，输出电压会出现缓慢变化的现象，称为零点漂移，简称零漂。其产生的主要原因是环境温度的变化。克服这种现象的有效方法是采用差动放大电路。

3. 变压器耦合

变压器耦合是指通过变压器将前级的输出端与后级的输入端或负载连接起来的方式，如图 1-28 所示。

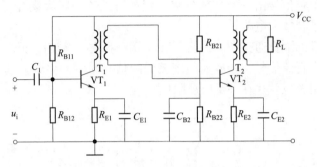

图 1-28　变压器耦合放大电路

变压器耦合放大电路的特点是：级间无直流通路，各级静态工作点独立；变压器具有阻抗变换作用，可获最佳负载；但变压器造价高、体积大、不能集成，其应用受到限制。

4. 光电耦合

光电耦合是指以光信号为媒介来实现电信号的耦合与传递。光电耦合放大电路框图如图 1-29 所示，两级之间的耦合采用了光电耦合器件。

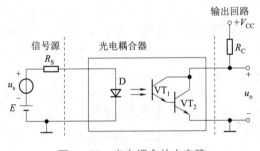

图 1-29　光电耦合放大电路

光电耦合器是实现光电耦合的基本器件，它将发光元件（发光二极管）与光敏元件（光电三极管）相互绝缘地组合在一起，光电耦合器的发光二极管接入输入回路，前级输出电流的变化影响二极管的发光强弱，将电能转换为光能；光电三极管接入后一级回路，其输出电流即后一级的输入电流，再将光能转换回电能。实现了两部分电路的电气隔阂，隔离性能好，有效地抑制了电干扰，便于集成，体积小，频率特性好，但是受温度影响较大。

1.5.2　多级放大电路的性能指标

1. 输入电阻和输出电阻

多级放大电路的输入电阻就是第一级放大电路的输入电阻，其输出电阻就是最后一级放大电路的输出电阻。有时第一级的输入电阻也可能与第二级电路有关，最后一级的输出电阻也可能与前一级电路有关，这就取决于具体电路结构。

2. 电压放大倍数

在分析 n 级放大电路时，通常化多级电路为单级电路，然后再逐级求解。化解多级电路时要注意，后一级电路的输入电阻作为前一级电路的负载电阻；或者，将前一级输出电阻作为后一级电路的信号源内阻。

多级放大电路的电压放大倍数为：

$$\dot{A}_u = \frac{U_o}{U_i} = \dot{A}_{u1} \cdot \dot{A}_{u2} \cdots \dot{A}_{un} \tag{1-12}$$

式（1-12）表明，多级放大电路的电压放大倍数等于组成它的各级放大电路电压放大倍数之积。

1.6　功率放大电路

在电子系统中，模拟信号被放大后，往往要去推动一个实际的负载。如使扬声器发声、继电器动作、仪表指针偏转等。推动一个实际负载需要的功率很大。以输出较大功率为目的的放大电路称为功率放大电路。

1.6.1　功率放大电路的特点与要求

1. 输出功率足够大

功率放大电路是一种以输出较大功率为目的的放大电路。因此，要求在失真不大的情况下，同时输出较大的电压和电流，管子往往工作在接近极限状态。它的一个主要技术指标是最大输出功率 P_{om}。

2. 非线性失真要小

功率放大电路是在大信号状态下工作的，所以不可避免地会产生非线性失真，设计时必须将非线性失真限制在允许范围内。

在不同场合下，对非线性失真的要求不同，例如，在测量系统和电声设备中，这个问题显得重要，而在工业控制系统等场合中，则以输出功率为主要目的，对非线性失真的要求就降为次要问题了。

3. 效率要高

功率放大电路实质上是一个能量转换器，它是将电源供给的直流能量转换成交流信号能量提供给负载，因此，要求转换效率要高。功率放大电路的转换效率为电路最大输出功率与电源所提供的功率之比，即：

$$\eta = \frac{P_{om}}{P_E} \tag{1-13}$$

4. 散热要好

在功率放大电路中，有相当大的功率消耗在管子的集电结上，使结温和管壳温度升高。

为了充分利用允许的管耗而使管子输出足够大的功率，放大器件的散热就成为一个重要问题。

1.6.2 功率放大电路的分类

通常在加入输入信号后，按照输出级晶体管集电极电流的导通情况，低频功率放大器可分为三类：甲类、乙类、甲乙类，如图 1-30 所示。

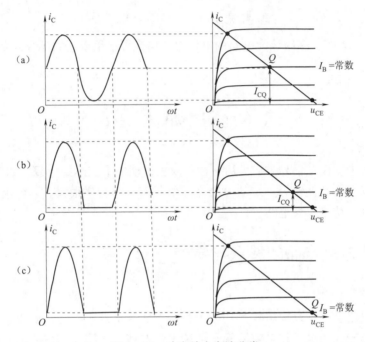

图 1-30 功率放大电路分类

（a）甲类放大（$\theta = 2\pi$）；（b）甲乙类放大（$\pi < \theta < 2\pi$）；（c）乙类放大（$\theta = \pi$）

1. 甲类

在信号的一个周期内，功放管始终导通，其导电角 $\theta = 360°$。该类电路的主要优点是：输出信号的非线性失真较小。主要缺点是：直流电源在静态时的功耗较大，效率 η 较低，在理想情况下，甲类功放的最高效率只能达到 50%。因此甲类功放主要用于电压放大，在功放电路中较少用。

2. 甲乙类

在信号的一个周期内，功放管导通的时间略大于半个周期，其导电角 $180° < \theta < 360°$。功放管的静态电流大于零，但非常小。这类电路保留了乙类功放的优点，且克服了乙类功放的交越失真，是最常用的低频功率放大器类型。

3. 乙类

在信号的一个周期内，功放管只有半个周期导通，其导电角 $\theta = 180°$。该类电路的主要优点是直流电源的静态功耗为零，效率 η 较高，在理想情况下，最高效率可达 78.5%。主要缺点是：输出信号中会产生交越失真。

可见，乙类和甲乙类功放的功率转换效率较高，但都存在波形失真的问题，解决这个问题就需要在电路结构上采取措施，使用两只管子交替工作来减小非线性失真。

1.6.3　乙类互补对称功率放大电路

工作在乙类状态下的放大电路，虽然管耗低、效率高，但输出信号有严重的失真。解决失真问题的方法是用两个工作在乙类状态下的放大电路，分别放大输入信号的正、负半周，在负载上获得一个完整的输出波形。这种结构的功放电路称为乙类互补对称功率放大电路，也称为推挽功率放大电路。

按照放大电路与负载之间的耦合方式，推挽功率放大电路分为双电源无输出电容直接耦合方式（OCL）和单电源无变压器耦合方式（OTL）。

（一）　乙类双电源互补对称功率放大电路（OCL 电路）

1. 电路组成及工作原理

在图 1-31 中，电路由两个对称的工作在乙类状态的射极输出器组合而成。VT_1（NPN型）和 VT_2（PNP 型）是两个特性一致的互补晶体管，组成共集电极对称电路来实现正、负半周信号的放大，故称为互补对称功率放大电路。电路采用双电源供电，负载直接接到 VT_1、VT_2 的发射极上。

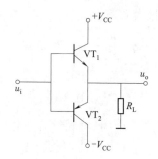

图 1-31　互补对称功放电路

设 u_i 为正弦波：

静态时（$u_i = 0$），VT_1、VT_2 管均工作在截止区，此时 I_{BQ}、I_{CQ}、I_{EQ} 均为 0，负载 R_L 无电流流过，输出电压 $u_o = 0$，此时电路不消耗功率。

动态时，在输入信号 u_i 正半周，VT_1 导通，VT_2 截止，输出电流 $i_L = i_{C1}$ 自上而下流过 R_L，形成输出正弦波的正半周。当 u_i 处于负半周时，VT1 截止，VT2 导通，输出电流 $i_L = -i_{C2}$ 自下而上流过 R_L，其方向与 i_{C1} 相反，形成输出正弦波的负半周。因此，在信号的一个周期内，输出电流基本上是正弦波电流。

由此可见，该电路实现了在静态时管子无电流通过，在动态时，在输入信号的一个周期内，VT_1、VT_2 交替工作，流过 R_L 的电流为一个完整的正弦信号。

2. 电路的性能分析

（1）输出功率 P_o：

$$P_o = U_o I_o = \frac{1}{2} \cdot \frac{U_{om}^2}{R_L} \tag{1-14}$$

最大输出功率为：

$$P_{om} \approx \frac{1}{2} \cdot \frac{V_{CC}^2}{R_L} \tag{1-15}$$

（2）晶体管管耗 P_T：

$$P_T = P_{T1} + P_{T2} = \frac{2}{R_L}\left(\frac{V_{CC}U_{om}}{\pi} - \frac{U_{om}^2}{4}\right) \tag{1-16}$$

当 $U_{om} \approx 0.6V_{CC}$ 时，具有最大管耗，最大管耗 P_{T1m} 为：

$$P_{T1m} \approx 0.2P_{om} \tag{1-17}$$

（3）直流电源供给的功率 P_E：

$$P_E = P_o + P_T = \frac{2V_{CC}U_{om}}{\pi R_L} \tag{1-18}$$

电源供给的最大输出功率为：

$$P_{Em} = \frac{2V_{CC}^2}{\pi R_L} \tag{1-19}$$

（4）效率 η：

$$\eta = \frac{P_o}{P_E} \approx \frac{\pi U_{om}}{4V_{CC}} \tag{1-20}$$

当 $U_{om} \approx V_{CC}$ 时，效率最高，最大效率为：

$$\eta = \frac{P_o}{P_E} = \frac{\pi}{4} \approx 78.5\% \tag{1-21}$$

3. 功率管的选择

$$P_{CM} \geq 0.2P_{om}$$
$$U_{(BR)CEO} \geq 2V_{CC}$$
$$I_{CM} \geq V_{CC}/R_L$$

（二）乙类单电源互补对称电路（OTL 电路）

OCL 电路中需要正、负两个电源。但在实际电路中，如收音机、扩音器中，常采用单电源供电。为此，可在功放管的发射极和负载 R_L 之间加一大容量的电解电容 C，该电容的充放电时间常数应远大于信号周期，则电容 C 就可以代替OCL 电路中的负电源的作用，为 VT_2 管供电。图 1 - 32 所示为单电源供电互补对称功率放大电路，这种形式的电路无输出变压器，而有输出耦合电容，简称 OTL。

当 $u_i = 0$ 时，由于 VT_1、VT_2 特性相同，即有 $V_K = V_{CC}/2$，电容 C 被充电到 $V_{CC}/2$。设 $R_L C$ 远大于输入信号 u_i 的周期，则 C 上的电压可视为固定不变，电容 C 对交流信号而言可看作短路。因此，用单电源和 C 就可代替 OCL 电路的双电源。

OTL 电路的工作情况与 OCL 电路完全相同，偏置电路也

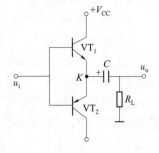

图 1 - 32　单电源（OTL）
互补对称电路

可采用类似的方法处理。估算其性能指标时，用 $V_{CC}/2$ 代替 OCL 电路计算公式中的 V_{CC} 即可。

1.6.4　甲乙类互补对称功率放大电路

由于乙类互补对称功率放大电路没有直流偏置，当输入信号 u_i 的幅度低于功率三极管的死区电压时，VT_1 和 VT_2 截止，$i_o = 0$，$u_o = 0$，这就使输出电流、输出电压的波形发生畸变。这种由于功率三极管存在死区电压，使得输入、输出电流的波形在正负半周过零处产生的非线性失真，称为交越失真，如图1-33所示。

减小和克服乙类功放交越失真的方法是：给三极管设置一个较小的静态偏置电压，从而使两个三极管在静态时就处于微导通状态，当有输入信号输入时，三极管工作在放大区，对输入信号进行放大。用这种方式设计的功率放大电路称为甲乙类互补对称功率放大电路，如图1-34所示。

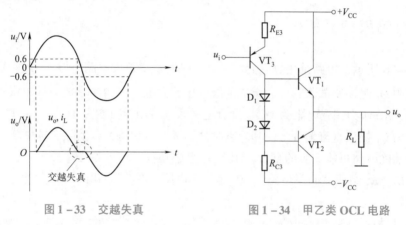

图1-33　交越失真　　　　图1-34　甲乙类 OCL 电路

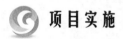

1.7　任务1　OTL 功率放大电路设计

1.7.1　设计要求

功率放大电路
的设计与仿真

设计一个 OTL 功率放大器，能给负载 R_L 提供一定的输出功率，当 R_L 一定时，希望输出功率尽可能大，输出信号的非线性失真尽可能小，且效率尽可能高。此外，还应考虑为稳定静态工作点需设置直流负反馈电路，为稳定电压放大倍数和改善电路性能需设置交流负反馈电路，以及过流保护电路等。电路设计时，各级应设置合适的静态工作点，在组装完毕后须进行静态和动态测试，在不失真的情况下，使输出功率最大。

1.7.2 电路设计结构框图

图1-35所示为OTL功率放大电路组成框图，它由信号源、信号放大电路、功率放大电路和信号输出四个部分组成。其中信号放大电路的作用是获得足够高的电压放大倍数，以及为输出级提供足够大的驱动电流，可采用共射放大电路，输出级的主要作用是给负载提供足够大的输出信号功率，可采用由复合管构成的甲乙类互补对称功放电路。

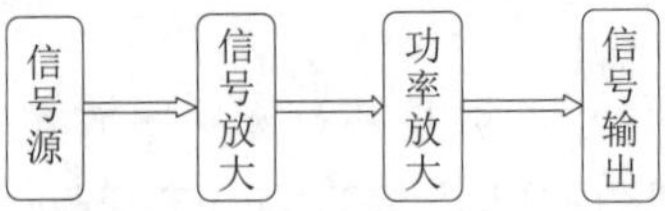

图1-35 OTL功率放大电路组成框图

1.8 任务2 OTL功率放大电路测试

1.8.1 电路原理分析

如图1-36所示，电路采用分立元件设计，OTL功率放大电路由Q_1、Q_2、Q_3三个三极管组成，其中Q_1是激励放大管，它组成前级电压放大电路，给功率放大输出级以足够的推动信号；R_1、R_{V2}作为偏置电阻为Q_1设置合适的静态工作点；R_3、D_1、R_{V3}串联在Q_1集电极电路上，为Q_3提供直流偏置，使其静态时处于微导通状态，以消除交越失真；C_3为消振电容，用于消除电路可能产生的自激；Q_2、Q_3组成互补对称推挽功率放大管，组成功率放大输出级；C_2、R_4组成"自举电路"，R_4为限流电阻。我们利用Proteus软件绘制电路并进行仿真测试。

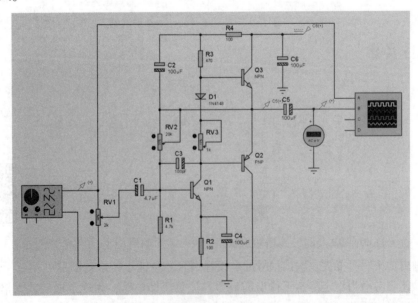

图1-36 OTL功率放大电路Proteus仿真图

1.8.2　OTL 功率放大电路仿真

无论仿真调试还是进行实物的调试，都要先进行静态工作点的设置。由于本电路在设计时静态工作点就已经确定，因此不需要再确定静态工作点。需要强调的是，放大电路静态工作点的设置至关重要。示波器上输入输出波形如图 1 – 37 所示，可以看出，输出波形存在交越失真。调节 R_{V3} 可以消除交越失真。注意的是，R_{V3} 一定要慢慢地从小往大调，尤其是在实物调试的过程中，不可调试过大，容易烧坏功率管。消除交越失真后的输入、输出波形如图 1 – 38 所示。

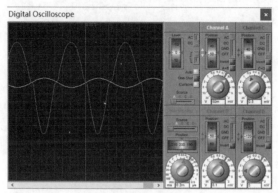

图 1 – 37　功放电路输入和输出波形

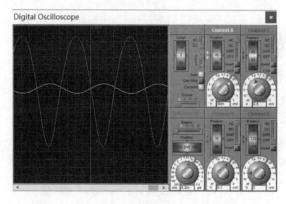

图 1 – 38　消除交越失真后输入和输出波形

1.9　任务 3　整机电路安装与调试

1.9.1　整机电路安装

如图 1 – 39 所示，根据电路原理图选择合适的元器件。对照电路原理图及 PCB 板，对电路板进行合理的布局和安装电路。

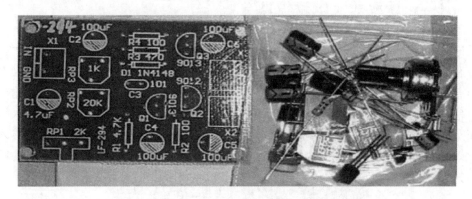

图 1 - 39　电路 PCB 板和元件

1.9.2　整机电路调试

如图 1 - 40 所示，整机电路安装完成后，按测试连接图，连接电子仪器仪表，对电路进行静态测试和动态测试。

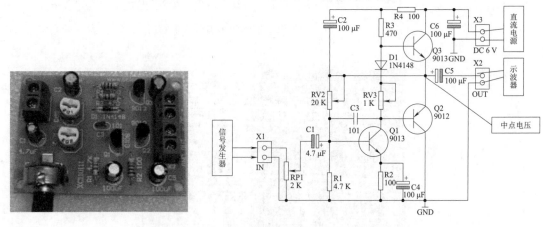

图 1 - 40　功放整机安装图和测试连接图

（1）接上 3 ~ 6 V 直流电源，调节 R_{V2}，使 Q_2、Q_3 中点电压为 1/2 电源电压；调节 R_{V3}，使功放输出级静态电流为 5 ~ 8 mA；反复调节 R_{V2}、R_{V3} 使其两个参数均达到上述值。

（2）输入端接信号发生器，输入 $V_{PP} = 20$ mV、$f = 1$ kHz 的正弦交流信号，调试电路，使输出端连接示波器后能观测到无失真输出信号波形，并调整电路中的 R_{V1}、R_{V2}，在示波器上观察交越失真的波形。

在输出波形无失真时，在示波器上读出以下数据并记录：

$V_{PP-out} = $ _____ V，周期 $T = $ _____ s。

根据测量数据计算：

$A_u = $ _____，输出信号频率 $f = $ _____ Hz。

利用示波器观察表 1 – 1 中两种不同输出波形情况下，利用万用表测量 Q_1、Q_2、Q_3 的各电极电压，记入表 1 – 1 中，并根据测量电压判断三极管的工作状态。

表 1 – 1　测量数据记录

输出波形无失真时	V_C	V_B	V_E	工作状态判断
Q_1				
Q_2				
Q_3				
输出波形交越失真时	V_C	V_B	V_E	
Q_1				
Q_2				
Q_3				

项目总结与评价

（一）项目总结

（1）功率放大电路按导通角的不同划分，有甲类、乙类、甲乙类。

（2）功率放大电路按输出级与负载的连接方式分类，有 OCL、OTL。

（3）OCL 电路与 OTL 电路主要参数对比，见表 1 – 2。

表 1 – 2　OCL 与 OTL 电路主要参数对比

功放电路	OCL 甲乙类互补	OTL 甲乙类互补
电路结构	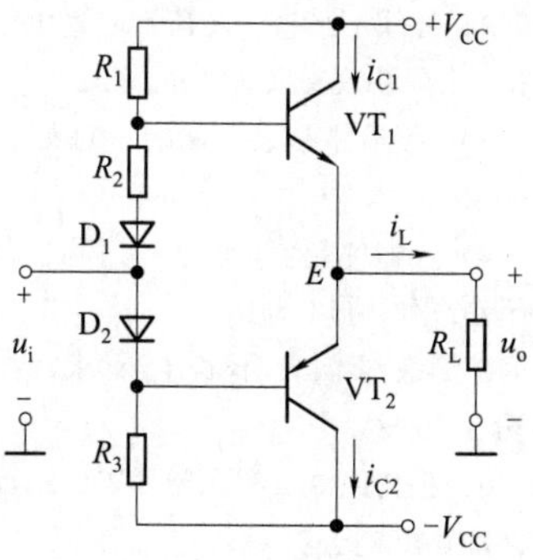	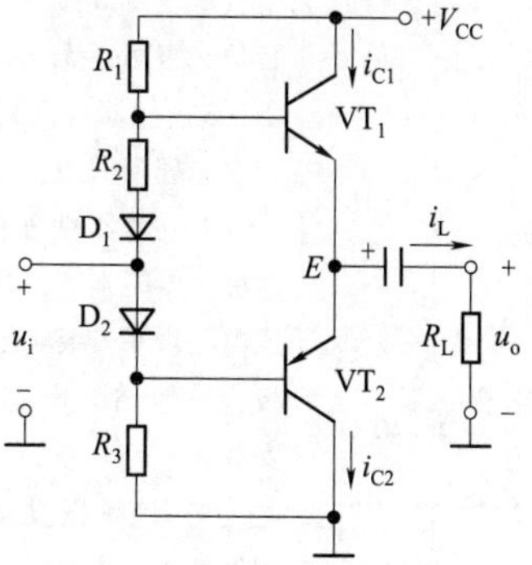
静态时	$V_E = 0$	$V_E = V_{CC}/2$
输出电压最大幅值	$V_{CC} - U_{CES}$	$\dfrac{1}{2}V_{CC} - U_{CES}$
输出电压最大有效值	$U_{om} = \dfrac{V_{CC} - U_{CES}}{\sqrt{2}}$	$U_{om} = \dfrac{\frac{1}{2}V_{CC} - U_{CES}}{\sqrt{2}}$

功放电路	OCL 甲乙类互补	OTL 甲乙类互补
最大输出功率	$P_{om} = \dfrac{U_{om}^2}{R_L} = \dfrac{(V_{CC} - U_{CES})^2}{2R_L}$	$P_{om} = \dfrac{U_{om}^2}{R_L} = \dfrac{\left(\dfrac{1}{2}V_{CC} - U_{CES}\right)^2}{2R_L}$
转换效率	$\eta = \dfrac{\pi}{4} \cdot \dfrac{(V_{CC} - U_{CES})^2}{V_{CC}}$	$\eta = \dfrac{\pi}{4} \cdot \dfrac{\left(\dfrac{1}{2}V_{CC} - U_{CES}\right)^2}{\dfrac{1}{2}V_{CC}}$
集电极最大功耗	$P_{Tm} \approx 0.2P_{om}$	$P_{Tm} \approx 0.2P_{om}$
静态 E 点电位	V_{CC}	$\dfrac{1}{2}V_{CC}$

(二) 项目评价

项目评价标准，见表 1-3。

表 1-3 项目评价标准

考核项目	配分	工艺标准	评分标准	扣分记录	得分
观察识别能力	10分	能根据提供的任务所需设备、工具和材料清单进行检查、检测	(1) 不能根据设备、工具和材料清单进行检查，每处扣2分； (2) 不能对材料进行检测与判断，每处扣2分		
电路组装能力	40分	(1) 元器件布局合理、紧凑； (2) 导线横平、竖直，转角成直角，无交叉； (3) 元器件间连接关系和电原理图一致； (4) 元器件安装平整、对称，电阻器、二极管、集成电路水平安装，贴紧电路板，晶体管、电容器垂直安装； (5) 绝缘恢复良好，紧固件牢固可靠； (6) 未损伤导线绝缘层和元器件表面涂敷层； (7) 焊点光亮、清洁，焊料适量，无漏焊、虚焊、假焊、搭焊、溅锡等现象； (8) 焊接后元器件引脚剪脚留头长度小于 1 mm	(1) 布局不合理，每处扣5分； (2) 导线不平直、转角不成直角每处扣2分，出现交叉每处扣5分； (3) 元器件错装、漏装，每处扣5分； (4) 元器件安装歪斜、不对称、高度超差，每处扣1分； (5) 绝缘恢复不符合要求，扣10分； (6) 损伤绝缘层和元器件表面涂敷层，每处扣5分； (7) 紧固件松动，每处扣2分； (8) 焊点不光亮、不清洁，焊料不适量、漏焊、虚焊、假焊、搭焊、溅锡，每处扣1分； (9) 剪脚留头大于 1 mm，每处扣0.5分		

续表

考核项目	配分	工艺标准	评分标准	扣分记录	得分
仪表使用能力	40 分	（1）能对任务所需的仪器仪表进行使用前检查与校正； （2）能根据任务采用正确的测试方法与工艺，正确使用仪器仪表； （3）测试结果正确合理，数据整理规范正确； （4）确保仪器仪表完好无损	（1）不能对任务所需的仪器仪表进行使用前检查与校正，每处扣 5 分； （2）不能根据不同的任务采用正确的测试方法与工艺，每处扣 5 分； （3）不能根据任务正确使用仪器仪表，每处扣 5 分； （4）测试结果不正确、不合理，每处扣 5 分； （5）数据整理不规范、不正确，每处扣 5 分； （6）使用不当损坏仪器仪表，每处扣 10 分		
安全文明生产	10 分	（1）小组分工明确，按规定时间完成项目任务； （2）各项操作规范，注意安全，装配质量高、工艺正确	（1）成员无分工，扣 5 分；超时扣 5 分； （2）违反安全操作规程，扣 10 分； （3）违反文明生产要求，扣 10 分		
考评人：			得分：		

 项目技能训练

实训 1　助听器电路设计与仿真验证

（一）实训目的

（1）利用本项目所学的三极管、放大电路的基础知识，设计一个由三极管多级放大电路构成的助听器电路。

（2）初步掌握电子设计仿真软件的使用。

（二）实训要求

（1）以三极管为基础，利用分立元件，设计一个可以供听力有障碍人士使用的助听器。

（2）利用 Proteus 仿真软件设计该助听器电路并进行仿真验证。

（3）撰写实训报告。

（三）任务实施

1. 助听器电路的组成

助听器电路原理图如图 1-41 所示，电路由语音信号输入电路、二级电压放大电路、语音输出电路和电源去耦电路四部分组成。

（1）语音信号输入电路由麦克风和电阻 R_1 组成，声音信号转变成电信号。

（2）二级阻容耦合电压放大电路由三极管 VT_1（Q_1）、VT_2（Q_2）及其外围元件组成，对输入信号进行放大。

（3）语音输出电路由三极管 VT_3（Q_3）和扬声器组成，VT_3 构成射极输出器实现阻抗匹配。

（4）电源去耦电路由电容器 C_3 组成，用以消除电源与级、负载与级的共电耦合。

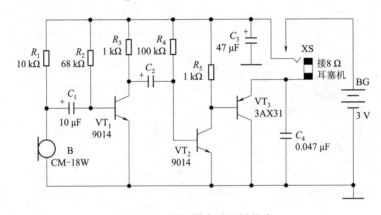

图 1-41　助听器电路设计仿真

2. 助听器电路的仿真验证

为了验证助听器电路设计的可行性和元器件参数的正确性，我们使用 Proteus 完成其电路的设计和仿真验证。Proteus 电路设计和仿真软件不仅提供了基础的电路设计功能，还可以用于对模拟电路、数字电路、嵌入式处理器应用系统的仿真，其提供了交互式仿真和基于图表的仿真两种不同仿真模式。Proteus 的交互式仿真是实时直观地反映电路设计结果的仿真方式。根据助听器电路分析计算结果，在 Proteus 中画出原理图仿真验证。

（1）添加待用元器件。

启动 Proteus 软件，新建"助听器电路"设计文件后，在如图 1-42 所示元器件区添加本设计所需使用的元器件。先单击左边工具栏元器件模式（Component Mode）按钮 图标，再单击对象选择器上方的"P"按钮，即可打开 Proteus 的元器件库。

在本项目中，选择使用 Proteus 元器件库所提供的 NPN 型和 PNP 型三极管、蜂鸣器、电阻、电容及

图 1-42　Proteus 的元器件区

直流电源，如表 1 - 4 所示。

表 1 - 4　助听器电路实验器件列表

器件名称	大类库	子类库	说明
RES	Resistors	Generic	普通电阻
NPN	Transistors	Generic	NPN 三极管
PNP	Transistors	Generic	PNP 三极管
SPEAKER	Speaker & Sounders	—	蜂鸣器
BATTREY	Miscellaneous	—	直流电源

（2）放置元器件并进行元器件属性设置。

添加了元器件后，就可以在电路原理图中放置元器件了。表 1 - 5 列出了 Proteus 中放置元器件的基本操作。

表 1 - 5　Proteus 中放置元器件的基本操作

基本操作	说　明
放置元器件	在元器件区，选中需要放置的元器件，然后在电路原理图中单击鼠标左键，元器件就会出现在光标所在的位置
选中元器件	用鼠标左键或右键单击元器件，就可以使其呈选中状态，被选中的元件呈红色
删除元器件	在元器件上用鼠标右键单击两次可以删除元器件
移动元器件	确认元器件在选中状态（元器件呈红色），然后用鼠标左键将其拖曳到需要的位置
打开元器件属性对话框	使元器件处于选中状态，再次单击鼠标左键即可弹出元器件属性对话框

放置电阻器及电容元件后，分别修改各元件参数属性为相应值。方法是左键双击选中的相应电阻或电容，弹出属性对话框后，修改元件位号和参数值即可，如图 1 - 43 所示。

为观察输入信号与输出波形，在助听器电路仿真验证中还需放置信号发生器和示波器。单击工具栏中的虚拟仪器（Virtual Instruments）按钮，如图 1 - 44 所示。在 Proteus 提供的虚拟仪器列表中分别选中虚拟示波器（OSCILLOSCOPE）和虚拟信号发生器（SIGNAL GENERATOR），放置于图中。

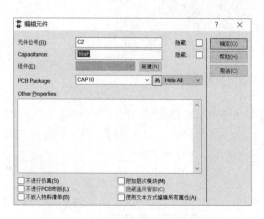

图 1 - 43　修改元器件属性

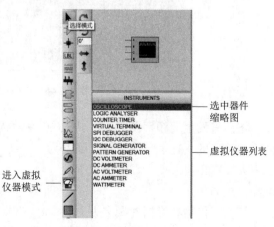

图 1 - 44　选择所需的虚拟仪器

（3）电气连接。

元器件和虚拟仪器放置完成后，就可以进行电气连接了，如图1－45所示。

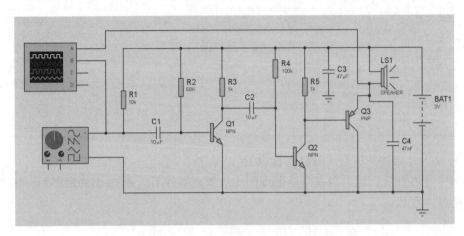

图1－45　助听器电路 Proteus 仿真原理图

（4）仿真验证与参数记录。

在原理图中，示波器的通道 B 显示输入端电压信号，示波器通道 A 显示输出电压信号。

单击运行按钮进行仿真，从示波器可观察输入输出波形，并可听到该频率的声音信号通过扬声器输出，波形仿真结果如图1－46所示。

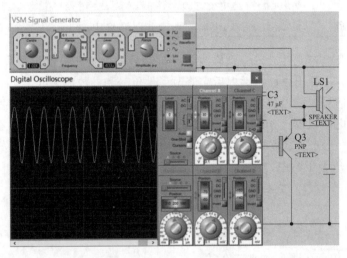

图1－46　助听器电路仿真结果

将信号发生器频率设定为1 kHz，正弦波幅度从100 μV慢慢调大，观察示波器上显示的输出波形的变化，当输入信号幅度为_____ mV 时会发生明显的失真；随着输入信号的增大，输出波形的失真度慢慢变_____（大或小），这时发生的是_____（截止或饱和）失真。

将输入信号波形幅度设定为400 μV，调节输入信号的频率，从扬声器发出声音体会信号的频率与音调高低之间的关系，并从示波器读出此时输出波形的峰值为_____mV。

（5）放大电路中的反馈。

若要实现助听器完整功能，还需增加音量控制部分，如图 1 – 47 所示，电位器 R_{V1}、电阻 R_E 构成反馈电路。通过电位器 R_{V1} 调节输出信号的大小以实现人工增益（放大倍数）的控制，分析该反馈回路是_____（正或负）反馈。保持信号发生器输入信号不变，调节电位器 R_{V1}，观察示波器上输出波形的幅值变化，并注意倾听音量大小变化。

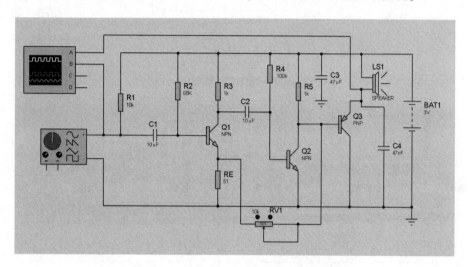

图 1 – 47　带音量控制的助听器电路仿真原理图

实训 2　常用电子仪器的使用

（一）实训目的

（1）掌握常用仪器仪表——函数信号发生器、示波器、万用表的正确使用方法和数据读取方法。

（2）掌握实训报告的撰写方法。

（二）实训要求

（1）按照接线图，正确连接仪器。

（2）按照表格要求，利用信号发生器输出相应参数的信号。

（3）利用示波器观察输出信号波形，读取输出信号参数并记录在表格中。

（三）实训设备

（1）函数信号发生器，1 台。

（2）示波器，1 台。

（3）万用表，1 个。

（四）实验线路图及数据记录

（1）按照图1-48连接实验线路图。

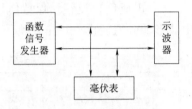

图1-48　实验线路图

（2）实验数据记录，见表1-6。

表1-6　实验数据记录表

函数信号发生器参数设置			示波器读数		
频率	幅值/V_{PP}	波形种类	周期	幅值	波形记录

项目拓展

（一）综合应用

1. 知识图谱绘制

根据前面知识的学习，请同学们完成本项目所涉及的知识图谱的绘制。

2. 技能图谱绘制

根据前面知识的学习，请同学们完成本项目所涉及的技能图谱的绘制。

3. 创新应用设计

从封装材料、封装工艺等方面探索如何提高放大器芯片性能、降低封装成本的新型封装技术，并完成创新应用报告的撰写。

（二）以证促学

以智能硬件应用开发职业技能等级要求（中级）为例，教材中本项目与 1 + X 证书对应关系如表 1 - 7 所示。

表 1 - 7　智能硬件应用开发职业技能等级要求（中级）

智能硬件应用开发职业技能等级要求（中级）			教材
工作领域	工作任务	技能要求	对应小节
3. 智能硬件装调	3.1　硬件电路装接	3.1.1　能识读智能硬件功能模块的电路原理图。 3.1.2　能识读电子产品整机装配工艺文件。 3.1.3　能编写智能硬件的装配工步文件。 3.1.4　能识读智能硬件的装配图及接线图表。 3.1.5　能熟练掌握不同元器件的安装工艺，完成智能硬件的装配。	1.2 1.3
	3.2　硬件电路调试	3.2.1　能识读智能硬件电路调试要求。 3.2.2　能熟练操作复杂电子仪器设备调试智能硬件电路。 3.2.3　能填写智能硬件调试报告。 3.2.4　能够根据功能模块调试报告，优化完善功能模块电路设计。	1.7 1.8
	3.3　功能调试	3.3.1　能独立完成智能硬件功能模块调试。 3.3.2　能撰写功能模块软硬件调试报告。 3.3.3　能优化完善功能模块设计。 3.3.4　能完成智能硬件软硬件调试。 3.3.5　能填写智能硬件软硬件调试报告。 3.3.6　能提出智能硬件软硬件设计改进建议。	1.9

（三）以赛促练

以 TI 杯大学生电子设计竞赛为例，分析 2020 年 TI 杯大学生电子设计竞赛 E 题 "放大器非线性失真研究装置"。

1. 任务

设计并制作一个放大器非线性失真研究装置，其组成如图 1 - 49 所示，图中的 K_1 和 K_2 为 1×2 切换开关，晶体管放大器只允许有一个输入端口和一个输出端口。

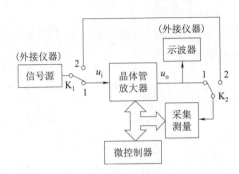

图 1 – 49 放大器非线性失真研究装置组成框图

2. 任务要求

K_1 和 K_2 均投到各自的 "1" 端子，外接信号源输出频率为 1 kHz、峰峰值为 20 mV 的正弦波作为晶体管放大器输入电压 u_i，要求输出无明显失真及四种失真波形 u_o，且 u_o 的峰峰值不低于 2 V。外接示波器测量晶体管放大器输出电压 u_o 波形。

（1）放大器能够输出无明显失真的正弦电压 u_o（10 分）。

（2）放大器能够输出有 "顶部失真" 的电压 u_o（10 分）。

（3）放大器能够输出有 "底部失真" 的电压 u_o（10 分）。

（4）放大器能够输出有 "双向失真" 的电压 u_o（10 分）。

（5）放大器能够输出有 "交越失真" 的电压 u_o（10 分）。

（6）分别测量并显示上述五种输出电压 u_o 的 "总谐波失真" 近似值（20 分）。

（7）其他（10 分）。

（8）按表 1 – 8 的要求设计报告（20 分）。

表 1 – 8 设计报告评分标准

项目	主要内容	满分
方案论证	比较与选择，方案描述	3
理论分析与计算	系统相关参数设计	5
电路与程序设计	系统组成，原理框图与各部分电路图，系统软件与流程图	5
测试方案与测试结果	测试结果完整性，测试结果分析	5
设计报告结构及规范性	摘要，正文结构规范，图表的完整与准确性	2
总分		20

3. 任务说明

（1）限用晶体三极管、阻容元件、模拟开关等元器件设计并实现图 1 – 49 中的受控晶体管放大器，其输出的各种失真或无明显失真的信号必须出自该晶体管放大电路，禁用预存失真波形数据进行 D/A 转换等方式输出各种失真信号。

（2）在设计报告中，应结合电路设计方案阐述出现各种失真的原因。

（3）无明显失真及四种具有非线性失真电压 u_o 的示意波形如图 1 – 50 所示。

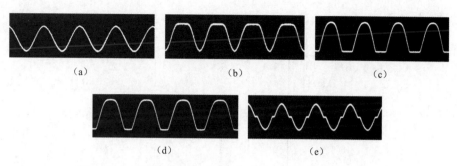

图 1-50　无明显失真及四种具有非线性失真的 u_o 示意波形

（a）无明显失真；（b）顶部失真；（c）底部失真；（d）双向失真；（e）交越失真

（4）总谐波失真定义。

线性放大器输入为正弦信号时，其非线性失真表现为输出信号中出现谐波分量，常用总谐波失真（THD：Total Harmonic Distortion）衡量线性放大器的非线性失真程度。

THD 定义：若线性放大器输入电压 $u_i = U_i \cos t$，其含有非线性失真的输出交流电压为

$u_o = U_{o1} \cos(\omega t + \varphi_1) + U_{o2} \cos(2\omega t + \varphi_2) + U_{o3} \cos(3\omega t + \varphi_3) + \cdots + U_{on} \cos(n\omega t + \varphi_n)$

则有：

$$\text{THD} = \frac{\sqrt{U_{o2}^2 + U_{o3}^2 + U_{o4}^2 + \cdots + U_{on}^2}}{U_{o1}} \times 100\%$$

在完成设计要求的第（6）项时，谐波取到五次即可，即

$$\text{THD} \approx \frac{\sqrt{U_{o2}^2 + U_{o3}^2 + U_{o4}^2 + U_{o5}^2}}{U_{o1}} \times 100\%$$

（5）对 THD 自动测量期间，不得有任何人工干预。

（6）K_1 和 K_2 的"2"端子用于作品测试。

思考与练习

（一）选择题

1. 分析判断图 1-51 所示各电路中二极管是导通还是截止，并计算 U_{ab} 的值，设图中的二极管都是理想的。

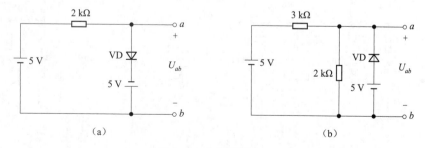

图 1-51　选择题 1 图

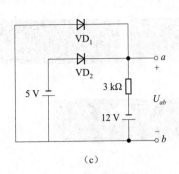

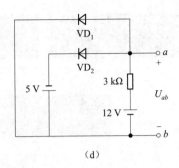

图 1 - 51　选择题 1 图（续）

2. 设图 1 - 52 所示三极管均为硅管，根据三极管的对地电位，试判断各三极管处于何种工作状态。

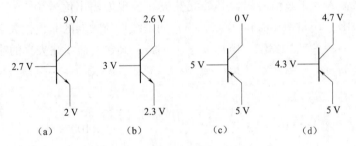

图 1 - 52　选择题 2 图

3. 三极管工作在放大状态，用万用表测得三极管三个引脚的对地电位如图 1 - 53 所示，试判断各管子的引脚、管型和半导体材料。

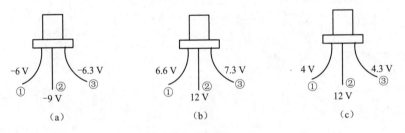

图 1 - 53　选择题 3 图

4. 试判断如图 1 - 54 所示的各电路能否放大交流电压信号？为什么？

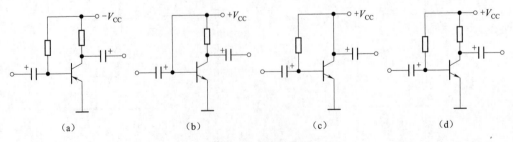

图 1 - 54　选择题 4 图

5. 已知电路如图 1-55 所示，VT$_1$ 和 VT$_2$ 管的饱和管压降 | U_{CES} | $= 3$ V，$V_{CC} = 15$ V，$R_L = 8$ Ω，选择正确答案填入空内。

（1）电路中 D$_1$ 和 D$_2$ 管的作用是消除（　　）。

A. 饱和失真　　　　　　　　B. 截止失真　　　　　　　C. 交越失真

（2）静态时，晶体三极管发射极电位 V_{EQ}（　　）。

A. >0 V　　　　　　　　　B. $=0$ V　　　　　　　　C. <0 V

（3）最大输出功率 P_{om}（　　）。

A. ≈ 28 W　　　　　　　　B. $=18$ W　　　　　　　　C. $=9$ W

（4）当输入为正弦波时，若 R_1 虚焊，即开路，则输出电压（　　）。

A. 为正弦波　　　　　　　　B. 仅有正半波　　　　　　　C. 仅有负半波

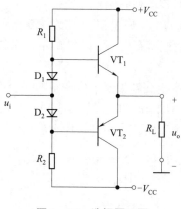

图 1-55　选择题 5 图

（二）简答题

1. 什么是半导体？半导体的导电能力会受到哪些因素的影响？温度升高，半导体的导电能力将会发生什么变化？

2. 杂质半导体有哪些不同种类？它们的多子和少子分别是什么？杂质半导体中多数载流子的浓度由什么决定？

3. 稳压二极管工作在伏安特性曲线的反向击穿区时，呈现什么样的状态？该状态下稳压二极管具有什么特点？

4. 晶体三极管具有两个 PN 结，二极管具有一个 PN 结，能不能把两个二极管背靠背连接当作一个晶体三极管使用？为什么？

5. 三极管具有哪三种工作状态？使三极管工作在放大状态必须满足的外部条件是什么？

6. 放大电路中为什么要设立静态工作点？静态工作点的高、低对电路有何影响？

（三）分析题

1. 如图 1-56 所示，电路采用什么样的耦合方式？该耦合方式下电路有何优点和缺点？

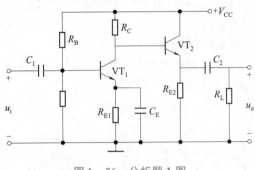

图 1–56 分析题 1 图

2. 一单电源互补对称电路如图 1–57 所示，设 VT_1 和 VT_2 的特性完全对称，u_i 为正弦波，$V_{CC} = 12$ V，$R_L = 8$ Ω。试回答下列问题：

（1）静态时，电容 C_2 两端的电压应是多少？调整哪个元件，可以改变 V_{C2} 的值？

（2）若 VT_1 和 VT_2 管的饱和压降 U_{CES} 可以忽略不计。该电路的最大不失真输出功率 P_{om} 应为多少？

（3）动态时，若输出波形产生交越失真，应调整哪一个电阻？如何调整？

（4）若 $R_1 = R_3 = 1.1$ kΩ，VT_1 和 VT_2 管的 $\beta = 40$，$|U_{BE}| = 0.7$ V，$P_{CM} = 400$ mW，假设 D_1、D_2 和 R_2 中的任何一个开路，将会产生什么后果？

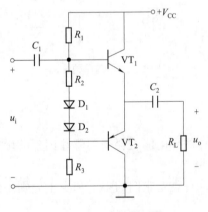

图 1–57 分析题 2 图

项目 2

集成运算放大器基本应用电路设计与制作

项目描述

集成运算放大器（Operational Amplifier）简称集成运放，是由多级直接耦合放大电路组成的高增益模拟集成电路。集成运算放大器是线性集成电路中通用的一种。在集成运算放大器的输入与输出之间接入不同的反馈网络，可完成信号运算、信号放大、信号的处理（滤波、调制）以及波形的产生和变换等功能。

与分立元件组成的电路相比，集成运算放大器具有稳定性好、电路计算容易、成本低等很多优点，所以被广泛应用。本项目先介绍集成运算放大器的组成、主要参数和电压传输特性，理想集成运算放大器的主要特点，然后采用集成运算放大器构成基本运算电路和电压比较器电路，完成相关电路的分析设计、仿真验证、安装与调试。

通过本项目的学习，学生理解相关知识之后，应达成以下能力目标和素养目标。

岗位职业能力

根据工作任务要求和工艺规范，正确选用和代换集成运算放大器，并能合理进行电路仿真设计、电路布局、正确接线，完成基本运算电路安装和调试，达到产品质量标准。

知识目标

- 掌握集成运算放大器的组成、主要参数和电压传输特性。
- 掌握反馈的基本知识与应用。
- 掌握集成运算放大器在线性工作区的特点及线性应用（基本运算电路）。
- 掌握集成运算放大器在非线性工作区的特点及非线性应用（电压比较器电路）。

技能目标

- 能根据任务要求，正确选用和代换集成运算放大器。
- 能用集成运算放大器构成基本运算电路，并进行仿真设计验证、电路调试和参数测试。
- 能用集成运算放大器构成电压比较器电路，并进行仿真设计验证、电路调试和参数测试。
- 能合理进行电路布局、正确布线，完成基本运算电路的安装与调试。

素养目标

● 通过集成运算放大器组成、特点和反馈的应用，引导学生领会严谨治学的科研态度和止于至善的学术追求。

● 通过典型电路制作和虚拟仿真设计相结合的实训过程，逐步提高综合分析设计能力，增强创新意识和解决复杂工程问题的能力。

● 通过实训过程的6S管理及电子设计规范，理解工程伦理的基本原则，帮助其树立正确的职业道德观。

● 通过电子产品的开发实例，提升"精益求精、一丝不苟、追求卓越"的工匠意识，培养"爱岗敬业、崇尚劳动、协同合作、团结友善"的良好品质。

项目引入

我们为什么要学习集成运算放大器？

语音指令是许多应用中的一种流行功能，也是让产品差异化市场竞争的优势之一。而采用小体积、低成本和高性能的集成运算放大器是任何基于语音或语音系统的麦克风不可缺少的主要组成部分。运算放大器与三极管、场效应管等都是最基本和常用的半导体器件。

三极管的基本电路就是放大器，例如前一项目所学的功放，输入的声音信号很小，输出的声音信号可以放大若干倍。一个理想的放大器，希望其放大倍数是恒定值。如果功放的放大倍数不稳定，声音就会忽大忽小，波形变化还会导致声音方式变化，即失真。

现实总是和理想有差距。很不幸，实际三极管的特性并不理想，它在放大电路工作时，放大倍数不仅受输入电压、电源电压影响，而且自身发热导致温度变化，也会影响其放大倍数。经过不畏艰难、勇于探索的前辈工程师的不懈追求，找到了有效的方法——负反馈。负反馈是使输出起到与输入相反的作用，从而使系统输出趋于稳定，来减少这一特性带来的影响。

为了实际制造出开环增益很大的放大器，往往要用多级三极管放大电路串联的方式设计。由于这种高增益放大器的需求很常见，特别是集成电路的发展，使得大量晶体管元器件集成在一个小芯片上成为可能，于是就有了当今十分常用、发挥着重要作用的集成运算放大器。

电子工程师们在实际设计电路时，运算放大器比三极管用得相对多一些。因为运算放大器的很多特性比三极管要优秀，成本不高且电路设计简单，只需精心设计反馈电路，就可以轻松实现各种高性能电路。例如：运算放大器 + 电阻反馈可构成比例放大、加减法、I/V 变换电路；运算放大器 + 电容反馈可构成积分、微分器；运算放大器 + RC 反馈网络可构成低通、高通、带通滤波器；运算放大器 + 正反馈可构成振荡器、迟滞比较器；运算放大器不加反馈可构成门限比较器、整形电路；运算放大器 + 被控对象可构成自动控制电路等。实际工程中，设计电路应首先采用运算放大器实现。

直面应用，用集成运算放大器来追求性能指标优化。

学会应用，用不理想的器件来逼近理想性能。

创新应用，以探究精神在不完美中追求完美。

☯ 知识链接

2.1　认识集成运算放大器

2.1.1　集成运算放大器的组成

认识集成
运算放大器

　　前面所设计制作的放大电路是由晶体管、电阻、电容等元器件组成的，称为分立元器件电路。利用半导体制造工艺，将组成电路的元器件按照设计要求集中制作在同一块半导体基片上，并封装成为一个具有强大功能的整体器件，称为集成电路（IC）。集成电路实现了材料、元器件和电路的三位一体，具有体积小、质量轻、耗电省、可靠性高等优点。集成电路按性能和用途不同，可分为模拟集成电路和数字集成电路两大类。集成运算放大器属于模拟集成电路的一种，在检测、自动控制、信号产生与处理等许多方面获得了广泛应用。因发展初期主要应用在数学运算上而称其为"集成运算放大器"，简称"集成运放"。

　　集成运算放大器是用集成电路工艺制成的具有很高电压放大倍数的直接耦合多级放大电路，一般由输入级、中间级、输出级和偏置电路四部分组成，如图 2 – 1 所示。

图 2 – 1　集成运算放大器的组成框图

1. 输入级

　　集成运算放大器的输入级通常由双端输入的差动放大电路构成，主要作用是减小零点漂移和抑制共模干扰信号，特点是输入电阻高，静态电流小。

2. 中间级（主放大器）

　　中间级的作用是放大信号，要求尽可能高的电压放大倍数，常采用直接耦合共发射极放大电路。

3. 输出级

　　输出级直接与负载相连，因此要求带负载能力要强，常采用直接耦合的功率放大电路。同时还要求由较低的输出电阻和较高的输入电阻，以起到将放大级和负载隔离的作用。此外，输出级一般还有过电流保护电路，以防止输出端意外短路或因负载电流过大而烧坏管子。

4. 偏置电路

偏置电路的作用是为输入级、中间级和输出级设置合适的静态工作点。一般由各种恒流源构成。

集成电路内部是很复杂的，但作为使用者来说，重点要掌握的是它的几个引脚的用途及放大器的主要参数，不一定需要详细了解它的内部电路机构。

2.1.2 集成运算放大器的图形符号及型号命名方法

（一）集成运算放大器的图形符号

集成运算放大器在电路中的图形符号如图2-2所示，它有两个输入端和一个输出端。两个输入端中，标"＋"号端称为同相输入端，由此端接输入信号时，则输出信号与输入信号同相；标"－"号端称为反相输入端，由此端接输入信号时，则输出信号与输入信号反相。它们的对地电压分别用 u_+、u_-、u_o 表示。"▷"表示信号的传输方向，"∞"表示集成运算放大器开环电压放大倍数的理想值为无穷大。

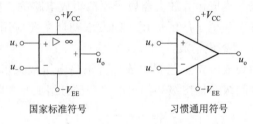

图2-2 集成运算放大器的图形符号

（二）集成运算放大器型号及封装

1. 国产集成运算放大器型号

国产集成运算放大器型号命名方法如下：

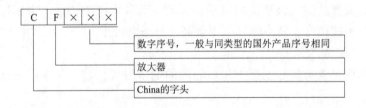

例如，国产集成运算放大器CF741与国外LM741、μA741等是同类器件，它们的引脚排列相同，应用中可相互替代。

2. 集成运算放大器的封装及引脚排列

集成运算放大器常见的外形封装有金属圆壳式、扁平式和双列直插式三种，如图2-3所示。

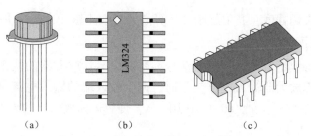

图 2-3 常用集成运算放大器的外形

（a）金属圆壳式；（b）扁平式；（c）双列直插式

双列直插式引脚排列规则：将半圆凹口标记置于左方，自下而上逆时针转向可读出各引脚的递增序号。

2.1.3 集成运算放大器的主要参数及理想化条件

集成运算放大器的传输特性

（一）集成运算放大器的主要参数

集成运算放大器的应用及选取时都应参照性能指标。集成运算放大器性能指标较多，这里仅介绍其主要参数。

1. 开环差模电压增益 A_{ud}

开环差模电压增益指集成运算放大器在没有外接反馈电路时的差模电压放大倍数，记作 A_{ud}。它等于开环情况下，输出电压与输入差模电压之比，即 $A_{ud}=u_o/(u_+-u_-)$。A_{ud} 越高，集成运算放大器性能越好，电路越稳定，运算精度越高。A_{ud} 一般为 $10^4\sim10^7$，常用分贝数表示，即 $80\sim140$ dB。

2. 差模输入电阻 R_{id}

差模输入电阻指集成运算放大器两个输入端之间对差模信号的等效电阻。R_{id} 反映了运算放大器输入电路向差模信号索取电流的能力，其值越大越好，一般为几兆欧。CMOS 运算放大器的 R_{id} 高达 10^6 MΩ 以上。

3. 开环输出电阻 R_{od}

开环输出电阻指运算放大器在无反馈回路时，从输出端看进去的等效电阻。R_{od} 反映了运算放大器输出电路向负载提供电流的能力，其值越小越好，一般为几十欧到几百欧。

4. 共模抑制比 K_{CMR}

共模抑制比指集成运算放大器开环差模电压放大倍数 A_{ud} 与共模电压放大倍数 A_{uc} 之比的绝对值。K_{CMR} 越大，表明分辨有用信号的能力越强，受共模干扰及零漂的影响越小，性能越优良。常用分贝表示，其值一般在 80 dB 以上。

5. 输入失调电压 U_{IO}

对理想运算放大器而言，当输入电压为零时，输出电压必须为零。但由于实际运算放大器的参数很难达到完全对称，当输入电压为零时，输出电压并不为零。如果在输入端人为地外加补偿电压使输出电压为零，则这个补偿电压称为输入失调电压，用 U_{IO} 表示。它反映了运算放大器的失调程度，其值越小，运算放大器性能越好，U_{IO}一般为毫伏级。

6. 输入失调电流 I_{IO}

由于输入级的参数不对称，当输入信号为零时，运算放大器的两个输入端的静态基极电流不相等。当运算放大器输入电压为零时，两个输入端的输入电流之差，称为输入失调电流 I_{IO}。数值越小越好，一般为 $0.1 \sim 0.01~\mu A$，理想运算放大器的 I_{IO} 应为零。

7. 输入偏置电流 I_{IB}

集成运算放大器输入电压为零时，两个输入端静态偏置电流的平均值，称为输入偏置电流 I_{IB}。

8. 最大差模输入电压 U_{idmax}

最大差模输入电压指集成运算放大器两输入端间所允许的最大差模输入电压值，超过此电压值，输入管将反向击穿。其值可达十几伏至三十几伏。

9. 最大共模输入电压 U_{icmax}

最大共模输入电压指集成运算放大器两输入端间所允许的最大共模输入电压值，超过此电压值，输入级无法正常工作。可达几伏至二十几伏。

10. 开环频带宽度 f_{BW}

开环频带宽度 f_{BW} 又称 $-3~dB$ 带宽，是指集成运算放大器的开环差模电压放大倍数 A_{ud} 下降 $3~dB$ 时所对应的频率范围。一般通用型集成运算放大器的开环带宽只有几赫兹。

11. 转换速率 S_R

转换速率 S_R 是指单位时间内对电压变化的响应范围，它反映运算放大器输出对高频输入信号的响应能力。S_R 越大，表示运算放大器的高频性能越好。

（二）理想集成运算放大器及其传输特性

1. 理想集成运算放大器

为便于分析和计算，常将集成运算放大器视作理想运算放大器：由于集成运算放大器的开环差模电压增益 A_{ud} 相当高，可视为无穷大（$A_{ud} \to \infty$）；差模输入电阻 R_{id} 相当大，可视为无穷大（$R_{id} \to \infty$）；输出电阻 R_{od} 很低，可视为趋于零（$R_{od} \to 0$）；共模抑制比 K_{CMR} 视为无穷大（$K_{CMR} \to \infty$）。

此外，还认为理想运算放大器的频带为无限宽，没有失调现象等。

2. 集成运算放大器的传输特性

集成运算放大器的传输特性曲线如图 $2-4$ 所示。

输出特性分为线性区（放大区）和非线性区（饱和区）。图中曲线上升部分（线性区）的斜率为开环差模电压放大倍数 A_{ud}。

当运算放大器工作在线性区时，输出电压 u_o 与输入电压 u_{id}（$u_+ - u_-$）呈线性关系，即：

$$u_o = A_{ud}u_{id} = A_{ud}~(u_+ - u_-) \tag{2-1}$$

由于一般运算放大器的开环电压放大倍数 A_{ud} 都很大，而输出电压为有限值，因此要引入深度负反馈（本项目2.2节介绍），使其净输入电压减小，才能使运算放大器工作在线性

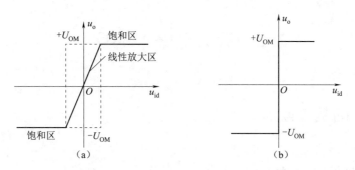

图 2-4　集成运算放大器传输特性曲线

（a）集成运算放大器的电压传输特性；（b）理想集成运算放大器的电压传输特性

区。若 u_{id} 超过规定值，则集成运算放大器输出级的晶体管进入饱和区工作，输出电压近似等于电源电压，与 u_{id} 不再呈线性关系，故称为非线性工作区。

3. 集成运算放大器的重要特点

集成运算放大器工作在线性区的必要条件是引入深度负反馈。对工作在线性区的理想运算放大器进行分析时，有两个重要特点：

（1）虚短。因为理想运算放大器的开环差模电压增益 $A_{ud} \rightarrow \infty$，而输出电压 u_o 是有限值（最高等于其饱和电压），因此有

$$u_+ - u_- = \frac{u_o}{A_{ud}} \approx 0$$

即：

$$u_+ \approx u_- \quad （虚短） \tag{2-2}$$

也就是说，集成运算放大器工作在线性区时，两个输入端电位接近相等，可以等同于短路，而又不是短路，所以称为"虚短"。

（2）虚断。由于理想运算放大器的开环差模输入电阻 R_{id} 趋于无穷大，这相当于两个输入端之间断路，其实并没有断路，所以称为输入端"虚断"。这样两个输入端电流满足

$$i_+ = i_- \approx 0 \quad （虚断） \tag{2-3}$$

利用"虚短"和"虚断"的概念分析工作于线性工作区的集成运算放大器电路十分简便。

4. 集成运算放大器的非线性应用

集成运算放大器工作在非线性区时，其特点如下：

（1）输出电压只有两种状态，不是正饱和电压 $+U_{OM}$，就是负饱和电压 $-U_{OM}$。

当同相端电压大于反相端电压，即 $u_+ > u_-$ 时，$u_o = +U_{OM}$；

当同相端电压小于反相端电压，即 $u_+ < u_-$ 时，$u_o = -U_{OM}$。

（2）由于集成运算放大器的输入电阻 R_{id} 趋于无穷大，工作在非线性区的集成运算放大器的两输入端电流仍然近似为零，即 $i_+ = i_- \approx 0$，所以"虚断"的概念仍然成立。

一般区分集成运算放大器是工作在线性区还是非线性区的方法，就是看运算放大器外部是否引入负反馈。如果引入负反馈，则认为其工作在线性区；如果集成运算放大器工作在开环状态或外部引入正反馈，则认为其工作在非线性区。

2.2 放大电路中的反馈

2.2.1 反馈的基本概念

（一） 反馈放大电路的组成

大多数放大电路都会使用某种形式的负反馈，它可用来改善放大电路的性能。把放大电路输出信号的一部分或全部通过某一电路（称为反馈网络）回送到放大电路的输入端，并对放大电路的输入信号产生影响的方式称为反馈。把引入反馈的放大电路称为反馈放大电路，其组成如图 2 - 5 所示，也称闭环放大电路。而未引入反馈的放大电路，称为开环放大电路。

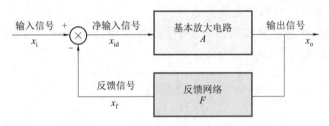

图 2 - 5　反馈放大电路的组成

（二） 反馈放大电路的基本关系式

图 2 - 5 所示反馈放大电路系统方框图中，x_i 为电路输入信号，x_f 为反馈信号，x_{id} 为净输入信号，x_o 为输出信号，它们可以是电压，也可以是电流。图中箭头表示信号传输方向，$\otimes$ 表示比较环节。参数定义如下：

基本放大电路的开环放大倍数（也称开环增益）为：

$$A = \frac{x_o}{x_{id}}$$

反馈网络的反馈系数为：

$$F = \frac{x_f}{x_o}$$

反馈放大电路的闭环放大倍数（也称闭环增益）为：

$$A_f = \frac{x_o}{x_i}$$

基本放大电路的净输入信号为：

$$x_{id} = x_i - x_f$$

根据上述关系式可推导出：

$$A_f = \frac{A}{1 + AF} \tag{2-4}$$

式（2-4）称为反馈放大电路的基本关系式，它表明了闭环放大倍数与开环放大倍数、反馈系数之间的关系。定义 $1 + AF$ 为闭环放大电路的反馈深度，它是衡量放大电路反馈强弱的一个重要指标，闭环放大倍数 A_f 的变化与反馈深度有关。

若 $1 + AF > 1$，则有 $A_f < A$，这时称放大电路引入的反馈为负反馈。

若 $1 + AF < 1$，则有 $A_f > A$，这时称放大电路引入的反馈为正反馈。

若 $1 + AF \gg 1$，则有 $A_f \approx \dfrac{1}{F}$，这时称放大电路引入深度负反馈，此时闭环增益主要由反馈系数决定。

2.2.2　反馈的类型及判断

反馈放大电路的类型

（一）反馈的类型及判断

在对反馈电路分类之前，首先要确定放大电路有无反馈。判别有无反馈的方法是：找出反馈元件，确认反馈通路，如果在电路中存在连接输出回路和输入回路的反馈通路，就存在反馈。如图 2-6 所示电路就存在反馈回路，反馈元件是电阻 R_f。

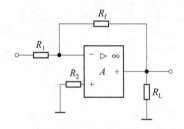

图 2-6　反馈电路

1. 正反馈和负反馈

根据反馈极性的不同，反馈分为正反馈和负反馈。如果引入反馈信号后，放大电路的净输入信号减小，放大倍数减小，则这种反馈为负反馈；如果反馈信号使放大电路的净输入信号增大，放大倍数增大，则这种反馈为正反馈。

常用电压瞬时极性法判断回路的正、负反馈。在放大电路的输入端，先假设输入信号的电压极性（用"+"或"-"号表示该点瞬时信号的变化为升高或降低），然后按信号传输方向依次判断相关点的瞬时极性，最后判断出反馈信号 x_f 的瞬时电压极性。如果反馈信号 x_f 的瞬时极性使净输入信号 x_{id} 减小，则为负反馈；反之为正反馈。

以图 2-7 所示电路为例进行判断。首先假设集成运算放大器的同相输入端输入信号瞬时极性为正，由于是同相输入，所以输出端的输出信号也为正，则在 R_2 上产生反馈电压 u_f 对地也为正，则净输入信号 $u_{id} = u_i - u_f$ 比没有反馈时减小了，所以是负反馈。

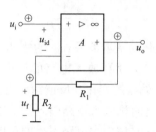

图2-7　用瞬时极性法判断反馈的性质

2. 直流反馈和交流反馈

根据反馈信号的交、直流性质可分为直流反馈和交流反馈。若反馈回来的信号是直流量，则为直流反馈；若反馈回路的信号是交流量，则为交流反馈。反馈信号既有交流成分又有直流成分时为交直流反馈。直流负反馈影响放大电路的直流性能，常用以稳定静态工作点；交流负反馈影响放大电路的交流性能，常用以改善放大电路的动态性能。

交直流反馈的判别：如果反馈网络中的反馈元件是电阻，则为直流反馈；若反馈网络元件是电容，则为交流反馈。如图2-8（a）所示为直流反馈，图2-8（b）所示为交流反馈。

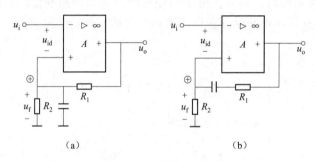

（a）　　　　　　　　　　　　（b）

图2-8　直流反馈和交流反馈的判别
（a）直流反馈；（b）交流反馈

3. 串联反馈和并联反馈

根据反馈信号与输入信号在放大电路输入端的连接方式不同，可分为串联反馈和并联反馈。反馈信号与输入信号在放大电路的输入回路中以电压的形式相加减，为串联反馈；反馈信号与输入信号在输入回路中以电流的形式相加减，则为并联反馈。

区分串联反馈与并联反馈的一种方法是，若反馈信号与输入信号在输入回路的同一端点引入，为并联反馈；若反馈信号与输入信号在输入回路的不同端点引入，则为串联反馈。

对于三极管来说，若反馈信号与输入信号同时加在输入三极管的基极或发射极，则为并联反馈；一个加在基极，另一个加在发射极，则为串联反馈。

对于运算放大器来说，反馈信号与输入信号同时加在同相输入端或反相输入端时，则为并联反馈；一个加在同相输入端，另一个加在反相输入端时，则为串联反馈。如图2-9（a）所示为串联反馈，图2-9（b）所示为并联反馈。

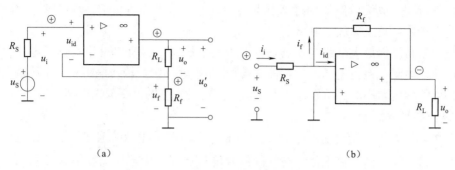

（a）
（b）

图 2 - 9　串联反馈和并联反馈的判别
（a）串联反馈；（b）并联反馈

4. 电压反馈和电流反馈

根据反馈信号在放大电路输出端取样方式的不同，可分为电压反馈和电流反馈。如果反馈信号取自输出电压，即反馈信号和输出电压成正比，就称为电压反馈；如果反馈信号取自输出电流，即反馈信号和输出电流成正比，就称为电流反馈。

区分电压反馈和电流反馈也可采用假想负载短路法。如果输出负载在短路后（即 $u_o = 0$），反馈信号消失，则为电压反馈；如果反馈信号仍然存在则为电流反馈。如图 2 - 10（a）所示为电压反馈，图 2 - 10（b）所示为电流反馈。

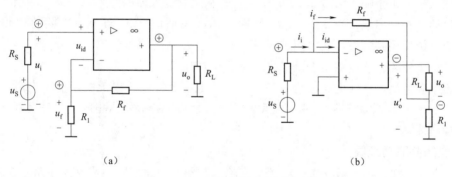

（a）
（b）

图 2 - 10　电压反馈和电流反馈的判别
（a）电压反馈；（b）电流反馈

（二）负反馈放大电路的四种组态

以反馈信号在输出端的两种取样方式和在输入端的两种不同连接方式，可以构成四种类型的负反馈组态，即电压串联负反馈、电流并联负反馈、电流串联负反馈和电压并联负反馈。

1. 电压串联负反馈

在图 2 - 10（a）所示电路中，电阻 R_f 跨接在输入回路与输出回路之间，输出电压 u_o 通过 R_f 与 R_1 的分压反馈到输入回路，因此 R_f、R_1 构成反馈通路。在输入端，输入信号 u_i 和反馈信号 u_f 加在运算放大器的不同输入端，所以是串联反馈。在输出端，若将负载 R_L 短路（$u_o = 0$），则 $u_f = u_o R_1 / (R_1 + R_f) = 0$，反馈信号消失，所以是电压反馈。用瞬时极性法由图示极性可得，放大电路的净输入信号 $u_{id} = u_i - u_f$，故这个电路为负反馈。综上所述，该电路为电压串联负反馈放大电路。

电压串联负反馈放大电路的特点是：由于是电压反馈，所以可稳定输出电压，降低放大电路的输出电阻（具有电压源的特性）；由于是串联反馈，输入电阻相当于原输入电阻与反馈网络的等效电阻串联，所以输入电阻增大。它是良好的电压放大电路。

2. 电流并联负反馈

在图 2 - 10（b）所示电路中，R_f 跨接在输入回路与输出回路之间，R_f、R_1 共同构成反馈通路。在输入端，由于输入信号与反馈信号均从运算放大器的反相输入端引入，所以是并联反馈。在输出端，当 $u_o = 0$（R_L 短路）时，反馈信号 i_f 依然存在，说明反馈信号 i_f 取样于输出电流 i_o，故该反馈是电流反馈。用瞬时极性法由图示极性可得，放大电路的净输入电流 $i_{id} = i_i - i_f$，故为负反馈。综上所述，该电路为电流并联负反馈放大电路。

电流并联负反馈放大电路的特点是：由于是电流反馈，所以能稳定输出电流，其效果相当于提高了放大电路的输出电阻（具有电流源的特性）；由于是并联反馈，输入电阻相当于原输入电阻与反馈网络的等效电阻的并联，所以输入电阻减小了。它是良好的电流放大电路。

3. 电流串联负反馈

在图 2 - 9（a）所示电路中，R_f 为输入回路和输出回路的公共电阻，故 R_f 构成反馈通路。在输入端，由于输入信号 u_i 与反馈信号 u_f 从运算放大器的两个不同输入端引入，所以是串联反馈。在输出端，当 $u_o = 0$（R_L 短路）时，反馈信号 $u_f = i_o R_f$ 依然存在，说明该反馈是电流反馈。用瞬时极性法由图示极性可得，放大电路的净输入信号 $u_{id} = u_i - u_f$，故为负反馈。综上所述，该电路为电流串联负反馈放大电路。

电流串联负反馈放大电路的特点是：由于是电流反馈，所以能稳定输出电流，提高输出电阻（具有电流源的特性）；由于是串联反馈，所以能提高输入电阻。它是良好的电压 - 电流变换电流。

4. 电压并联负反馈

在图 2 - 9（b）所示电路中，R_f 跨接在输入与输出回路之间构成反馈通路。在输入端，由于输入信号 i_i 与反馈信号 i_f 均从运算放大器的反相输入端引入，所以是并联反馈。在输出端，当 $u_o = 0$（R_L 短路）时，反馈信号 i_f 消失，说明反馈信号 i_f 取样于输出电压 u_o，所以是电压反馈。用瞬时极性法由图示极性可得，放大电路的净输入电流 $i_{id} = i_i - i_f$，故为负反馈。综上所述，该电路为电压并联负反馈放大电路。

电压并联负反馈放大电路的特点是：电压负反馈稳定输出电压，输出电阻小；并联负反馈降低了输入电阻。它是良好的电流 - 电压变换电路。

2.3 集成运算放大器的线性应用

采用集成运算放大器接入适当的负反馈就可以构成各种线性应用电路，它们广泛应用于各种信号的运算、放大、处理、测量等电路中。在运算电路中，以输入电压为变量，以输出电压为函数，当输入电压发生变化时，输出电压反映输入电压某种运算的结果。因此，集成运算放大器必须工作在线性区，在深度负反馈下，利用反馈网络可以实现各种运算。本节的集成运算放大器都看作是理想运算放大器，因此在分析时，要特别注意其"虚短"和"虚断"两个特点的应用。

2.3.1　反相与同相比例运算电路

1. 反相比例运算电路

反相比例运算电路又称反相输入放大器，如图 2-11 所示。输入信号 u_i 通过电阻 R_1 接到集成运算放大器的反相输入端，反馈电阻 R_f 接在输出端和反相输入端之间，形成深度的电压并联负反馈，使集成运算放大器工作在线性区。同相端加平衡电阻 R_2，其作用是使同相端与反相端外接电阻相等，即 $R_2 = R_1 /\!/ R_f$，以保证集成运算放大器处于平衡对称的工作状态，从而消除输入偏置电流及温漂的影响。

比例放大电路

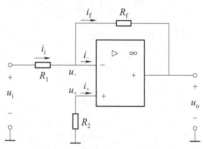

图 2-11　反相比例运算电路

在该电路中，集成运算放大器工作在线性状态，根据"虚短"和"虚断"有 $u_+ = u_-$ 和 $i_+ = i_- \approx 0$，即 R_2 中无电流，其两端无电压降，故 $u_+ = u_- = 0$。这说明，反相输入端虽未直接接地，但其电位与地等电位，因此为"虚地"。"虚地"是反相比例运算的重要特点。

由图 2-11 电路可得

$$i_i = i_f$$

又因为

$$i_i = \frac{u_i - u_-}{R_1} = \frac{u_i}{R_1}, \ \ i_f = \frac{u_- - u_o}{R_f} = -\frac{u_o}{R_f}$$

所以

$$\frac{u_i}{R_1} = -\frac{u_o}{R_f}$$

即

$$u_o = -\frac{R_f}{R_1} u_i \tag{2-5}$$

则电压放大倍数为

$$A_{uf} = \frac{u_o}{u_i} = -\frac{R_f}{R_1} \tag{2-6}$$

以上分析表明，反相比例运算电路输出电压 u_o 与输入电压 u_i 成比例关系且相位相反，电路实现了反比例运算。电压放大倍数取决于 R_f 和 R_1，与集成运算放大器本身参数无关，所以负反馈的放大倍数很稳定。当 $R_f = R_1$ 时，$u_o = -u_i$，输出电压与输入电压大小相等，相位相反，称为反相器，可实现变号运算。

2. 同相比例运算电路

同相比例运算电路如图 2–12 所示。输入电压 u_i 通过电阻 R_2 接到集成运算放大器的同相输入端，其反相输入端经电阻 R_1 接地。输出电压 u_o 经 R_f 反馈至反相输入端，形成深度的电压串联负反馈。平衡电阻 $R_2 = R_1 /\!/ R_f$。

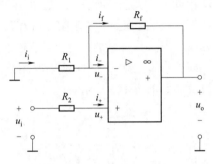

图 2–12　同相比例运算电路

由图 2–12 电路可得

$$i_i = \frac{0 - u_-}{R_1} = -\frac{u_-}{R_1} \ , \ i_f = \frac{u_- - u_o}{R_f}$$

根据"虚断"有

$$i_+ = i_- \approx 0$$

故

$$i_i = i_- + i_f = i_f$$

即

$$-\frac{u_-}{R_1} = \frac{u_- - u_o}{R_f}$$

再由"虚短"及 $i_+ = 0$，有

$$u_+ = u_- = u_i$$

所以

$$-\frac{u_i}{R_1} = \frac{u_i - u_o}{R_f}$$

整理得

$$u_o = \left(1 + \frac{R_f}{R_1}\right)u_i \tag{2-7}$$

则电压放大倍数为

$$A_{uf} = \frac{u_o}{u_i} = 1 + \frac{R_f}{R_1} \tag{2-8}$$

以上分析表明，同相比例运算电路输出电压 u_o 与输入电压 u_i 相位相同，大小成正比，比例系数（电压放大倍数）为 $1 + \dfrac{R_f}{R_1}$，此值与运算放大器本身的参数无关。

如果取 $R_1 \to \infty$ 且 $R_f = 0$ 或 $R_1 \to \infty$ 时，$u_o = u_i$，即输出电压跟随输入电压的变化而变化，这种电路称为电压跟随器，如图 2－13 所示。

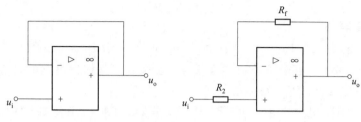

图 2－13　电压跟随器

2.3.2　加法与减法运算电路

1. 加法运算电路

反相加法运算电路如图 2－14 所示，它是利用反相比例运算电路实现的。在反相输入端有若干个输入信号。同相端通过平衡电阻 $R_P = R_1 // R_2 // R_f$ 接地。

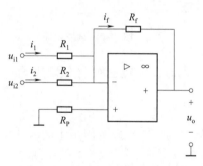

加法与减法
运算电路

图 2－14　反相加法运算电路

根据"虚断"可得

$$i_1 + i_2 = i_f$$

根据"虚地"，$u_+ = u_- = 0$，可得

$$i_1 = \frac{u_{i1} - u_-}{R_1} = \frac{u_{i1}}{R_1}, \ \ i_2 = \frac{u_{i2}}{R_2}, \ \ i_f = -\frac{u_o}{R_f}$$

即

$$\frac{u_{i1}}{R_1} + \frac{u_{i2}}{R_2} = -\frac{u_o}{R_f}$$

可求得输出电压为

$$u_o = -\left(\frac{u_{i1}}{R_1} + \frac{u_{i2}}{R_2} \right) R_f \tag{2－9}$$

实现了反相加法运算。

值得指出的是，调节反相加法运算电路某一路信号的输入电阻（R_1 或 R_2）的阻值，不影响其他输入电压与输出电压的比例关系，因而调节方便。该电路在测量和自动控制系统中，常常用来对各种信号按不同比例进行综合。

图 2 – 14 中，如果选取电路中的电阻 $R_1 = R_2 = R_f$，则

$$u_o = -(u_{i1} + u_{i2})$$

2. 减法运算电路

减法运算电路如图 2 – 15 所示，输入信号 u_{i1} 和 u_{i2} 分别加至集成运算放大器的反相输入端和同相输入端，这种形式的电路也称为差分放大电路。为保证电路的平衡性，要求电路中 $R_n = R_p$，其中 $R_n = R_1 // R_f$，$R_p = R_2 // R_3$。

对该电路可以用"虚短"和"虚断"特点来分析，下面应用叠加定理根据同相比例运算电路和反相比例运算电路已有的结论进行分析，这样可使分析更简便。

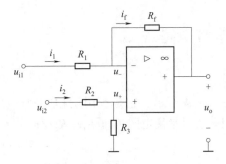

图 2 – 15　减法运算电路

当 $u_{i2} = 0$ 且只有 u_{i1} 单独作用时，该电路为反相比例运算电路，输出电压为

$$u_{o1} = -\frac{R_f}{R_1}u_{i1}$$

当 $u_{i1} = 0$ 且只有 u_{i2} 单独作用时，该电路为同相比例运算电路，输出电压为

$$u_{o2} = \left(1 + \frac{R_f}{R_1}\right)u_+ = \left(1 + \frac{R_f}{R_1}\right)\frac{R_3}{R_2 + R_3}u_{i2}$$

当 u_{i1}、u_{i2} 同时作用时，其输出电压为 u_{o1} 与 u_{o2} 的叠加，即

$$u_o = u_{o1} + u_{o2} = -\frac{R_f}{R_1}u_{i1} + \left(1 + \frac{R_f}{R_1}\right)\frac{R_3}{R_2 + R_3}u_{i2}$$

当 $R_1 = R_2$，$R_3 = R_f$ 时，则上式为

$$u_o = \frac{R_f}{R_1}(u_{i2} - u_{i1}) \tag{2-10}$$

上式表明，若适当选择电阻参数，则输出电压与两个输入电压的差值成比例，从而实现了减法运算。显然，该差分放大电路的差模电压放大倍数只与 R_1、R_f 取值有关。

当 $R_1 = R_f$ 时，有

$$u_o = u_{i2} - u_{i1}$$

在控制和测量系统中，两个输入信号可分别为反馈输入信号和基准信号，取其差值送到放大器中进入放大后可控制执行机构。

2.3.3　积分与微分运算电路

1. 积分运算电路

积分运算电路如图 2-16 所示，输入信号由反相输入端通过电阻 R_1 接入，反馈元件为电容 C_f，平衡电阻 $R_2 = R_1$。

积分与微分运算电路

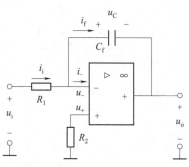

图 2-16　积分运算电路

根据"虚地"，$u_+ = u_- = 0$，可得

$$i_i = \frac{u_i - u_-}{R_1} = \frac{u_i}{R_1}$$

根据"虚断"，$i_+ = i_- \approx 0$，则 $i_i = i_f = i_C$，即电容 C_f 以 $i_C = \dfrac{u_i}{R_1}$ 进行充电。又因为

$$i_C = C_f \frac{du_C}{dt} = C_f \frac{d(u_- - u_o)}{dt} = -C_f \frac{du_o}{dt} = \frac{u_i}{R_1}$$

假设电容 C_f 的初始电压为零，则

$$u_o = -u_C = -\frac{1}{R_1 C_f}\int u_i\, dt \tag{2-11}$$

上式表明，输出电压为输入电压对时间的积分，实现了积分运算。式中负号表示输出与输入相位相反，$R_1 C_f$ 称为积分时间常数。

当输入电压为常数 U_1 时，如图 2-17（a）所示，若初始电压为零，则可得

$$u_o = -\frac{1}{R_1 C_f}\int_0^t u_i\, dt = -\frac{U_1}{R_1 C_f}t$$

u_o 的波形如图 2-17（b）所示，为一线性变化的斜坡电压，其最大值受运算放大器最大输出电压 U_{OM} 限制。

积分电路除了用于实现运算外，也可用于实现波形变换，如图 2-18 所示，可将输入的矩形波变换成三角波输出。

把积分运算电路的输出电压作为电子开关或其他自动控制系统的输入控制电压，则积分电路可起到延时的作用，以延缓过渡过程的冲击，使被控制的电动机外加电压缓慢上升，避免

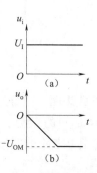

图 2-17　输入电压为常数时的输出波形

其机械转矩猛增，造成传动机械的损坏。积分电路还常用于显示器的扫描电路及 A/D 转换器电路。

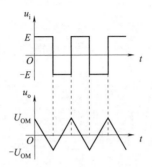

图 2 – 18　积分运算电路的波形变换作用

2. 微分运算电路

微分运算是积分运算的逆运算。将积分电路中的 R_1 与 C 互换位置，便构成微分运算电路，如图 2 – 19 所示。

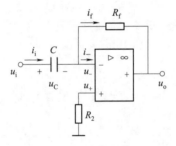

图 2 – 19　微分运算电路

根据"虚短"和"虚断"概念，由 $u_- = 0$，$i_- = 0$，得出

$$i_i = i_f + i_- = i_f$$

又因为

$$i_i = C \frac{du_C}{dt} = C \frac{du_i}{dt}$$

所以

$$u_o = -i_f R_f = -i_i R_f = -R_f C \frac{du_i}{dt} \qquad (2-12)$$

上式表明，微分运算电路的输出电压正比于输入电压对时间的微分，从而实现了微分运算。式中，$R_f C$ 为微分电路的时间常数，$R_f C$ 值越大，微分作用就越强。

微分运算电路的波形变换作用如图 2 – 20 所示，可将输入的矩形波变换成尖脉冲输出。

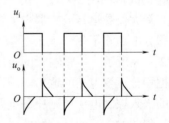

图 2 – 20　微分运算电路的波形变换作用

2.4　集成运算放大器的非线性应用

集成运算放大器的线性应用电路都是通过外接反馈网络使集成运算放大器处于深度负反馈状态，而集成运算放大器的非线性应用电路则通常工作在正反馈或开环状态，电压比较器是其非线性应用的典型电路。

电压比较器是对输入信号进行鉴别与比较的电路，是组成非正弦波发生电路的基本单元电路。它将一个模拟输入电压与一个参考电压比较后输出高电平或低电平，常用于越限报警、A/D转换及各种波形的产生和变换电路。电压比较器可分为单门限电压比较器和迟滞电压比较器。

2.4.1　单门限电压比较器

集成运算放大器用作电压比较器时工作在非线性区，只要两端输入电压有差别（差分输入），输出端就立即饱和。

图2-21（a）所示是一个简单的单门限电压比较器。运算放大器的同相输入端接基准电压（或称参考电压）U_{REF}，被比较的输入信号 u_i 由反相输入端接入。集成运算放大器处于开环状态（A_u 很大，易饱和）。

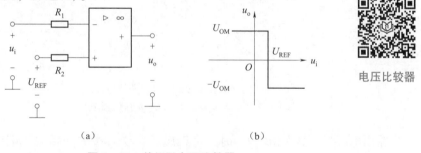

图2-21　单门限电压比较器

（a）电路组成；（b）电压传输特性

当 $u_i > U_{REF}$（即 $u_- > u_+$）时，$u_o = -U_{OM}$；当 $u_i < U_{REF}$（即 $u_- < u_+$）时，$u_o = +U_{OM}$。传输特性如图2-21（b）所示，可见 $u_i = U_{REF}$ 是电路的状态转换点，因此把比较器的输出电压从一个电平翻转到另一个电平时对应的输入电压值称为阈值电压或门限电压，用 U_T 表示。

单门限电压比较器的基准电压只有一个，当基准电压 $U_{REF} = 0$ 时，则输入电压 u_i 每经过零值一次，输出电压就要产生一次跃变，这种比较器称为过零比较器。当过零比较器的输入信号 u_i 为正弦波时，输出电压 u_o 为正负宽度相同的方波，如图2-22所示。

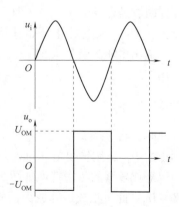

图2-22　过零比较器的波形转换作用

单门限电压比较器有电路简单、灵敏度高等特点，但其抗干扰能力差，当输入信号含有噪声或干扰电压时，输出也随干扰信号在基准电压附近来回翻转，导致比较器输出不稳定。如果用其输出电压去控制电动机，就会出现电动机频繁启停的现象，这种情况是不允许的。提高抗干扰能力的一种方案是采用迟滞电压比较器。

2.4.2 迟滞电压比较器

迟滞电压比较器是一种能判断出两种控制状态的开关电路，广泛应用于自动控制系统电路中，其电路组成如图 2-23（a）所示。输入信号 u_i 通过平衡电阻 R_1 接到反相输入端，基准电压 $U_{REF}=0$（接地）通过 R_2 接到同相输入端，同时输出电压 u_o 通过 R_f 接到同相输入端，构成正反馈。图中 VD_Z 是一对双向稳压管，起限幅作用，把工作在非线性状态的集成运算放大器的输出电压钳位于 $\pm U_Z$ 值。集成运算放大器的同相输入端电压 u_+ 是由输出电压和参考电压（该电路中为零）共同作用叠加而成的，因此集成运算放大器的同相输入端电压 u_+ 也有两个。

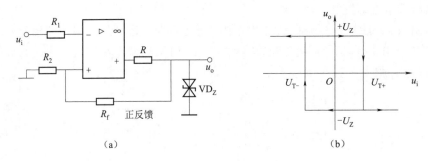

图 2-23 迟滞电压比较器

（a）电路组成；（b）电压传输特性

当输出电压为正最大值 $+U_Z$ 时，将集成运算放大器的同相输入端电压称为上门限电压，用 U_{T+} 表示，则有：

$$U_{T+} = u_+ = \frac{R_2}{R_f + R_2}（+U_Z）\qquad(2-13)$$

此时，若保持 $u_i < U_{T+}$（即 $u_- < u_+$），输出则保持 $+U_Z$ 不变。一旦 u_i 从小逐渐增大到刚刚大于 U_{T+}，则输出电压迅速从 $+U_Z$ 跃变为 $-U_Z$。

当输出电压为负最大值 $-U_Z$ 时，将集成运算放大器的同相输入端电压称为下门限电压，用 U_{T-} 表示，则有：

$$U_{T-} = u_+ = \frac{R_2}{R_f + R_2}（-U_Z）\qquad(2-14)$$

此时，若保持 $u_i > U_{T-}$（即 $u_- > u_+$），输出则保持 $-U_Z$ 不变。一旦 u_i 从大逐渐减小到刚刚小于 U_{T-}，则输出电压迅速从 $-U_Z$ 跃变为 $+U_Z$。

迟滞比较器的传输特性如图 2-23（b）所示。当输入信号 u_i 足够小时，比较器输出高电平 $+U_Z$，此时集成运算放大器同相端对地电压为 U_{T+}；随着 u_i 的不断增大，当 $u_i > U_{T+}$ 时，比较器输出由高电平 $+U_Z$ 跃变为低电平 $-U_Z$，此时同相端对地电压为 U_{T-}；显然 $U_{T-} <$

U_{T+}，因此，当 u_i 继续增大时，输出保持 $-U_Z$ 不变。

若 u_i 从最大值开始下降，当下降到上门限电压 U_{T+} 时，输出并不翻转，只有下降到略小于下门限电压 U_{T-} 时，输出由低电平 $-U_Z$ 跃变为高电平 $+U_Z$；当 u_i 继续减小时，输出保持 $+U_Z$ 不变。

上述双门限电压比较器在电压传输过程中具有滞回特性，因此称为迟滞电压比较器。与单门限电压比较器相比，由于迟滞比较器加入了正反馈网络，使输入信号 u_i 从小往大变化或从大往小变化时存在回差电压 $\Delta U = U_{T+} - U_{T-}$，从而提高了电路的抗干扰能力。

 **项目实施**

2.5　任务 1　基本运算电路的设计与仿真验证

为了验证电子电路设计的可行性和参数的正确性，往往需要进行软件仿真，其结果对实际设计有一定的指导意义，但不能取代实际设计。我们使用 Proteus 完成一些基本电路的设计和仿真验证。Proteus 电路设计和仿真软件不仅提供了基础的电路设计功能，还可以用于对模拟电路、数字电路、嵌入式处理器应用系统的仿真，其提供了交互式仿真和基于图表的仿真两种不同仿真模式。Proteus 的交互式仿真是实时直观地反映电路设计结果的仿真方式。在实际的电路仿真中，有时我们希望能定量地记录和分析仿真系统中相应参数的变化，比如说记录输出信号在 5 s 内的波形，此时可以使用基于图表的仿真（ASF），可以用于精确分析电路的各种性能，如频率特性、噪声特性等。

集成运算放大器
典型运算电路的
设计与仿真

2.5.1　比例运算电路的设计与仿真验证

（一）反相比例运算电路

1. 元件参数的计算

例：设计一个放大倍数为 5 的反相比例运算电路。

（1）放大倍数。根据理论分析所得式（2-6）可知

$$A_{uf} = \frac{u_o}{u_i} = -\frac{R_f}{R_1} = -5$$

若取 $R_1 = 1\ \text{k}\Omega$，则 $R_f = 5\ \text{k}\Omega$。为了保持集成运算放大器两个输入端外接电阻对称，则 $R_2 = R_1 // R_f = 0.83\ \text{k}\Omega$，约为 $1\ \text{k}\Omega$。

（2）输入和输出电阻

根据图 2-11 所示反相比例运算电路，利用集成运算放大器工作在线性区的特点（虚短、虚断）可得出输入电阻。由

$$i_{\mathrm{i}} = \frac{u_{\mathrm{i}} - u_{-}}{R_1} = \frac{u_{\mathrm{i}}}{R_1}$$

所以

$$r_{\mathrm{i}} = \frac{u_{\mathrm{i}}}{i_{\mathrm{i}}} = R_1$$

考虑到集成运算放大器的开环增益很大（可视为无穷大），开环时运算放大器的输出电阻很小，电压负反馈使输出电阻更小，所以可知输出电阻 $r_{\mathrm{of}} \approx 0$。

2. 仿真验证

根据分析计算结果，在 Proteus 中画出原理图进行仿真验证。

（1）添加待用元器件。

启动 Proteus 软件，新建"反相比例运算电路"设计文件后，在如图 2-24 所示元器件区添加本设计所需使用的元器件。先单击左边工具栏元器件模式（Component Mode）按钮 图标，再单击对象选择器上方的"P"按钮，即可打开 Proteus 的元器件库。

在本项目中，选择使用双运算放大器集成芯片 LM358，所以需要添加一个集成运算放大器。在 Proteus 中，在运算放大器库（Operational Amplifiers）里选择子目录双运算放大器（Dual），在"结果"中选择"LM358"，即双运算放大器，如图 2-25 所示。用鼠标左键双击"LM358"，将其添加到元器件区。

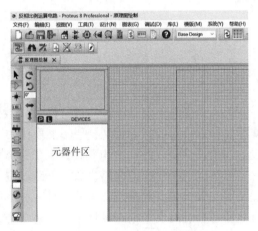

图 2-24　Proteus 的元器件区

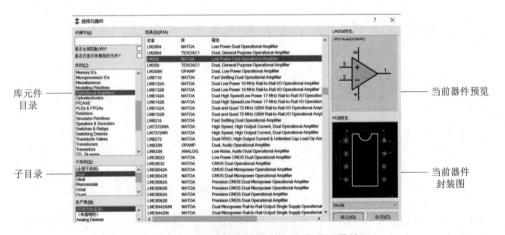

图 2-25　查找并且将器件加入当前项目器件区

此时，在图 2-24 所示的元器件区就可以看到新增加的 LM358 双集成运算放大器了。

如果不知道元器件所属的元器件库，则可以通过关键字（Keywords）搜索获得。对本项目中的运算放大器，在打开的"选择元器件"对话框中的"关键字"文本框中输入

"LM358"，此时即可找到其所在元器件库。

在"Operational Amplifiers"库的子类别"Dual"中任选其中一厂家产品LM358，如图2-26所示。

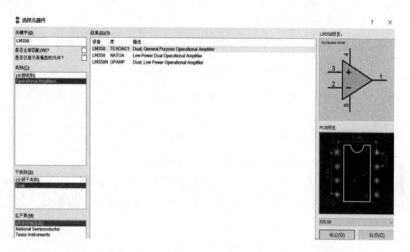

图2-26　"Dual"子目录库及LM358

再次单击对象选择器上方的"P"按钮，在Proteus提供的电阻库（Resistors）里选择子目录普通电阻（Generic），在"结果"中选择"RES"。或在对话框中的"关键字"文本框中输入"RES"，在"结果"中选择"RES"。

在原理图设计中可以随时通过以上步骤向当前项目器件区中添加器件，单击器件区中的器件可以显示当前选中器件的缩略图，如图2-27所示。

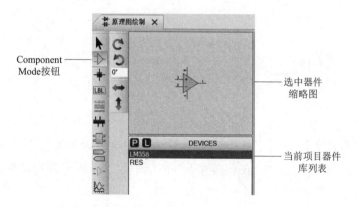

图2-27　当前项目器件区窗口

（2）放置元器件并设置元器件属性。

在添加了元器件后，就可以在电路原理图中放置元器件了。表2-1列出了Proteus中放置元器件的基本操作。

表 2 – 1 Proteus 中放置元器件的基本操作

基本操作	说　明
放置元器件	在元器件区，选中需要放的元器件，然后在电路原理图中单击鼠标左键，元器件就会出现在光标所在的位置
选中元器件	用鼠标左键或右键单击元器件，就可以使其呈选中状态，被选中的元件呈红色
删除元器件	在元器件上用鼠标右键单击两次可以删除元器件
移动元器件	确认元器件在选中状态（元器件呈红色），然后用鼠标左键将其拖曳到需要的位置
打开元器件属性对话框	使元器件处于选中状态，再次单击鼠标左键即可弹出元器件属性对话框

放置运算放大器 LM358，属性默认即可，不需修改。

放置电阻器 R_1、R_2 及 R_f，并分别修改其各自参数属性为计算出的阻值，方法是左键双击选中相应电阻并弹出属性对话框后，修改电阻位号和阻值即可，如图 2 – 28 所示。

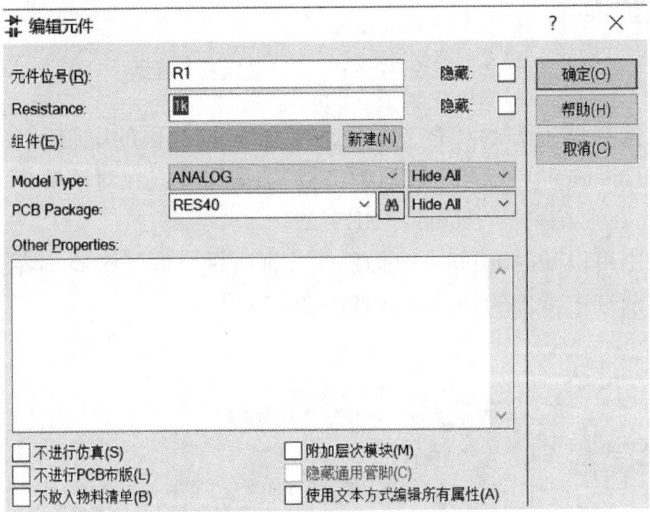

图 2 – 28 修改元器件属性

为使集成运算放大器正常工作，还需为其添加正负电源。单击左边工具栏终端模式（Terminals Mode）按钮图标，在该模式下在图纸中放置电源终端和接地终端，并修改电源终端电压为 + 5 V、– 5 V。

为了观察输入信号与输出波形之间的放大关系，还需放置信号发生器和示波器。单击工具栏中的虚拟仪器（Virtual Instruments）按钮，如图 2 – 29 所示。在 Proteus 提供的虚拟仪器列表中分别选中虚拟示波器（OSCILLOSCOPE）和虚拟信号发生器（SIGNAL GENERATOR），放置于图中。

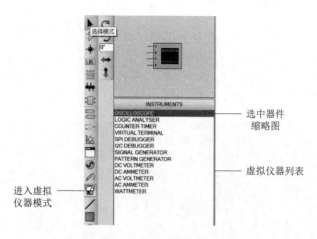

图 2 – 29　选择所需的虚拟仪器

（3）电气连接。

元器件放置完成后，就可以进行电气连接了，如图 2 – 30 所示。

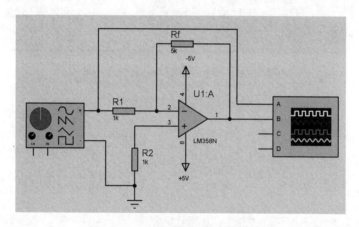

图 2 – 30　反相比例运算电路原理图

（4）仿真验证与参数记录。

在原理图中，示波器的通道 A 显示输入端电压信号，示波器通道 B 显示输出电压信号。单击运行按钮进行仿真，仿真结果如图 2 – 31 所示。

从仿真结果可见，输入信号的频率为 1 kHz，峰峰值为 1 V，波形为正弦波；输出是峰峰值为 5 V 的正弦波，频率仍然为 1 kHz，说明电路对输入信号的放大倍数为 5。但输出正弦波的相位与输入正弦波的相位相差了 π 角度，即反相输出。

如果慢慢增大输入信号的幅度，会发现输出波形慢慢出现了失真。原因是集成运算放大器的最大输出幅值不会超过电源电压最大值（为 $V_{CC} - 1.5$ V），如图 2 – 32 所示。

修改电阻参数 $R_f = R_1$ 时，$u_o = -u_i$，即 $A_{uf} = 1$，该电路就成了反相器，实现变号运算。

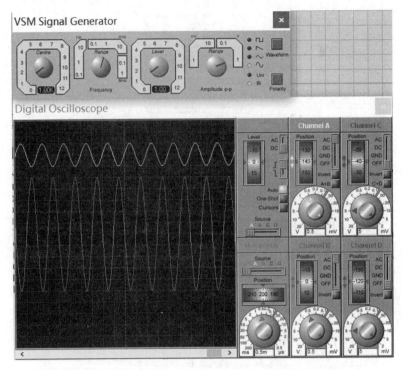

图 2 - 31 反相比例运算电路仿真结果

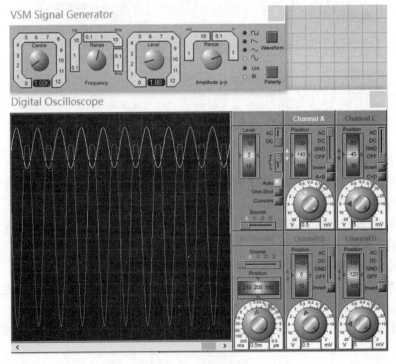

图 2 - 32 波形失真

仿真完成后，将结果记入表 2 – 2。

表 2 – 2　仿真测试结果

测量电路	输入电压/V	输出电压/V	电压放大倍数	相位差/ (°)	输出电压测试波形 (标出 U_{PP}、T 值)
反相比例运算放大器					
反相器					

(二) 同相比例运算电路

1. 元件参数的计算

例：设计一个放大倍数为 5 的同相比例运算电路。

（1）放大倍数。根据理论分析所得式（2 – 8）可知：

$$A_{uf} = \frac{u_o}{u_i} = 1 + \frac{R_f}{R_1} = 5$$

若取 $R_1 = 1\ \text{k}\Omega$，则 $R_f = 4\ \text{k}\Omega$。为了保持集成运算放大器两个输入端外接电阻对称，则 $R_2 = R_1 /\!/ R_f = 0.8\ \text{k}\Omega$，约为 $1\ \text{k}\Omega$。

（2）输入和输出电阻。

图 2 – 12 所示同相比例运算电路是深度电压串联负反馈电路，如前述其具有稳定输出电压，增大输入电阻、减小输出电阻的特点。因此，同相比例运算电路的输入电阻很高（趋向于无穷大），而输出电阻接近于零。

如图 2 – 13 所示，当 $R_1 \to \infty$（断开）或 $R_f = 0$ 时，则

$$A_{uf} = \frac{u_o}{u_i} = 1$$

输入电压与输出电压始终相同，即为电压跟随器。由于它的高输入电阻、低输出电阻特点，放在输入级能真实地将输入信号传给负载而从信号源取流很小，放在两级电路中间，可以起到隔离电路的作用。

2. 仿真验证

根据分析计算结果，启动 Proteus 软件，新建"同相比例运算电路"设计文件，选择所需元器件及虚拟仪器，进行电气连接、仿真验证，如图 2 – 33 所示。示波器的通道 A 显示输入端电压信号，示波器通道 B 显示输出端电压信号。

单击运行按钮进行仿真，仿真结果如图 2 – 34 所示。

从仿真结果可见，输入信号是频率为 1 kHz、峰峰值为 1 V 的正弦波，输出是峰峰值为 5 V 的正弦波，频率仍然为 1 kHz，说明电路对输入信号的放大倍数为 5。输出正弦波的相位与输入正弦波的相位相同，即同相输出。

电压跟随器的仿真验证如图 2 – 35 所示。

71

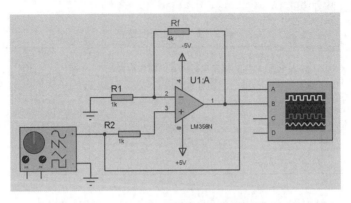

图 2 - 33 同相比例运算电路原理图

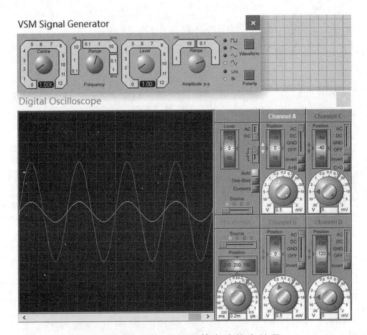

图 2 - 34 同相比例运算电路仿真结果

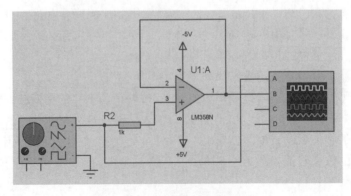

图 2 - 35 电压跟随器电路原理图

仿真完成后，将结果记入表 2 - 3。

表 2 - 3　仿真测试结果

测量电路	输入电压/V	输出电压/V	电压放大倍数	相位差/ (°)	输出电压测试波形 (标出 U_{PP}、T 值)
同相比例运算放大器					
电压跟随器					

2.5.2　加减运算电路的设计与仿真验证

(一) 反相加法运算电路

1. 元件参数的计算

根据理论分析所得式 (2 - 9) 可知：

$$u_o = -\left(\frac{u_{i1}}{R_1} + \frac{u_{i2}}{R_2}\right)R_f = -\left(\frac{R_f}{R_1}u_{i1} + \frac{R_f}{R_2}u_{i2}\right)$$

选取电路中的电阻 $R_1 = R_2 = R_f$，则 $u_o = -(u_{i1} + u_{i2})$。

为了实现上述加法运算，令 $R_1 = R_2 = R_f = 1$ kΩ，$R_P = R_1 // R_2 // R_f = 0.33$ kΩ。

2. 仿真验证

根据分析计算结果，启动 Proteus 软件，新建"加法运算电路"设计文件，选择所需元器件及虚拟仪表，进行电气连接、仿真验证，如图 2 - 36 所示。

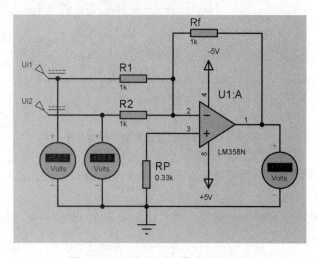

图 2 - 36　反相加法运算电路原理图

其中用到直流激励源和直流电压表，注意修改直流激励源属性。方法是单击工具栏中的激励源库 (Generator Mode) 按钮图标，在对象选择器中列出的激励信号源中选择 DC

激励源，放入图纸中后双击直流激励源，弹出如图 2 - 37 所示的属性设置对话框，修改信号发生器名称和电压值即可。

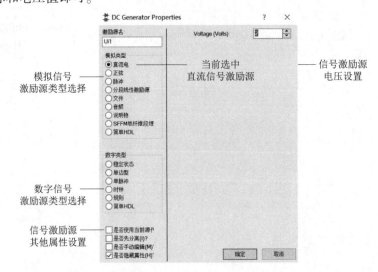

图 2 - 37　直流激励源属性设置对话框

单击运行按钮进行仿真，仿真结果如图 2 - 38 所示。

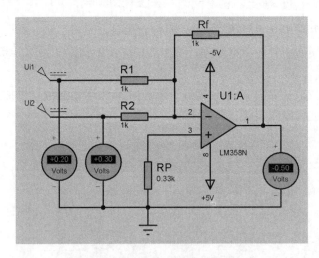

图 2 - 38　反相加法运算电路仿真结果

从仿真结果可以看出，输出电压 $u_o = -(u_{i1} + u_{i2})$，负号表示相位相反。注意平衡电阻的参数选取。

改变输入信号及电阻参数，仿真完成后，将结果记录于表 2 - 4，并与式（2 - 9）计算结果相比较。

表 2 - 4　仿真测试结果

输入 u_{i1}/V	输入 u_{i2}/V	R_1/kΩ	R_2/kΩ	R_f/kΩ	输出（仿真）u_o/V
0.2	0.3	1	1	4	

输入 u_{i1}/V	输入 u_{i2}/V	R_1/kΩ	R_2/kΩ	R_f/kΩ	输出（仿真）u_o/V
0.1	0.4	1	1	4	
0.1	0.4	2	1	4	
0.1	0.4	1	2	4	
0.1	0.4	1	1	2	

（二）减法运算电路

1. 元件参数的计算

根据理论分析所得式（2 – 10）可知当 $R_1 = R_2$，$R_3 = R_f$ 时，

$$u_o = \frac{R_f}{R_1} \left(u_{i2} - u_{i1} \right)$$

要实现 $u_o = u_{i2} - u_{i1}$，由上述原理分析，令 $R_1 = R_2 = R_3 = R_f = 1 \text{ kΩ}$，即可实现两个输入信号相减的运算。

2. 仿真验证

根据分析计算结果，启动 Proteus 软件，新建"减法运算电路"设计文件，选择所需元器件及虚拟仪表，进行电气连接、仿真验证，如图 2 – 39 所示。

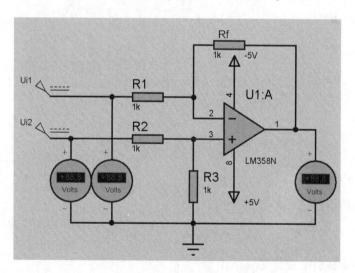

图 2 – 39　减法运算电路原理图

设置输入信号属性分别为 $u_{i1} = 0.2$ V，$u_{i2} = 0.7$ V。单击运行按钮进行仿真，仿真结果如图 2 – 40 所示。

从仿真结果可以看出，输出电压 $u_o = u_{i2} - u_{i1}$，与理论分析一致。

改变输入信号及电阻参数，仿真完成后，将结果记录于表 2 – 5，并与式（2 – 10）计算结果相比较。

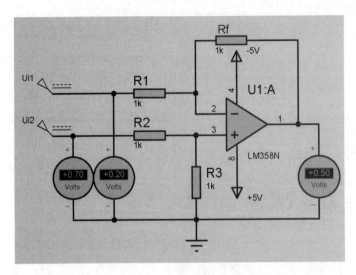

图 2-40　减法运算电路仿真结果

表 2-5　仿真测试结果

输入 u_{i1}/V	输入 u_{i2}/V	$R_1/k\Omega$	$R_2/k\Omega$	$R_3/k\Omega$	$R_f/k\Omega$	输出（仿真）u_o/V
0.1	0.3	1	1	1	1	
0.1	0.4	1	1	2	2	
0.1	0.3	1	1	4	4	

2.5.3　积分与微分运算电路的设计与仿真验证

1. 积分运算电路

根据理论分析所得式（2-11）可知：

$$u_o = -u_C = -\frac{1}{R_1 C_f}\int u_i\,\mathrm{d}t$$

在进行仿真验证时，设定 $C_f = 0.01\ \mu F$，$R_1 = R_2 = 1\ k\Omega$。

启动 Proteus 软件，新建"积分运算电路"设计文件，选择所需元器件及虚拟仪器，进行电气连接，如图 2-41 所示。虚拟信号发生器 SIGNAL A 的"+"端输出到虚拟示波器的通道 A 上，"-"端连接到地。

单击运行按钮，出现如图 2-42 所示的虚拟信号发生器控制面板，可分为频率控制、幅度控制、波形控制和极性控制等四个部分。

频率控制部分的"Range"用于选择输出信号频率范围，包括 0.1 Hz ~ 1 MHz 共 8 个挡位，而左方的"Center"则用于在"Range"设定的挡位中选择输出信号的具体值，包括 0 ~ 12 共 13 个选项。信号发生器的实际输出频率为这两部分的乘积。如图 2-42 所示

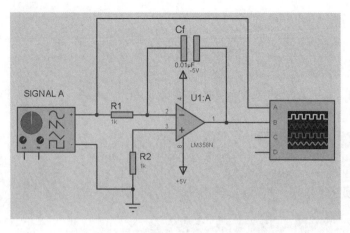

图2-41 反相积分运算电路原理图

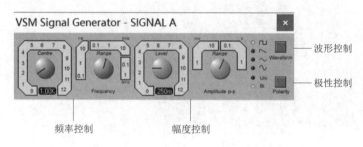

图2-42 虚拟信号发生器的控制面板

的设定中，"Center"的选择为1，"Range"的选择为1 kHz，所以当前输出信号的频率为1 kHz。

幅度控制部分"Range"用于选择输出信号幅度范围，包括1 mV～1 V共4个挡位，而"Level"则用于在"Range"设定的挡位中选择输出信号的具体值，包括0～12共13个选项。信号发生器的实际输出幅度为这两部分的乘积。如图2-42所示的设定中，"Center"的选择为2.5，"Range"的选择为0.1 V（即100 mV），所以当前输出信号的幅度为250 mV。

虚拟信号发生器的输出信号支持方波、锯齿波、三角波、正弦波的切换，由如图2-42所示控制面板的波形控制按钮来选择切换。

设置虚拟信号发生器的输出信号后，单击运行按钮进行仿真，仿真结果如图2-43所示。

当输入电压为方波时，输出电压为时间的一次函数。在使用时必须设定在运算放大器的线性范围内，否则，当积分值超出运算放大器的线性范围时，输出电压为饱和值，不再维持与输入信号间的积分关系。

改变C_f和R_1的参数值，观察输出信号的变化，将结果记录于表2-6。

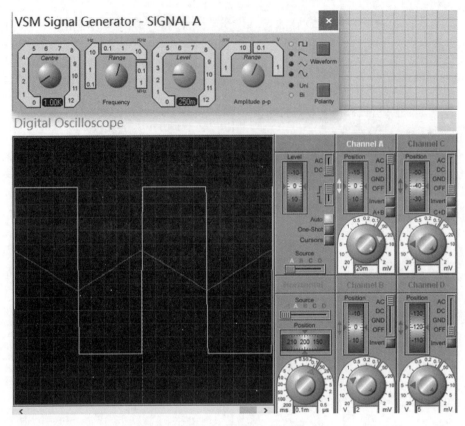

图 2 - 43　积分运算电路仿真结果

表 2 - 6　仿真测试结果

$R_1/\mathrm{k\Omega}$	$C_f/\mathrm{\mu F}$	u_o 与 u_i 的波形关系（注明参数）
1	0.03	
1	0.005	
3	0.01	
0.5	0.01	

2. 微分运算电路

根据理论分析所得式（2 - 12）可知：

$$u_o = -i_f R_f = -i_i R_f = -R_f C\frac{\mathrm{d}u_i}{\mathrm{d}t}$$

在进行仿真验证时，设定 $C = 100$ pF，$R_f = 20$ kΩ，$R_2 = 10$ kΩ。

启动 Proteus 软件，新建"微分运算电路"设计文件，选择所需元器件及虚拟仪器，进行电气连接，如图 2 - 44 所示。

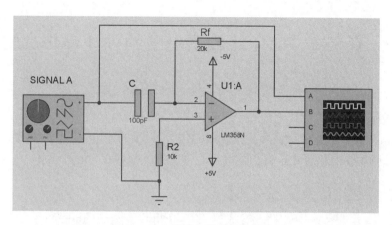

图 2 - 44　微分运算电路原理图

单击运行按钮进行仿真，仿真结果如图 2 - 45 所示。

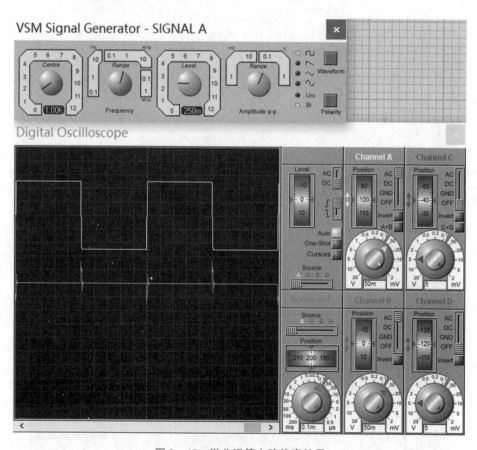

图 2 - 45　微分运算电路仿真结果

2.6 任务2 电压比较器电路的设计与仿真验证

我们使用 Proteus 软件完成电压比较器电路的设计和仿真验证。

1. 过零比较器

启动 Proteus 软件，新建"过零比较器电路"设计文件后，根据图 2－21（a）所示电路向原理图添加本设计所需元器件，并进行电气连接，如图 2－46 所示。

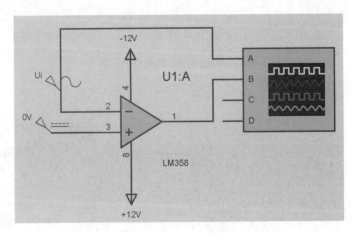

图 2－46　过零比较器电路原理图

单击运行按钮进行仿真，仿真结果如图 2－47 所示。此时，虚拟示波器上可见输入、输出信号波形。

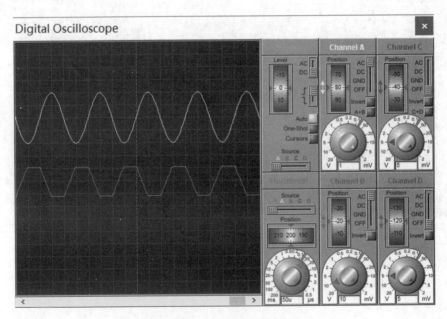

图 2－47　过零比较器仿真结果

观察输入、输出信号，将参数记录于表2-7。

表2-7 仿真测试结果

输入电压 u_i	输出电压 u_o		
	挡位	格数	计算值
>0 V			
<0 V			

2. 迟滞比较器

启动 Proteus 软件，新建"迟滞比较器电路"设计文件后，根据图2-23（a）所示电路向原理图添加本设计所需元器件，并进行电气连接，如图2-48所示。

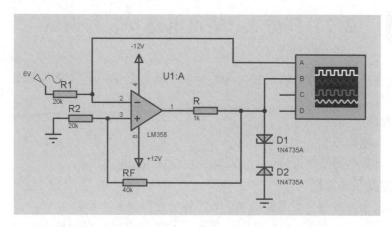

图2-48 迟滞比较器电路原理图

单击运行按钮进行仿真，输入幅度为6 V和频率为1 kHz的正弦波，仿真结果如图2-49所示。

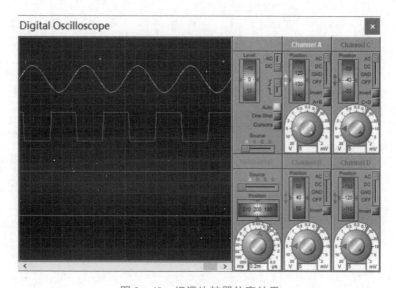

图2-49 迟滞比较器仿真结果

观察输入、输出信号，将参数记录于表 2 - 8。

表 2 - 8   仿真测试结果

输入电压 u_i	输出电压 u_o			功能
	挡位	格数	计算值	
> 2 V				
-2 ~ 2 V				
< -2 V				

2.7   任务 3   整机电路安装与调试

利用集成运算放大器的线性特性，设计并制作具有基本运算功能的电路，并完成电路的装配和调试。

1. 基本要求

使用直流双电源 ±5 ~ ±12 V 供电。

掌握基本运算电路的分析设计、仿真验证、调试与测试方法。

2. 项目方案及电路图

根据任务要求，本项目所需基本运算电路各功能模块见本项目 2.3.1 ~ 2.3.3 节。印制电路板上由集成运算放大器、电阻器、电容器等元件构成反相与同相比例放大、加法与减法运算、积分与微分运算电路。电路原理图如图 2 - 50 所示。印制电路板图如图 2 - 51 所示。

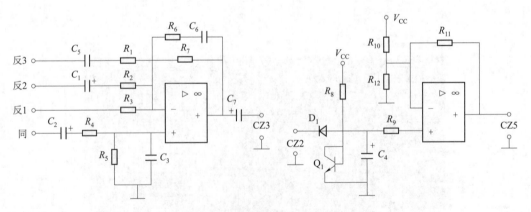

图 2 - 50   基本运算电路原理图

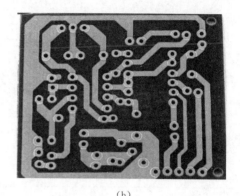

（a）　　　　　　　　　　　　　　　　　（b）

图 2 - 51　基本运算电路印制电路板图

（a）正视图；（b）底视图

3. 基本运算电路的制作步骤

（1）首先按元器件清单，清查元器件的数量与质量，并进行检测，对不合格的元器件应及时更换。

（2）确定元器件的安装方式、安装高度，一般由该器件在电路中的作用、印制电路板上该器件两安装孔间的距离所决定。

（3）进行引脚处理，即对器件的引脚弯曲成形并进行烫锡处理。成形时不得从引脚根部弯曲，尽量把有字符的器件面置于易于观察的位置，字符从左到右（卧式），从下到上（直立式）。

（4）安装：根据电路安装图进行正确安装，对有极性的元器件应注意极性不要安装错了。

（5）焊接：各焊点加热时间及用锡量要适当，尤其对耐热性差的元器件应使用工具辅助散热。

（6）焊后处理：剪去多余引脚线，检查所有焊点，必要时对缺陷焊点进行修补。

（7）检查所有与印制电路板嵌装的元器件是否正确到位，然后把印制电路板固定在盒体（如有）的安装槽内。

4. 基本运算电路的调试与测试

（1）电路装配检查无误后，再将 ±12 V 电源接至基本运算电路作为电路工作电源（注意：要看清集成运算放大器芯片各引脚的位置；切记不要将正、负电源极性接反和输出端短路，否则将会损坏集成运算放大器）。

（2）接通电源后，一般情况下应先对运算放大器"调零"，（即 $U_I = 0$ 时，要求 $U_0 = 0$）。如发现有自激振荡还应"消振"，之后方可进行测试。

（3）反相比例运算关系测试。当反相比例运算电路输入不同大小的直流电压时，用万用表直流电压挡测出相应的直流输出电压 U_0，并将测量结果记入表 2 - 9 中。

表 2 - 9　反相比例运算电路测试记录

测试数据				计算值（比例系数 U_0/U_1）	
输入电压 U_1/V	0.2	0.5	1	2	实测比例系数	理论比例系数
输出电压 U_0/V						

调节信号发生器，输出信号频率为 1 kHz、电压为 0.5 V 的正弦波，并将输出信号接至反相比例运算电路输入端。接通电源，用交流毫伏表测量相应输出 U_0 的大小，用示波器观察输出电压 U_0 波形并比较 U_I 与 U_0 的相位，将测试结果记入表 2 - 10 中。

表 2 - 10　反相比例运算电路测试记录

测试数据				计算值	
输入正弦信号		输出正弦信号			
U_I/V	U_I 波形	U_0/V	U_0 波形	测量 A_u 值	理论 A_u 值
0.5					

（4）同相比例运算关系测试。当同相比例运算电路输入不同大小的直流电压时，用万用表直流电压挡测出相应的直流输出电压 U_0，并将测量结果记入表 2 - 11 中。

表 2 - 11　同相比例运算电路测试记录

测试数据					计算值（比例系数 U_0/U_I）	
输入电压 U_I/V	0.2	0.5	1	2	实测比例系数	理论比例系数
输出电压 U_0/V						

（5）反相加法运算关系测试。当反相加法运算电路输入端分别输入不同的直流电压信号时，用万用表直流电压挡分别测出相应的直流输出电压 U_0，并将测量结果与理论计算值进行比较，记入表 2 - 12 中。

表 2 - 12　反相加法运算电路测试记录

测试数据			理论估算值	
U_{I1}/V	0.3	- 0.3	0.3	- 0.3
U_{I2}/V	0.2	0.2	0.2	0.2
U_0/V				

（6）减法运算关系测试。当减法运算电路输入端分别输入不同的直流电压信号时，用万用表直流电压挡分别测出相应的直流输出电压 U_0，并将测量结果与理论计算值进行比较，记入表 2 - 13 中。

表 2 - 13　减法运算电路测试记录

测试数据			理论估算值	
U_{I1}/V	1	0.2	1	0.2
U_{I2}/V	0.5	- 0.2	0.5	- 0.2
U_0/V				

（7）观察积分运算关系。在积分运算电路的输入端接入频率为 1 kHz、幅度为 5 V 的方波信号，用双踪示波器观察输入信号 u_i 与输出信号 u_o 的波形，测出它们的幅度和周期，并分别绘出输入电压 u_i、输出电压 u_o 的波形，与理论分析结果进行比较，记入表 2 - 14 中。

表 2 – 14　积分运算电路测试记录

U_i/V	U_o/V	u_i 波形	u_o 波形
		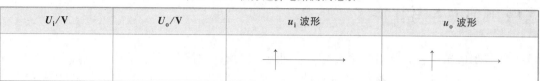	

（8）观察微分运算关系。在微分运算电路的输入端接入频率为 1 kHz、幅度为 2 V 的三角波信号，用双踪示波器观察输入信号 u_i 与输出信号 u_o 的波形，测出它们的幅度和周期，并分别绘出输入电压 u_i、输出电压 u_o 的波形，与理论分析结果进行比较，记入表 2 – 15 中。

表 2 – 15　微分运算电路测试记录

U_i/V	U_o/V	u_i 波形	u_o 波形

5. 问题防治

（1）操作前要看清运算放大器引脚的位置，切忌正、负电源极性接反和输出端短路，否则将会损坏集成芯片。

（2）测量前要注意选择合适的仪器设备量程，以免出现数据的人为误差。

（3）输入信号的幅值要在集成芯片允许的范围内，不能输入大于其限定的信号。

6. 典型故障排查

（1）集成电路出现故障一般是局部损坏，如击穿、开路、短路等。对于集成芯片是否损坏，可通过从各个方面测试集成电路的工作状态，并与正常工作状态做比较的方法来判断。即测量集成电路各引脚对地电压和电阻值，其中测量电压必须在电路工作状态下进行，测量电阻值则应在断电静态状态下进行。

（2）在使用运算放大器时，有时会出现集成芯片本身并没有损坏但不能正常工作的情况。如集成运算放大器的输出电压始终偏向正（或负）电源电压，则既无法调零也无法工作。这有可能是连接错误或有虚焊点，使运算放大器一直处于开环状态；也可能是输入信号超过额定值。

（3）运算放大器的输出端有高频的干扰信号（实际上是产生了自激振荡），这时需要进行相位补偿以消除自激。

（4）积分运算电路中，为了消除积分器的饱和现象，降低电路的低频增益，将反馈电容与一个电阻 R_7 并联，此时注意电路输入信号的频率会受到一定限制，须大于 f_0，$f_0 = \dfrac{1}{2\pi R_7 C_6}$。

（5）微分运算电路中，为限制电路的高频电压增益，在输入端与电容间接入了一个电阻 R_1，此时注意电路输入信号的频率会受到一定限制，须小于 f_0，$f_0 = \dfrac{1}{2\pi R_1 C_5}$。

项目总结与评价

（1）集成运算放大电路由输入级、中间级、输出级和偏置电路四部分组成。

（2）集成运算放大电路在闭环工作时，工作在线性区，存在"虚短"和"虚断"现象。其线性应用包括比例、加法、减法、积分和微分等模拟运算电路。

（3）集成运算放大电路工作在非线性区时，有"虚断"，但无"虚短"，两输入端的电位不再相等。其非线性应用主要是电压比较器，有过零比较器、单门限电压比较器和迟滞电压比较器等。

（4）项目评价标准，见表 2 – 16。

表 2 – 16　项目评价标准

考核项目	配分	工艺标准	评分标准	扣分记录	得分
观察识别能力	10分	能根据提供的任务所需设备、工具和材料清单进行检查、检测（特别是集成运算放大器）	（1）不能根据设备、工具和材料清单进行检查，每处扣2分； （2）不能对材料进行检测与判断，每处扣2分		
电路组装能力	40分	（1）元器件布局合理、紧凑； （2）导线横平、竖直，转角成直角，无交叉； （3）元器件间连接关系和电原理图一致； （4）元器件安装平整、对称，电阻器、二极管、集成电路水平安装，贴紧电路板，晶体管、电容器垂直安装； （5）绝缘恢复良好，紧固件牢固可靠； （6）未损伤导线绝缘层和元器件表面涂敷层； （7）焊点光亮、清洁，焊料适量，无漏焊、虚焊、假焊、搭焊、溅锡等现象； （8）焊接后元器件引脚剪脚留头长度小于1 mm	（1）布局不合理，每处扣5分； （2）导线不平直、转角不成直角每处扣2分，出现交叉每处扣5分； （3）元器件错装、漏装，每处扣5分； （4）元器件安装歪斜、不对称、高度超差，每处扣1分； （5）绝缘恢复不符合要求，扣10分； （6）损伤绝缘层和元器件表面涂敷层，每处扣5分； （7）紧固件松动，每处扣2分； （8）焊点不光亮、不清洁，焊料不适量，漏焊、虚焊、假焊、搭焊、溅锡，每处扣1分； （9）剪脚留头大于1 mm，每处扣0.5分		

续表

考核项目	配分	工艺标准	评分标准	扣分记录	得分
仪表使用能力	40分	（1）能对任务所需的仪器仪表进行使用前检查与校正； （2）能根据任务采用正确的测试方法与工艺，正确使用仪器仪表； （3）测试结果正确合理，数据整理规范正确； （4）确保仪器仪表完好无损	（1）不能对任务所需的仪器仪表进行使用前检查与校正，每处扣5分； （2）不能根据不同的任务采用正确的测试方法与工艺，每处扣5分； （3）不能根据任务正确使用仪器仪表，每处扣5分； （4）测试结果不正确、不合理，每处扣5分； （5）数据整理不规范、不正确，每处扣5分； （6）使用不当损坏仪器仪表，每处扣10分		
安全文明生产	10分	（1）小组分工明确，能按规定时间完成项目任务； （2）各项操作规范，注意安全，装配质量高、工艺正确	（1）成员无分工，扣5分；超时扣5分； （2）违反安全操作规程，扣10分； （3）违反文明生产要求，扣10分		
考评人：			得分：		

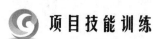 **项目技能训练**

实训3　集成运算放大器 LM358 简介

集成运算放大器具有稳定性好、使用方便、电路计算容易、成本低的优点，因此得到了广泛的应用。集成运算放大器按性能可分为通用型、高阻型、高速型、低温漂型、低功耗型、高压大功率型等多种产品，以适用于信号放大、信号运算、信号处理、波形变换等功能需要。µA741（单运算放大器）、LM358（双运算放大器）、LM324（四运算放大器）及以场效应管为输入级的 LF356 等，均是目前应用最为广泛的通用型集成运算放大器。

LM358 是双运算放大器，由两个独立的高增益运算放大器构成，既适合于电源电压范围很宽（3~32 V）的单电源使用，也适用于双电源工作模式，并具有内部频率补偿。在推荐的工作条件下，电源电流与电源电压无关。它的使用范围包括传感放大器、直流增益模块和其他所有可用单电源供电的使用运算放大器的场合。

LM358 的封装形式有塑封 8 引线双列直插式和贴片式。图 2-52 所示为双列直插式引脚图。

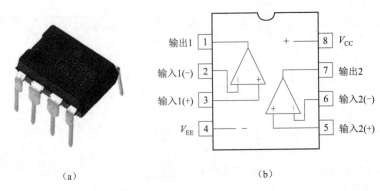

（a） （b）

图 2-52 LM358 芯片 DIP 封装引脚图

（a）封装外形；（b）引脚排列

（1）LM358 的主要特性。

内部含频率补偿回路，外围元件少。

直流电压增益高（约 100 dB）。

单位增益频带宽（约 1 MHz）。

电源电压范围宽：单电源（3 ~ 30 V）；双电源（±1.5 ~ ±15 V）。

静态电流小低功耗，适合于电池供电。

低输入偏置电流。

低输入失调电压和失调电流。

共模输入电压范围宽，包括接地。

差模输入电压范围宽，等于电源电压范围。

输出电压摆幅大（0 ~ V_{CC} - 1.5 V）。

（2）LM358 的主要参数，见表 2-17。

表 2-17 通用型运算放大器 LM358 主要参数

参数名称	符号	测试条件	规范值			单位
			最小	典型	最大	
静态电流	I_{CCQ}	$R_L = \infty$		0.6	1.2	mA
输入失调电压	U_{IO}			±2	±7	mV
输入失调电流	I_{IO}			±2	±20	nA
输入偏置电流	I_{IB}			45	250	nA
输入共模电压范围	U_{ICM}		0		V_{CC} - 1.5	V
共模抑制比	K_{CMR}		65	85		dB
大信号电压增益	A_u	$R_L \geqslant 2\ k\Omega$	50	100		dB
输出电压范围	U_O	$R_L = 2\ k\Omega$	0		V_{CC} - 1.5	V
电源电压纹波抑制比	K_{SVR}		65	100		dB

实训 4　集成运算放大器的使用

（一）集成运算放大器的选择

通常情况下，在使用集成运算放大器设计应用电路时，没有必要研究运算放大器的内部电路，应根据电路的设计需要选择，既要考虑技术指标要求，又要考虑可靠性、稳定性和价格。一般应首选通用型运算放大器，当通用型运算放大器难以满足要求时，才考虑专用型运算放大器。在具体选用时，一般考虑以下几个因素。

1. 信号源的性质

根据信号源是电压源还是电流源、内阻大小、输入信号的幅度及频率变化范围等，选择运算放大器的差模输入电阻、−3 dB 带宽（单位增益带宽）、转换速率 S_R 等指标参数。

2. 负载的性质

根据负载电阻的大小，确定所需运算放大器的输出电压和输出电流的幅值。对于容性负载或感性负载，还要考虑它们对频率参数的影响。

3. 精度要求

对模拟信号的处理，如放大、运算等，往往提出精度要求；对电压比较，往往提出响应时间、灵敏度要求。根据这些要求选择运算放大器的开环差模增益、失调电压、失调电流及转换速率 S_R 等指标参数。

4. 环境条件

根据环境温度的变化范围，可正确选择运算放大器的失调电压及失调电流的温漂等参数；根据所能提供的电源（如有些情况只能用干电池）选择运算放大器的电源电压；根据对功耗有无限制，选择运算放大器的功耗等。

根据上述因素可通过查阅手册选择某一型号的集成运算放大器，必要时还可以通过各种 EDA 软件进行仿真，最终确定满意类型的芯片。例如，对视频信号放大、高速采样/保持、高频振荡及波形发生器、锁相环等场合，应选用高速宽带运算放大器；对要求低功耗的场合，如便携式仪表、遥感遥测等，可选用低功耗运算放大器。

（二）集成运算放大器使用时注意事项

1. 集成运算放大器的供电方式

集成运算放大器有两个电源接线端 $+V_{CC}$ 和 $-V_{EE}$，但有不同电源供给方式，对输入信号的要求是不同的。如对称双电源供电方式，输入信号源可直接接到运算放大器的输入端引脚上，输出电压的幅值可达正、负对称的电源电压值；单电源供电方式，为了保证运算放大器具有合适的静态工作点，在运算放大器输入端一定要加一个直流电位，此时输出是在该直流电位的基础上随输入信号变化的。

2. 集成运算放大器的调零

使用运算放大器时必须掌握调零技术消除失调误差。特别是在集成运算放大器组成的线性电路，由于输入失调电压和失调电流的影响，当运算放大器的输入信号为零时，输出往往不为零，将影响电路的运算精度，严重时使运算放大器不能正常工作。调零的原理是，在运算放大器的输入端外加一个补偿电压，以抵消运算放大器本身的失调电压，实现调零的目的。有的集成运算放大器已经引出调零端，只需按器件规定，接入调零电路进行调零，如 μA741，其调零电路如图 2 – 53 所示。调节电位器 R_p，可使运算放大器输出电压为零。调零时要细心，切记不要使 R_p 的滑动端与地线或正电源线相碰，否则会损坏运算放大器。

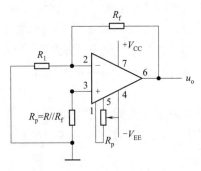

图 2 – 53　μA741 调零电路

对没有调零端的运算放大器，可参考图 2 – 54（a）和图 2 – 54（b）所示的外加补偿电压法调零。

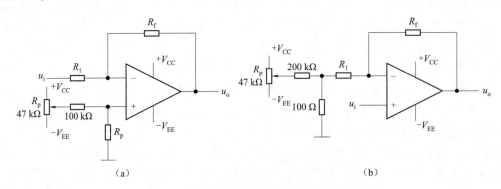

（a）　　　　　　　　　　　　　　（b）

图 2 – 54　运算放大器的外加电压补偿法调零

（a）反相放大器调零电路；（b）同相放大器调零电路

3. 集成运算放大器的自激振荡

集成运算放大器是一个高放大倍数的多级放大器，在应用时一般接成闭环负反馈电路。当工作频率升高时，放大器会产生附加相移，可能使负反馈变成正反馈而引起自激振荡。为此需外加一定的相位补偿以消除高频自激。有些运算放大器已经在内部进行了补偿，如μA741。有些运算放大器引出了补偿端，可以根据自激振荡的频率接入合适的电容进行相位补偿。

（三）集成运算放大器的保护

集成运算放大器的安全保护有电源保护、输入保护和输出保护三个方面。

1. 电源保护

电源的常见故障是电源极性接反和电压跳变。为防止运算放大器的正、负电源接反，造成芯片损坏的情况发生，可以采用图 2-55 (a) 所示的保护电路。图 2-55 (b) 所示电路是采用 FET 电流源和稳压管限幅保护，稳压管的稳压值要大于集成运算放大器的正常工作电压而小于集成运算放大器的最大允许工作电压，FET 的电流应大于集成运算放大器的正常工作电流。

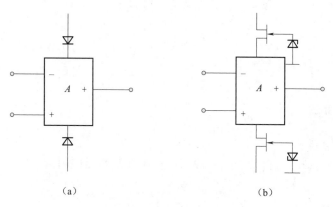

(a)　　　　　　　　　　(b)

图 2-55　集成运算放大器的电源保护
(a) 防止电源接反；(b) 防止电压跳变

2. 输入保护

集成运算放大器的差模输入电压过高或者共模输入电压过高（超出该集成运算放大器的极限参数范围），集成运算放大器也会损坏，常通过在输入端接双向二极管的方式进行保护，如图 2-56 所示。

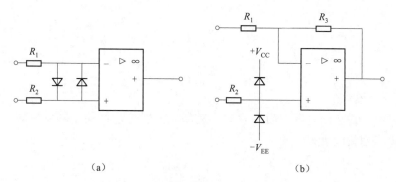

(a)　　　　　　　　　　(b)

图 2-56　集成运算放大器的输入端保护
(a) 防止差模输入电压过高；(b) 防止共模输入电压过高

3. 输出保护

当集成运算放大器过载或输出端短路时，若没有保护电路，则集成运算放大器会损坏。对于内部没有限流保护或短路保护的集成运算放大器，可以采用双向稳压二极管和限流电阻进行保护，如图 2-57 所示。

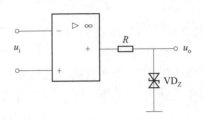

图 2 – 57　集成运算放大器的输出端保护

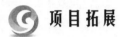 **项 目 拓 展**

（一）综合应用

1. 知识图谱绘制

根据前面知识的学习，请同学们完成本项目所涉及的知识图谱的绘制。

2. 技能图谱绘制

根据前面知识的学习，请同学们完成本项目所涉及的技能图谱的绘制。

3. 创新应用设计

从封装材料、封装工艺等方面探索如何提高放大器芯片性能、降低封装成本的新型封装技术，并完成创新应用报告的撰写。

（二）以证促学

以智能硬件应用开发职业技能等级要求（中级）为例，教材中本项目与 1 + X 证书对应关系如表 2 – 18 所示。

表 2 –18　智能硬件应用开发职业技能等级要求（中级）

智能硬件应用开发职业技能等级要求（中级）			教材
工作领域	工作任务	技能要求	对应小节
3. 智能硬件装调	3.1　硬件电路装接	3.1.1　能识读智能硬件功能模块的电路原理图。 3.1.2　能识读电子产品整机装配工艺文件。 3.1.3　能编写智能硬件的装配工步文件。 3.1.4　能识读智能硬件的装配图及接线图表。 3.1.5　能熟练掌握不同元器件的安装工艺，完成智能硬件的装配。	2.1 2.3 2.7
	3.2　硬件电路调试	3.2.1　能识读智能硬件电路调试要求。 3.2.2　能熟练操作复杂电子仪器设备调试智能硬件电路。 3.2.3　能填写智能硬件调试报告。 3.2.4　能够根据功能模块调试报告，优化完善功能模块电路设计。	2.5 2.7
	3.3　功能调试	3.3.1　能独立完成智能硬件功能模块调试。 3.3.2　能撰写功能模块软硬件调试报告。 3.3.3　能优化完善功能模块设计。 3.3.4　能完成智能硬件软硬件调试。 3.3.5　能填写智能硬件软硬件调试报告。 3.3.6　能提出智能硬件软硬件设计改进建议。	2.7

（三）以赛促练

集成电路开发及应用赛来源于集成电路行业真实工作任务，由集成电路设计与仿真、集成电路工艺仿真、集成电路应用及集成电路测试四部分组成。这里分析集成电路应用部分的样题。

职业素养与安全生产评分标准见表 2 –19。

表 2 –19　职业素养与安全生产评分标准

第一天（6 小时）	分值	第二天（4 小时）	分值
1. 安全用电	1.2	1. 安全用电	0.8
2. 环境清洁	0.6	2. 环境清洁	0.4
3. 操作规范	1.2	3. 操作规范	0.8

1. 任务

任务：集成电路应用

芯片选用：RS8551、MS1100、ME423 等。

2. 任务要求

利用 CMOS 运算放大器 RS8551 及 MS1100、ME423 等集成电路芯片，装配红外测温模块，搭建疫情防控智能门卫系统，实现外来人员探测、超声波测距、非接触测温、体温异常禁入、体温正常放行、通行人数累计等应用功能。

3. 疫情防控智能门卫应用系统工作流程

疫情防控智能门卫应用系统工作流程框图如图 2 – 58 所示。

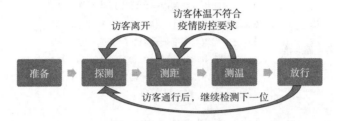

图 2 – 58　疫情防控智能门卫应用系统工作流程框图

⊙ 思考与练习

（一）填空题

1. 理想集成运算放大器工作在线性区时，两输入端电位_____，输入电流_____。
2. 理想集成运算放大器的开环差模电压放大倍数可认为_____，输入阻抗为_____，输出阻抗为_____。
3. 当集成运算放大器处于_____状态时，可运用_____和_____概念。
4. 对由理想运算放大器组成的基本运算电路，它的反相输入端和同相输入端之间的电压为_____，这称为_____；运算放大器的两个输入端电流为_____，这称为_____。
5. 运算电路中的集成运算放大器应工作在_____，为此运算电路中必须引入_____。
6. 反馈是把放大器的_____量的一部分或全部返送到_____回路的过程。
7. 反馈量与放大器的输入量极性相反，因而使_____减小的反馈，称为负反馈。
8. 由集成运算放大器组成的电压比较器工作在_____状态。
9. 迟滞电压比较器中引入了_____，它有两个门限电压。
10. 集成运算放大器常用保护措施有_____、_____、_____。

（二）判断题

1. 运算电路中一般都引入负反馈。　　　　　　　　　　　　　　　　　（　　）
2. "虚短"就是真正的短路。　　　　　　　　　　　　　　　　　　　（　　）
3. 集成运算放大器的电压传输特性在非线性区，输出电压只有两种情况，正向饱和电压 $+U_{OM}$ 或负向饱和电压 $-U_{OM}$。　　　　　　　　　　　　　　　　　　　（　　）
4. 由于集成运算放大器的两输入端的输入电流为 0，所以两输入端之间是断开的。（　　）
5. 加法运算电路有反相加法运算电路和同相加法运算电路。　　　　　　（　　）
6. 反相器不仅能使输入信号倒相，而且还具有电压放大作用。　　　　　（　　）

7. 所有放大电路都必须加反馈，否则无法正常工作。（　　　）

8. 集成运算放大器的电压传输曲线是运算放大器输入电压与输出电压之间的关系曲线。（　　　）

9. 集成运算放大器实质上是一个高增益的直接耦合放大电路。（　　　）

10. 电压比较器是集成运算放大器的线性应用。（　　　）

11. "虚短"概念在集成运算放大器的非线性应用中依然成立。（　　　）

12. 利用电压比较器可将矩形波变换成正弦波。（　　　）

13. 在电压比较器中，集成运算放大器工作于开环状态或引入正反馈。（　　　）

14. 过零比较器的输出电压等于0。（　　　）

（三）单选题

1. 集成运算放大器的输入端有（　　　）。

A. 1 个　　　　　　B. 2 个　　　　　　C. 3 个　　　　　　D. 4 个

2. 要实现电压放大 −5 倍，应选用（　　　）。

A. 同相比例运算电路　　　　　　B. 加法运算电路

C. 减法运算电路　　　　　　D. 反相比例运算电路

3. 同相比例运算电路的电压放大倍数等于（　　　）。

A. 1　　　　　　B. −1　　　　　　C. $-R_f/R_1$　　　　　　D. $1+R_f/R_1$

4. 反相比例运算电路的输入电阻较（　　　），同相比例运算电路的输入电阻较（　　　）。

A. 高　　　　　　B. 低　　　　　　C. 不变　　　　　　D. 不确定

5. 集成运算放大器两个输入端的对地电位都为零，但它们都没有直接接地，称为（　　　）。

A. 虚地　　　　B. 接地　　　　C. 虚短　　　　D. 虚断

6. 在运算放大器应用电路中，引入深度负反馈的目的之一是使集成运算放大器（　　　）。

A. 工作在线性区，降低稳定性　　　B. 工作在非线性区，提高稳定性

C. 工作在线性区，提高稳定性　　　D. 工作在非线性区，降低稳定性

7. 在电压比较器中，输入电压加在集成运算放大器的（　　　）端，输入电压大于阈值电压时，输出高电平。

A. 反相　　　　B. 同相　　　　C. 任意　　　　D. 不确定

8. 由集成运算放大器组成的电压比较器，其运算放大器电路必须处于（　　　）状态。

A. 自激振荡　　　　　　B. 开环或负反馈

C. 负反馈　　　　　　D. 开环或正反馈

9. 迟滞比较器有（　　　）个门限（阈值）电压。

A. 0　　　　　　B. 1　　　　　　C. 2　　　　　　D. 3

10. 在电压比较器中，集成运算放大器工作在（　　　）状态。

A. 线性　　　　B. 非线性　　　　C. 开环放大　　　　D. 闭环放大

11. 过零比较器实际上是（　　　）比较器。

A. 单限　　　　B. 双限　　　　C. 无限　　　　D. 不确定

（四）分析计算题

1. 写出图 2-59 所示各电路的名称，并分别计算它们的电压放大倍数。

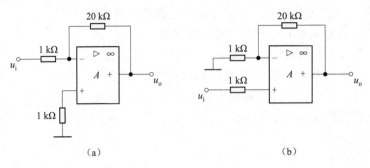

（a）　　　　　　　　　　　　　（b）

图 2-59　分析计算题 1 电路图

2. 集成运算电路如图 2-60 所示，分别求出各电路输出电压的大小。

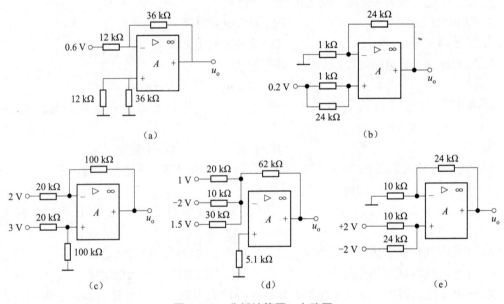

（a）　　　　　　　　　　　　　（b）

（c）　　　　　　（d）　　　　　　（e）

图 2-60　分析计算题 2 电路图

3. 集成运算放大器应用电路如图 2-61 所示，分别求出各电路输出电压的大小。

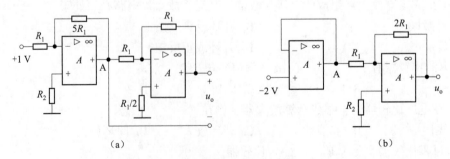

（a）　　　　　　　　　　　　　（b）

图 2-61　分析计算题 3 电路图

4. 图 2 – 62 所示电路中，已知 $R_f = 2R_1$，$u_i = -4$ V，试求输出电压 $u_o = ?$

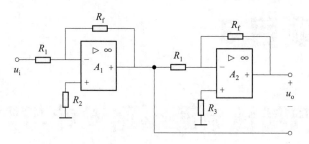

图 2 – 62　分析计算题 4 电路图

5. 电路如图 2 – 63 所示，已知集成运算放大器输出电压的最大幅值为 ±15 V，稳压管电压 $U_Z = 8$ V，若 $U_{REF} = 4$ V，若 $u_i = 10 \sin \omega t$ V，试画出输出电压的波形。

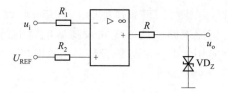

图 2 – 63　分析计算题 5 电路图

项目 3

直流稳压电源电路设计与制作

项目描述

直流稳压电源为电子产品提供稳定的直流电压。本项目通过直流稳压电源的功能分析，介绍小功率直流稳压电源的整流电路、滤波电路及稳压电路的组成和工作原理，讨论各单元电路主要参数的计算，完成相关电路的分析设计、仿真验证、安装与调试。

岗位职业能力

根据工作任务要求，设计并制作一个串联可调型直流稳压电源，并能合理进行电路仿真设计、电路布局、正确接线，完成电路的装配和调试，达到产品质量标准。

知识目标

- 掌握单相整流电路的组成、作用、工作原理及相关计算。
- 掌握滤波电路的组成、作用、工作原理及相关计算。
- 掌握串、并联型直流稳压电路的组成、作用、工作原理及相关计算。
- 掌握集成稳压电路的组成、作用、工作原理及相关计算。

技能目标

- 能根据电路要求和选用原则，正确选用和代换整流二极管、稳压二极管和滤波电容。
- 能识别集成稳压器的引脚，根据电路原理图正确进行电气连接。
- 能使用软件进行整流电路、滤波电路的仿真验证、电路调试和参数测试。
- 能用集成稳压器构成直流稳压电源，并进行仿真验证、电路调试和参数测试。
- 能合理进行电路布局、正确布线，完成串联型直流稳压电路的安装与调试。

素养目标

- 通过直流稳压电源的设计和制作，引导学生领会绿色发展，安全节能意识。
- 通过整流、滤波电路制作和仿真设计相结合的实训过程，培养学生化繁为简、勤学苦练解决工程实践问题的能力。

- 通过常见类型稳压模块电路设计实训过程，提高综合分析能力，身体力行守正创新意识。

- 通过实训过程的 6S 管理及电子设计与制作工艺规范，理解工程伦理的基本原则，帮助其树立正确的职业道德观。

- 通过直流稳压电源的开发实例，提升"精益求精、一丝不苟、追求卓越"的工匠意识，培养"爱岗敬业、崇尚劳动、协同合作、团结友善"的良好品质。

项目引入

我们为什么要学习直流稳压电源？在人们的日常生活和工作中，极大地享受着电子产品带来的便利，但任何电子产品都必须在电源电路的支持下才能工作。

三星 Galaxy Note 7 手机爆炸事件回顾。

2016 年三星 Galaxy Note 7 手机发布一个多月的时间里，全球发生了三十多起爆炸和起火事故。三星几乎拥有智能手机上所有配件的研发技术，包括顶级的显示屏、最先进的内存、闪存芯片，自研处理器以及 CMOS、镜头等，强大的产业链，可以让三星打造出最顶尖的产品。Galaxy Note 7 手机本可成为一代机皇，但因设计和加工中的缺陷导致这款原本可以成为世界最好的手机最终夭折。

2017 年 1 月，三星公司公布 Note 7 电池自燃原因调查结果：一是电池仓与电池间隙过小，电池内部绝缘膜过薄等设计原因；二是电池内部超声波焊接不到位，有毛刺等加工原因；三是未在第三方实验室进行电池的认证检测等品控原因。

反思：三星为了"追求创新与卓越的设计"，对电池的规格和标准进行了优化。然而，欲速则不达，这种在电池设计和制造过程中存在的问题，三星未能在 Note 7 发布之前发现和证实，不仅未能锦上添花，还为手机安全事故埋下隐患。产品质量是企业的生命，设计决定企业的生存和发展。

电子信息技术的飞速发展推动了电源技术这一领域的飞速前进，同时也给电源工程技术人员带来了前所未有的机遇和挑战，小到家用电器，大到大型电力行业所用的仪器设备，无不需要电源来提供能源，这也更需要大量具有电源专业知识水平的工程师来完成设计和开发。

知识链接

电子设备中都需要稳定的直流电源，功率较小的直流电源大多采用 220 V、50 Hz 的单相交流供电，它一般是由电源变压器、整流电路、滤波电路和稳压电路四部分组成。图 3 - 1 所示为小功率直流稳压电源的组成框图。

由直流稳压电源组成框图及波形图可见，电源变压器的作用是将输入的交流电压变换为整流电路所需的交流电压值，一般为降压变压器。整流电路的作用是将幅值合适的交流电转换为脉动的直流电，常用的有半波整流和桥式整流电路。滤波电路的作用是滤除整流后单向脉动电压中的高频部分，使之成为平滑的直流电压，常用电容、电感等储能元件构成。稳压电路的作用是当输入交流电压波动或负载和环境温度变化时，维持输出电压的稳定，目前广泛使用集成稳压器。

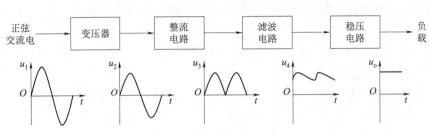

图 3 – 1 小功率直流稳压电源的组成框图

3.1 单相整流电路

整流电路是构成直流稳压电源的重要部分，它利用二极管的单向导电性，将变压器降压送来的正负交替的正弦交流电压变成单方向的脉动电压。在本项目中，我们主要介绍单相二极管半波整流电路和桥式全波整流电路。

3.1.1 单相半波整流电路

1. 电路的组成和工作原理

单相半波整流电路如图 3 – 2（a）所示，由变压器 T、整流二极管 VD 和负载电阻 R_L 组成。

二极管的应用
（整流电路）

设变压器二次电压为 $u_2 = \sqrt{2}\,U_2 \sin \omega t$。根据二极管的单向导电性，在 u_2 的正半周，二极管 VD 正向偏置导通，在负载电阻 R_L 上得到一个极性为上正下负的电压，即 $u_o = u_2$（忽

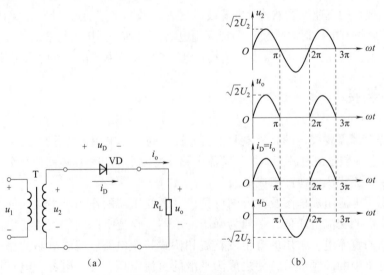

图 3 – 2 单相半波整流电路及其波形

（a）电路图；（b）波形图

略管压降）；在 u_2 的负半周，二极管反偏截止，负载电阻 R_L 上几乎没有电流流过（忽略反向饱和电流），即 $u_o = 0$。所以负载上得到了单方向的直流脉动电压，负载中的电流也是直流脉动电流。

单相半波整流电路的输入、输出波形如图 3 - 2 （b）所示。由波形图可知，这种整流电路只有在交流电压的半个周期内才有电流流过负载，所以称为半波整流电路。

2. 负载上平均电压和电流的估算

脉动直流电的大小一般用平均值来衡量，单相半波整流电路输出电压 u_o 的平均值为

$$U_{O(AV)} = \frac{1}{2\pi}\int_0^{2\pi} u_o \, \mathrm{d}(\omega t) = \frac{\sqrt{2}}{\pi}U_2 \approx 0.45U_2 \qquad (3-1)$$

流过二极管的平均电流 $I_{D(AV)}$ 与流过负载的平均电流 $I_{O(AV)}$ 相等，即

$$I_{D(AV)} = I_{O(AV)} = \frac{U_{O(AV)}}{R_L} = 0.45\frac{U_2}{R_L} \qquad (3-2)$$

由波形图可知，二极管在截止时承受的反向峰值电压 U_{RM} 为变压器二次变压的最大值，即

$$U_{RM} = \sqrt{2}\,U_2 \qquad (3-3)$$

3. 整流二极管的选择

构建二极管半波整流电路时，为保证整流二极管安全可靠地工作，应根据二极管的最大整流电流 I_{FM} 和最大反向电压 U_{RM} 来选用，并查阅有关半导体手册，确定二极管的型号。但考虑到电网电压波动和其他因素，在实际选择二极管时要留有一定的余量。

（1）最大正向平均电流 I_{FM} 参数的选择。在半波整流电路中，二极管的电流等于输出电流，故二极管的最大正向平均电流 I_{FM} 取值范围为：

$$I_{FM} \geqslant I_{D(AV)} = \frac{0.45U_2}{R_L}$$

（2）最大反向电压 U_{RM} 参数的选择。在半波整流电路中，二极管的最大反向电压是 $\sqrt{2}\,U_2$，故二极管的最大反向电压 U_{RM} 取值范围为：

$$U_{RM} \geqslant \sqrt{2}\,U_2$$

4. 半波整流电路的特点

单相半波整流电路结构简单，使用元器件少，输出电流适中，但由于只有半个周期导电，输出电压脉动较大，整流效率低，电源变压器利用率低。所以半波整流电路只能用在输出电流较小，对脉动要求不高的简单充电电路中。

3.1.2 单相桥式整流电路

1. 电路的组成和工作原理

为了克服半波整流电路的不足，常采用单相桥式整流电路，如图 3 - 3 （a）所示。图中 T 是电源变压器，R_L 是要求直流供电的负载，四只二极管被接成电桥形式，故称为桥式整流电路。图 3 - 3 （b）是其简化画法。在桥式整流电路中的四只二极管也可以是四线封壳的桥式整流器（桥堆）。

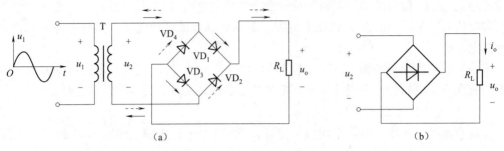

图 3 - 3　单相桥式整流电路

(a) 电路图；(b) 简化画法

设变压器二次电压为 $u_2 = \sqrt{2}\,U_2 \sin \omega t$，波形如图 3 - 4 (a) 所示。在 u_2 的正半周内，二极管 VD_1、VD_3 正向偏置导通，VD_2、VD_4 因反偏而截止，负载 R_L 上得到一个半波电压，如图 3 - 4 (b) 中 $0 \sim \pi$ 段所示，且有 $u_o = u_2$（忽略管压降）；在 u_2 的负半周内，二极管 VD_2、VD_4 导通，VD_1、VD_3 截止，负载 R_L 上也得到一个相同的半波电压，如图 3 - 4 (b) 中 $\pi \sim 2\pi$ 段所示，且有 $u_o = -u_2$（忽略管压降）。但无论是在正半周还是负半周，流过负载 R_L 的电流方向都是一致的。在整个周期内，四只二极管分两组轮流导通或截止，负载 R_L 上得到了单方向的脉动直流电压和电流，波形如图 3 - 4 (b) 和图 3 - 4 (c) 所示。

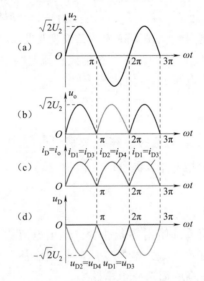

图 3 - 4　桥式整流电路电压、电流波形图

2. 负载上平均电压和电流的估算

桥式整流电路的输出电压是半波整流电路输出电压的两倍，所以桥式整流电路输出电压 u_o 的平均值也是半波整流时的两倍，即：

$$U_{O(AV)} = \frac{1}{2\pi}\int_0^\pi u_o \mathrm{d}(\omega t) = \frac{2\sqrt{2}}{\pi}U_2 \approx 0.9 U_2 \tag{3-4}$$

输出电流平均值为：

$$I_{O(AV)} = \frac{U_{O(AV)}}{R_L} = 0.9\frac{U_2}{R_L} \qquad (3-5)$$

在桥式整流电路中，因为四只二极管轮流导电，即每只二极管都只是半周导通，所以每个二极管平均电流 $I_{D(AV)}$ 是输出电流平均值的一半，即：

$$I_{D(AV)} = \frac{1}{2}I_{O(AV)} = 0.45\frac{U_2}{R_L} \qquad (3-6)$$

在 u_2 的正半周，VD_1 和 VD_3 导通，将它们看作短路，这样 VD_2 和 VD_4 就并联在 u_2 两端，承受的反向峰值电压为：

$$U_{RM} = \sqrt{2}\,U_2 \qquad (3-7)$$

同理 u_2 的负半周，VD_2、VD_4 导通，VD_1、VD_3 截止，VD_1 和 VD_3 承受的反向峰值电压也为 $\sqrt{2}\,U_2$。二极管承受电压的波形如图 3-4（d）所示。

3. 整流二极管的选择

为保证安全可靠工作，二极管的参数 I_{FM} 和 U_{RM} 也应留有一定余地。

（1）最大正向平均电流 I_{FM} 参数的选择。在桥式整流电路中，二极管都只在半个周期内导通，平均电流是输出电流平均值的一半，故二极管的最大正向平均电流 I_{FM} 取值范围为：

$$I_{FM} \geqslant \frac{I_{O(AV)}}{2} = \frac{0.45U_2}{R_L}$$

（2）最大反向电压 U_{RM} 参数的选择。在桥式整流电路中，二极管的最大反向电压也是 $\sqrt{2}\,U_2$，故二极管的最大反向电压 U_{RM} 取值范围为：

$$U_{RM} \geqslant \sqrt{2}\,U_2$$

4. 桥式整流电路的特点

桥式整流电路的输出电压有所提高且脉动小，整流效率高，每个二极管流过的平均电流也小，但整流元器件数量较多，电路连接复杂，电源内阻略大。

5. 硅整流堆

硅整流堆是将整流二极管按照某种整流方式通过一定的制造工艺，用绝缘瓷、环氧树脂等和外壳封装成一体就制成了硅整流堆。

桥式整流电路需四只特性相同的二极管连接成电桥，应用不便。为此，半导体制造厂家将四只整流二极管集成在一起构成桥堆，称其为硅桥堆，简称桥堆。全桥堆是硅整流堆的一种形式，其封装外形及内部结构如图 3-5 所示。

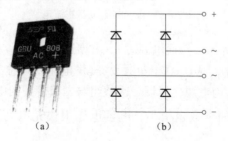

图 3-5　常见硅桥堆外形及结构

（a）单相桥堆封装外形；（b）单相桥堆内部结构

图 3–5（a）所示产品上两侧的 +、– 标志，是在连接电路时与负载相连接的引线，中间 AC 标志的两根引线则要与电源变压器的二次侧相连，这 4 根外引线不能接错。整流桥具有体积小、使用方便、装配简单等优点。

选择整流桥时主要考虑其整流电流和工作电压。整流桥最大整流电流有 0.5 A、1 A、1.5 A 等多种规格；工作电压（最大反向电压）有 25 V、50 V、100 V 等多种规格。

硅整流堆的检测可利用万用表（选用 $R \times 1$ kΩ 挡）：正常时，全桥的两交流输入端的正反向电阻均为无穷大；"+""–"输入端的正向电阻值为无穷大，反向阻值（红表笔接"+"，黑表笔接"–"）约为 20 kΩ。在实际电路中，一般整流全桥击穿的多，短路损坏的比较少，所以依照二极管正向原则来测量是最好的测量方法。

3.2 滤波电路

整流电路的输出电压都含有较大的脉动成分，这样的直流电压还不适合电子电路使用。为此需要采用滤波电路降低输出电压中的脉动成分，同时还要尽量保留其中的直流成分，以使输出电压接近于理想的直流电压。

直流电源常用的滤波电路有电容滤波电路、电感滤波电路和 π 形滤波电路等。

3.2.1 电容滤波电路

1. 电路的组成和工作原理

单相整流滤波电路

桥式整流电容滤波电路如图 3–6 所示，在输出端与负载并联一个较大容量的电解电容，由于电容两端的电压在电路状态改变时不能突变，所以利用电容的充、放电作用阻止输出电压的脉动。

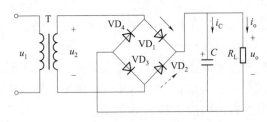

图 3–6 桥式整流电容滤波电路

设电容两端初始电压为零，接通电源时 u_2 由零逐渐增大，二极管 VD_1、VD_3 正向偏置导通，此时 u_2 经二极管 VD_1、VD_3 在给负载 R_L 提供电流的同时，向电容器 C 充电，充电时间常数 $\tau_充 = R_n C$。式中 R_n 为电源变压器二次绕组与二极管正向电阻的总的等效电阻，一般很小，因此电路的充电时间常数也很小，电容电压很快充电到 u_2 的峰值，即 $U_{Cm} = \sqrt{2} U_2$（充电期间 $i_D = i_C + i_o$）。

u_2 达到最大值后按正弦规律下降，当 $u_2 < u_C$ 时，VD_1、VD_3 的阳极电位低于阴极电位，所以 VD_1、VD_3 截止，电容只能通过负载电阻 R_L 放电。放电时间常数 $\tau_放 = R_L C$，$R_L C$ 越大

则放电越慢，输出电压 $u_o = u_C$ 的波形就越平滑（放电期间 $i_C = i_o$）。当电容 C 放电到二极管 VD_2、VD_4 的阳极电位大于阴极电位（此时 u_2 处于负半周）时，VD_2、VD_4 正向偏置导通，u_2 通过 VD_2、VD_4 向电容 C 充电，同样电容上电压很快充电到 u_2 的峰值。过了该时刻以后，VD_2、VD_4 因阳极电位低于阴极电位而截止，电容通过负载 R_L 放电。如此重复上述充、放电过程，在输出端得到波形较为平滑的输出电压。桥式整流电容滤波电路的波形如图 3 - 7 所示。

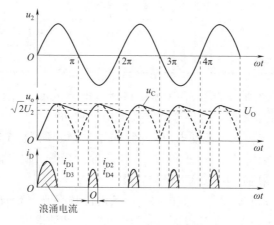

图 3 - 7　桥式整流电容滤波电路的波形

2. 输出电压的估算

对桥式整流电容滤波电路，其输出电压的平均值计算较烦琐，工程实际中一般采用估算的方法。

经电容滤波后，负载 R_L 上电压平均值的大小与负载的阻值有关。当 R_L 趋近于无穷（空载）时，电容充电到最大值 $\sqrt{2}U_2$，没有放电回路，故输出电压的平均值 $U_{O(AV)} = \sqrt{2}U_2$。加上负载 R_L，而没有滤波电容时，桥式整流电路的输出电压 u_o 的平均值 $U_{O(AV)} = 0.9U_2$。因此通常取

$$U_{O(AV)} \approx 1.2U_2 \tag{3-8}$$

需要注意的是，当设计的直流电源输出电压较低（10 V 以下）时，应该考虑二极管的导通压降和变压器二次绕组的直流电阻的影响，否则实测结果与理论设计差别较大。实践经验表明，在输出电压较低时，按照上述公式计算的结果再减去 2 V（二极管压降和变压器二次绕组直流压降之和），可以得到与实际测量相符的结果。

流过二极管的平均电流 $I_{D(AV)}$ 是输出电流平均值的一半，即

$$I_{D(AV)} = \frac{1}{2}I_{O(AV)} \approx \frac{1.2U_2}{2R_L} \tag{3-9}$$

二极管承受的最大反向电压为

$$U_{RM} = \sqrt{2}U_2 \tag{3-10}$$

3. 滤波电容和整流二极管参数的选择

（1）滤波电容的选择。一般滤波电容采用电解电容器，接在电路中的极性不能接反。电容器的耐压值应大于 $\sqrt{2}U_2$，一般取 $(1.5 \sim 2)U_2$。在负载 R_L 一定时，电容器的容量越

大，放电时间常数 R_LC 越大，放电速度越慢，输出电压就越平滑，$U_{O(AV)}$ 就越大。为了获得良好的滤波效果，一般取：

$$R_LC \geq (3 \sim 5)\frac{T}{2} \tag{3-11}$$

式中，T 为输入交流电压的周期。

在实际应用中也可根据负载电流的大小来选取滤波电容的容量，见表 3 – 1。

表 3 – 1   滤波电容器容量选取

输出电流 I_o/A	2	1	0.5 ~ 1	0.1 ~ 0.5	0.05 ~ 0.1	≤0.05
电容量 C/μF	4 000	2 000	1 000	500	200 ~ 500	200

（2）整流二极管的选择。如图 3 – 7 所示电压、电流波形，在整流电路采用电容滤波后，只有当 $|u_2| > u_C$ 时二极管才会导通，才有充电电流 i_D，整流二极管的导通时间缩短，导通角 θ 减小，冲击电流较大（浪涌电流），容易损坏二极管，故在选择二极管时，必须留有足够的电流余量。一般可按 $I_F \geq (2 \sim 3)I_{D(AV)}$ 来选取二极管，必要时在滤波电容前串联几欧到几十欧的电阻，来限制充电电流以保护二极管。

【例 3 – 1】 单相桥式电容滤波整流电路，交流电源频率 $f = 50$ Hz，负载电阻 $R_L = 40\ \Omega$，要求直流输出电压 $U_O = 20$ V，试选择所需整流二极管及滤波电容。

解：（1）选二极管。由 $U_{O(AV)} \approx 1.2U_2$，可得

$$U_2 = \frac{U_O}{1.2} = \frac{20}{1.2} = 17\ （V）$$

二极管的平均电流为：

$$I_D = \frac{1}{2}I_O = \frac{1}{2}\frac{U_O}{R_L} = \frac{1}{2} \times \frac{20}{40} = 0.25\ （A）$$

二极管承受的最大反向电压为：

$$U_{RM} = \sqrt{2}\,U_2 = 24\ （V）$$

因此应选择 $I_F \geq (2 \sim 3)I_{D(AV)}$ = （0.5 ~ 0.7）A、$U_{RM} > 24$ V 的二极管，经查手册，可选 2CZ55C 二极管（参数：$I_F = 1$ A，$U_{RM} = 100$ V）或 1 A、100 V 整流桥。

4. 滤波电容电路的特点

电容滤波电路结构简单、使用方便、成本低，适合于负载电流较小、输出电压较高的电子设备作电源电路，如各种家用电器。

3.2.2   其他类型的滤波电路

1. 电感滤波电路

当一些电子设备需要脉动小、输出电流大的直流电时，往往采用电感滤波电路。桥式整流电感滤波电路如图 3 – 8 所示，由桥式整流电路、电感线圈 L、负载电阻 R_L 串联构成。

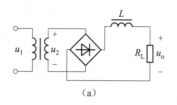
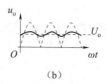

图 3 – 8 桥式整流电感滤波电路

(a) 电感滤波电路；(b) 波形

由于电感的直流电阻很小，交流阻抗较大，所以整流输出的脉动电压中的直流分量很容易通过电感，而其中的交流分量很难通过电感。因此直流分量几乎全部通过电感线圈加在负载 R_L 上，而交流分量在 $j\omega_L$ 和 R_L 分压以后，大部分降落在电感上，负载上的交流压降很小，降低了输出电压中的脉动成分，使负载得到较为平滑的直流电压。

在忽略电感 L 上的直流压降时，输出的直流电压为 $U = 0.9U_2$。

电感滤波电路的优点是输出波形比较平坦，而且电感 L 越大，负载 R_L 越小，输出电压的脉动越小，适用于低电压、较大电流的负载电路。缺点是电感器体积大、质量大、成本高，易引起电磁干扰。

2. π形滤波电路

为获得更好的滤波效果，可采用图 3 – 9 (a) 所示的桥式整流 π 形 LC 滤波电路，它是在电容滤波基础上再加一级 LC 滤波构成的。由于电容 C_1、C_2 对交流分量的容抗很小，而纯电感 L 对交流阻抗很大，因此负载 R_L 上得到的电压更加平滑。当负载电流较小时，常用小电阻（几十到几百欧）代替电感，以减小电路体积和质量，这种电路称为 π 形 RC 滤波电路，如图 3 – 9 (b) 所示。收音机的电源滤波电路就采用了这种类型的滤波电路。

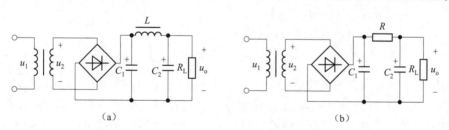

图 3 – 9 桥式整流 π 形滤波电路

(a) 桥式整流 π 形 LC 滤波电路；(b) 桥式整流 π 形 RC 滤波电路

3.3 稳 压 电 路

经过整流和滤波后输出电压虽然变为直流电压，但往往会随着交流电源电压的波动和负载的变化而变化。因此，在整流滤波电路之后，还需要接稳压电路，参见图 3 – 1 所示组成框图。

稳压电路类型很多，下面介绍采用硅稳压管的并联型稳压电路、采用晶体管的串联型稳压电路及采用三端集成稳压器的稳压电路。

3.3.1 并联型直流稳压电路

1. 电路的组成

在本书 1.2.4 节中已介绍了硅稳压管的正、反向伏安特性。当稳压管工作于反向击穿状态时，只要流过稳压管的反向电流 I_Z 在器件参数规定的范围内使用，稳压管就会起到稳压作用，不会形成破坏性的击穿。

图 3 - 10 所示为由硅稳压管组成的稳压电路，R 起限流作用。由于负载 R_L 与用作调整元器件的稳压管 VD_Z 并联，故又称为并联型稳压电路。

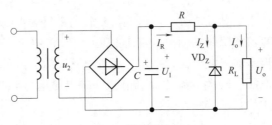

图 3 - 10 并联型稳压电路

2. 工作原理

当电网电压升高或负载电阻阻值增大，引起输出电压 U_o 升高时，稳压管 VD_Z 两端电压 U_Z 上升，流过稳压管的反向电流 I_Z 急剧增大，通过限流电阻 R 的电流 I_R 也随之增大，限流电阻 R 上的电压降 U_R 增大，使输出电压 U_o 减小，最后使输出电压基本保持不变。

稳压过程：因为 $U_o = U_1 - U_R$，则：

$$U_1(R_L) \uparrow \to U_o(U_Z) \uparrow \to I_Z \uparrow \to I_R \uparrow \to U_R \uparrow$$
$$U_o \downarrow \longleftarrow$$

当电网电压下降或负载电阻阻值减小，引起输出电压 U_o 减小时，稳压管 VD_Z 两端电压 U_Z 下降，流过稳压管的反向电流 I_Z 随之减小，通过限流电阻 R 的电流 I_R 也随之减小，限流电阻 R 上的电压降 U_R 减小，使输出电压 U_o 增大，最后使输出电压基本保持不变。

稳压过程：

$$U_1(R_L) \downarrow \to U_o(U_Z) \downarrow \to I_Z \downarrow \to I_R \downarrow \to U_R \downarrow$$
$$U_o \uparrow \longleftarrow$$

3. 电路特点

硅稳压管稳压电路结构简单，使用元器件少，但稳压性能差，输出电压受稳压管稳压值的限制，输出功率小，不能调节，适用于电压固定，负载电流小的场合。

4. 元器件选择

对稳压管稳压电路设计，一般先选定输入电压和稳压管，然后确定限流电阻。

（1）输入电压 U_1 的确定。考虑到电网电压的变化，可按下式选择

$$U_1 = (2 \sim 3) U_o$$

（2）稳压管的选择。一般选用稳压管型号的主要依据是 U_Z 和 I_{ZM}，根据负载上电压和 I_{Omax} 确定。可按下式选取：

$$U_Z = U_O$$
$$I_{ZM} = (2 \sim 3)I_{Omax}$$

（3）限流电阻的确定。按照"电网电压最高和负载电流最小时，稳压管电流 I_Z 应不超过其允许最大值，电网电压最低和负载电流最大时，I_Z 不低于其允许的最小值"来计算需串接的限流电阻 R 的阻值（略）。

3.3.2 串联型直流稳压电路

1. 电路的组成

串联型稳压电路是指调整元件晶体管与负载相串联的稳压电路。具有放大环节的串联型稳压电路框图如图 3-11（a）所示，电路如图 3-11（b）所示。

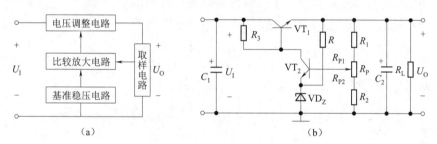

图 3-11 串联型直流稳压电路
（a）电路组成框图；（b）电路图

串联型稳压电路由基准稳压电路、比较放大电路、电压调整电路和取样电路四部分组成。其中调整元器件 VT_1 是稳压电路的核心器件，利用输出电压的变化量来控制基极电流变化，进而控制其管压降 U_{CE1} 的变化，将输出电压拉回到接近变化前的数值，起到电压调整作用，故称为调整管，它与负载是串联的，所以称为串联型稳压电路。

电阻 R 和 VD_Z 组成硅稳压管稳压电路，VD_Z 上的稳定电压作为基准电压源，输入电压 U_I 或负载 R_L 改变时，U_Z 应保持稳定不变，即基准电压是恒定的。

电阻 R_1、R_2 与电位器 R_P 组成的分压器即为取样电路。取样支路电流远小于额定负载电流（分压器阻值比 R_L 大许多），根据输出电压的变化取出部分电压送到比较放大管 VT_2 的基极。

由 VT_2 和集电极电阻 R_3 构成的直接耦合放大器称为比较放大电路，将取样电压和基准电压进行比较，经放大倒相后，去控制调整管 VT_1 的基极电位，进而控制 VT_1 的工作。

2. 工作原理

当负载 R_L 不变时，输入电压 U_I 增大，则输出电压 U_O 增大。通过取样电阻分压后，使比较放大管 VT_2 的基极电位 V_{B2} 增大，其发射极电位基本不变（$V_{E2} = U_Z$），因此 U_{BE2} 增大，于是比较放大管 VT_2 的导通能力增大，V_{C2}、V_{B1} 同时减小，导致电压调整管 VT_1 导通能力下降，调整管集电极、发射极之间的电阻 r_{CE1} 增大，管压降 U_{CE1} 增大，输出电压 U_O 减小，保

证了输出电压 U_O 基本保持不变。

稳压过程：

$$U_I \uparrow \rightarrow U_O \uparrow \rightarrow V_{B2} \uparrow (V_{E2}基本不变) \rightarrow U_{BE2} \uparrow \rightarrow V_{C2}(V_{B1}) \downarrow \rightarrow r_{CE1} \uparrow \rightarrow U_{CE1} \uparrow$$

$$U_O \downarrow \longleftarrow$$

当输入电压 U_I 不变时，负载 R_L 减小引起输出电压 U_O 下降，电路工作过程与上述过程相反，不再详述。由此稳压过程可以看出，稳压实质上是通过负反馈使输出电压稳定的过程。

3. 输出电压的调节范围

由图 3-11 可知，改变取样电路中电位器 R_P 滑动端的位置，就可以调节输出电压的大小。由取样电路，可得：

$$V_{B2} = \frac{R_{P2} + R_2}{R_1 + R_P + R_2} U_O \tag{3-12}$$

式中，R_{P2} 为图中电位器滑动触点下半部分的电阻值。而 $V_{B2} = U_Z + U_{BE2}$。

当 R_P 调到最上端时，$R_{P2} = R_P$，输出电压为最小值，可得：

$$U_{Omin} = (U_Z + U_{BE2}) \frac{R_1 + R_P + R_2}{R_P + R_2} \tag{3-13}$$

当 R_P 调到最下端时，$R_{P2} = 0$，输出电压为最大值，可得：

$$U_{Omax} = (U_Z + U_{BE2}) \frac{R_1 + R_P + R_2}{R_2} \tag{3-14}$$

4. 电路特点

串联型稳压电路具有输出电阻小、输出电压稳定且能调节、输出电流大、精度高的特点。在实际稳压电路中，调整管不一定是单管，常用复合管作为调整管，以在负载电流很大的情况下减轻比较放大器的负载。同时复合管的 β 大，可减小稳压电路的输出电阻，以提高稳压电路的稳压性能。在具体电路中，比较放大器可由集成运算放大器组成。

3.3.3　直流稳压电路的主要技术指标

直流稳压电路的技术指标可分为两大类：一类是特性指标，即表明直流稳压电源工作特征的参数，如输入电压、输出电压、输出电流、输出电压调节范围等；另一类是质量指标，反映直流稳压电源的优劣，如稳压系数、输出电阻、纹波电压及温度系数等。

1. 稳压系数 S_r

稳压系数 S_r 是表征直流稳压电源性能优劣的重要指标，它是指在负载的电流和环境温度不变时，稳压电路输出电压的相对变化量与输入电压的相对变化量之比，即：

$$S_r = \frac{\Delta U_O / U_O}{\Delta U_I / U_I} \bigg|_{\Delta I_O = 0, \Delta T = 0}$$

稳压系数 S_r 越小，输出电压稳定性越好。

2. 输出电阻 R_o

输出电阻是指当输入电压和环境温度不变时，输出电压的变化量与输出电流变化量之

比，即

$$R_o = \frac{\Delta U_O}{\Delta I_O}\bigg|_{\Delta U_I = 0, \Delta T = 0}$$

输出电阻 R_o 越小，带负载能力越强，对其他电路的影响越小。

3. 纹波电压 S

纹波电压是指在稳压电路输出端中含有的交流成分，通常用有效值或峰值表示。S 值越小越好，否则影响正常工作。

4. 温度系数 S_T

温度系数是指在 U_I 和 I_O 都不变的情况下，因环境温度 T 变化所引起的输出电压的变化，即：

$$S_T = \frac{\Delta U_O}{\Delta T}\bigg|_{\Delta U_I = 0, \Delta I_O = 0}$$

3.4　集成线性稳压电路

将调整管、取样电路、比较放大器、基准稳压源及保护电路等集成在一块半导体芯片上构成一种稳压集成电路，简称集成稳压器。它具有体积小、稳压性能好、可靠性高、使用调整方便、成本低等优点，得到了广泛应用。

集成稳压器按功能可分为固定式和可调式两种；按输出电压可分为正、负两种；按引出端子可分为三端和多端稳压器。要特别注意，不同型号，不同封装的集成稳压器，它们三个电极的位置是不同的，要查手册确定。

3.4.1　认识固定式三端集成稳压器

固定输出三端
集成稳压器

1. 固定式三端集成稳压器外形、引脚排列及性能参数

（1）外形和引脚排列。常见固定式三端集成稳压器有塑料封装和金属封装两种封装形式，其外形及引脚排列如图 3-12 所示。它只有输入端、输出端和公共地端 3 个端子，故称固定式三端集成稳压器。

（2）主要性能参数。

最大输入电压 U_{Imax}：指集成稳压器输入端允许输入的最大电压。应注意整流后的最大直流电压不能超过此值。

最大输入输出电压差值 $(U_I - U_O)_{max}$：指集成稳压器输入端和输出端之间的电压差所允许的最大值。若超过此值，稳压器会被击穿损坏。

最小输入输出电压差值 $(U_I - U_O)_{min}$：

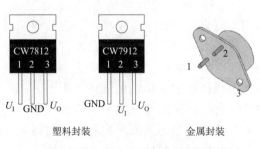

图 3-12　固定式三端集成稳压器
78××系列和79××系列

指集成稳压器输入端和输出端之间的电压差所允许的最小值。若输入电压过低，使输入输出电压差小于 $(U_I - U_O)_{min}$，则稳压器输出纹波（交流分量）变大，性能变差。

输出电压 U_O：指稳压器在规定的输入输出电压差内获得的稳定输出电压。

最大输出电流 I_{Omax}：指集成稳压器正常工作的最大输出电流。稳压器使用中不允许超过此值。

2. 固定式三端集成稳压器型号组成及意义

固定式三端集成稳压器的型号组成及意义如图 3–13 所示。国产的有 CW78×× 系列（正电压输出）和 CW79×× 系列（负电压输出），型号后面的两位数字表示输出电压值。它们的输出电压有 ±5 V、±6 V、±9 V、±12 V、±15 V、±18 V、±24 V 七个挡；输出电流有 5 A、1.5 A、0.5 A、0.1 A 四个挡。

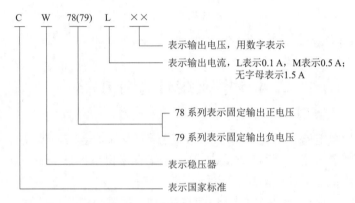

图 3–13　固定式三端集成稳压器的型号组成及意义

例如 CW7805 表示输出电压为 +5 V，最大输出电流为 1.5 A。

3.4.2　固定式三端集成稳压器的应用

1. 输出固定电压的稳压电路

图 3–14 所示为 CW78×× 系列集成稳压器的基本应用电路，其输出电压取决于集成稳压器。为保证集成稳压芯片工作在线性区，其输入电压 U_I 比输出电压 U_O 至少要大 2～3 V。输入端电容 C_1 用作滤波以减少输入电压中的交流分量，起抑制输入过电压的作用，一般取 0.1～1 μF。输出端电容 C_2 用来改善负载的暂态响应，消除高频噪声。为获得较好效果，这两个电容一般选用频率特性好的瓷介质电容。C_3 是电解电容，用以减小稳压电源输出端由输入电源引入的低频干扰。在实际应用中，考虑到断电不久集成稳压芯片的输出和输入可能会出现电压倒置的情况，致使集成稳压芯片接入反向电压导致烧毁，因此在电

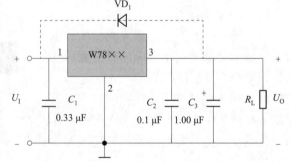

图 3–14　输出固定正电压的集成稳压电路

路中反向接入二极管 VD, 以保护三端集成稳压芯片。

2. 输出正、负电压的稳压电路

当需要正负电压同时输出的稳压电源时, 可用 CW78×× 和 CW79×× 系列稳压器各一块, 接成如图 3-15 所示的正、负对称输出两组电源的稳压电路。由图可见, 两个稳压器有一个公共接地端, 它们的整流部分也是公共的。电源变压器带有中心抽头并接地, 输出端得到大小相等, 极性相反的电压。

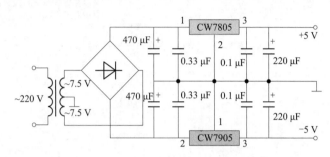

图 3-15　正、负对称输出两组电源的稳压电路

项目实施

可调输出直流稳压
电源的设计与仿真

3.5　任务1　整流电路的设计与仿真验证

3.5.1　半波整流电路的设计与仿真验证

根据 3.1.1 单相半波整流电路分析, 利用二极管的单向导电性, 设计一个半波整流电路并仿真验证。

(1) 启动 Proteus 仿真软件, 新建"半波整流电路"设计文件。

(2) 添加本设计所需使用的元器件。添加交流电压源 ALTERNATOR、2 端原边 2 端副边变压器 TRAN-2P2S、电阻 RES、二极管 DIODE 等元器件。

(3) 放置元器件并进行电气连接, 如图 3-16 所示。其中, 虚拟仪器是为了形象地观察整流电路工作效果, 添加方法是单击工具栏虚拟仪器按钮 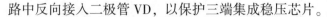, 添加一个示波器 OSCIL-LOSCOPE、交流电压表 AC VOLTMETER, 并按图 3-16 连接。

(4) 修改交流电压源幅值为 311 V (电压表读出的有效值为 220 V)、频率为 50 Hz, 如图 3-17 所示。修改电源变压器原、副边电感值分别为 6.0 H 和 0.01 H (副边电压表读出的为 9 V), 如图 3-18 所示。

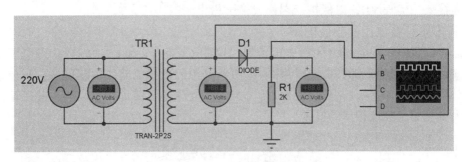

图 3 – 16　半波整流电路原理图

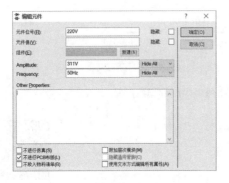

图 3 – 17　交流电压源参数设置

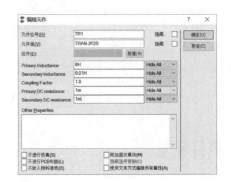

图 3 – 18　变压器参数设置

（5）单击运行按钮进行仿真，仿真结果如图 3 – 19 所示。示波器通道 A 显示了半波整流电路输入端的交流电是正弦波，同时通道 B 显示了输出端的波形是单向脉动直流电压。在半波整流输出波形中，可以看到交流电的负半周被"削"掉了，只有正半周通过负载电阻。

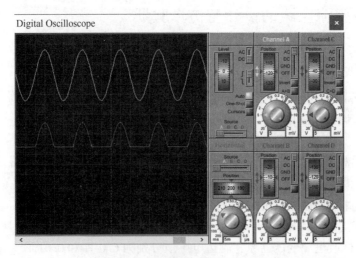

图 3 – 19　半波整流电路仿真结果

在使用 Proteus 仿真软件的示波器时，由于在负半周二极管不导通，为了让信号能回到负极，需要在电阻下方接地。否则信号回不到负极，示波器就不能正确显示波形。

3.5.2　桥式整流电路的设计与仿真验证

根据3.1.2单相桥式整流电路分析，利用二极管的单向导电性，设计一个桥式整流电路并仿真验证。

（1）启动 Proteus 仿真软件，新建"桥式整流电路"设计文件。

（2）添加本设计所需使用的元器件。添加交流电压源 ALTERNATOR、2 端原边 2 端副边变压器 TRAN‑2P2S、电阻 RES、二极管 DIODE、整流桥 BRIDGE 等元器件。

（3）放置元器件并进行电气连接，如图3‑20 所示。其中，虚拟仪器是为了形象地观察整流电路工作效果。

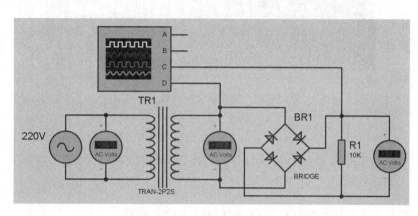

图 3 – 20　桥式整流电路原理图

（4）修改交流电压源幅值为311 V（电压表读出的有效值为220 V）、频率为50 Hz，如图 3‑17 所示。修改变压器原、副边电感值分别为 6.0 H 和 0.01 H（副边电压表读出的为9 V），如图 3‑18 所示。

（5）单击运行按钮进行桥式整流电路仿真，如图 3‑21 所示。从交流电压表可以看出，桥式整流电路输入的交流电压是 8.97 V（因加上了负载，故低于9 V），桥式整流电路输出电压是 7.95 V。

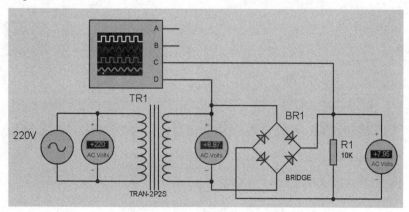

图 3 – 21　桥式整流电路仿真运行

（6）示波器仿真结果如图 3 – 22 所示。示波器通道 D 显示了桥式整流电路输入端的交流电是正弦波，同时通道 C 显示了输出端的波形是脉动直流电压。

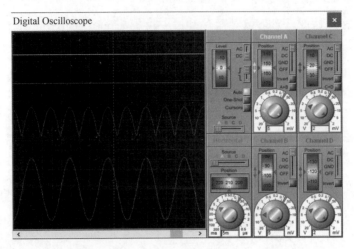

图 3 – 22　桥式整流电路仿真结果

3.6　任务 2　电容滤波电路的设计与仿真验证

根据 3.2.1 电容滤波电路分析，利用电容的充放电特性，设计一个电容滤波电路，实现把桥式整流电路整流后的单向脉动直流电变得更加平滑，并进行仿真验证。

（1）启动 Proteus 仿真软件，新建"电容滤波电路"设计文件。

（2）添加本设计所需使用的元器件。添加交流电压源 ALTERNATOR、2 端原边 2 端副边变压器 TRAN – 2P2S、电阻 RES、电解电容 CAP – ELEC 等元器件。

（3）放置元器件并进行电气连接，如图 3 – 23 所示。其中，虚拟仪器是为了形象地观察电容滤波电路工作效果。

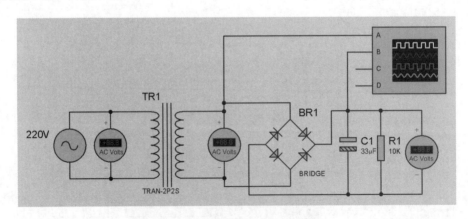

图 3 – 23　电容滤波电路原理图

（4）修改交流电压源幅值为 311 V（电压表读出的有效值为 220 V）、频率为 50 Hz，如图 3-17 所示。修改变压器原、副边电感值分别为 6.0 H 和 0.01 H（副边电压表读出的为 9 V），如图 3-18 所示。

（5）单击运行按钮进行电容滤波电路仿真，仿真结果如图 3-24 所示。示波器通道 A 显示了电容滤波电路输入端的交流电是正弦波，通道 B 显示的波形是电容滤波电路输出端的波形，显然该波形比桥式整流输出的脉动直流电波形更加平滑。

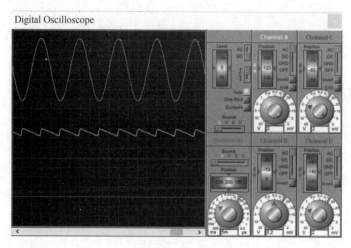

图 3-24   电容滤波电路仿真结果

（6）由于放电时间常数 $\tau = R_\mathrm{L}C$ 越大，放电速度越慢，输出电压就越平滑，所以电容量的大小直接影响时间常数。修改电解电容 C 参数，仿真运行完成后，绘制出通道 B 的波形，记入表 3-2，并将输出波形进行比较。

表 3-2   滤波电容器容量选取仿真结果

滤波电容/μF	负载电阻/kΩ	输出电压波形
10	10	
33	10	
100	10	

3.7   任务 3   整机电路安装与调试

设计并制作一个串联可调型直流稳压电源，并完成电路的装配和调试。

1. 基本要求

（1）使用市电（220 V/50 Hz）作为直流稳压电源的供电。

（2）直流稳压电源输出电压在 DC 8～14 V 可调。

（3）最大输出电流为 500 mA。

2. 项目方案

根据项目基本要求分析，本项目所需功能模块如图 3 – 25 所示。其中变压器采用市售单相电源变压器 AC 220 V/12 V（额定功率为 10 W），印制电路板上由二极管、三极管、电阻、电容等元件构成整流、滤波、稳压电路。

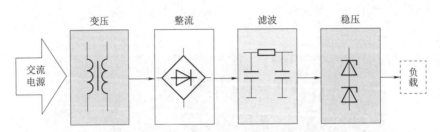

图 3 – 25　串联可调型直流稳压电源功能模块

3. 电路图的识读

电路原理图如图 3 – 26 所示，印制电路板图如图 3 – 27 所示。

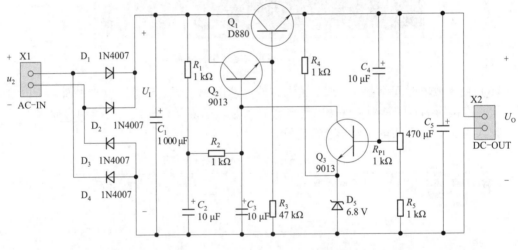

图 3 – 26　直流稳压电源电路原理图

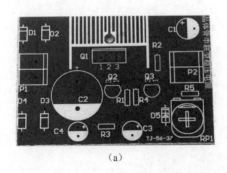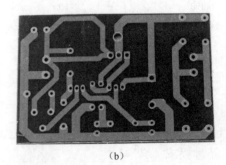

（a）　　　　　　　　　　　　　　　　（b）

图 3 – 27　直流稳压电源印制电路板图

（a）正视图；（b）底视图

4. 直流稳压电源的制作步骤

（1）首先按元器件清单清查元器件的数量与质量，并进行检测，对不合格的元器件应及时更换。

（2）确定元器件的安装方式、安装高度，一般由该器件在电路中的作用、印制电路板上该器件两安装孔间的距离所决定。

（3）进行引脚处理，即对器件的引脚弯曲成形并进行烫锡处理。成形时不得从引脚根部弯曲，尽量把有字符的器件面置于易于观察的位置，字符从左到右（卧式），从下到上（直立式）。

（4）安装：根据电路安装图正确安装，对有极性的元器件应注意极性不要安装错误。

（5）焊接：各焊点加热时间及用锡量要适当，尤其对耐热性差的元器件应使用工具辅助散热。

（6）焊后处理：剪去多余引脚线，检查所有焊点，必要时对缺陷焊点进行修补。

（7）检查所有与印制电路板嵌装的元器件是否正确到位，然后把印制电路板和变压器固定在盒体（如有）的安装槽内。

5. 直流稳压电源的调试

（1）电路装配检查无误后，接通 220 V 电源，调节电位器 R_{P1} 使稳压电路输出在 +8 ~ 14 V 范围内可调，用万用表直流电压挡根据表 3 – 3 测试要求，分别测试相关点电压，将测量数据记录于表中。

（2）用万用表直流电压挡根据表 3 – 4 测试要求，分别测试相关点电压，将测量数据记录于表中，并与计算值相比较。

表 3 – 3　晶体管各电极测试记录

输出电压	复合调整管电极电位/V			比较放大管电极电位/V			R_4 两端电压	稳压二极管工作电流 I_Z
	B	C	E	B	C	E		
最低电压（　）V								
中间电压（　）V								
最高电压（　）V								

表 3 – 4　电压测试记录

整流输入电压 u_2/V	整流滤波输出电压 U_1/V	基准电压 U_Z/V	输出电压 U_O/V	
			实测值	计算值

6. 问题防治

在安装时，一定要注意元器件的极性，特别是稳压二极管，一旦极性装反，容易造成调整管烧毁。同时，检查电路安装无错误后通电调试，要注意电源变压器的温升，一旦发现温度异常，要立即断开电源，说明电路有短路现象。

7. 典型故障排查流程图

直流稳压电源典型故障排查流程图如图 3 – 28 所示。

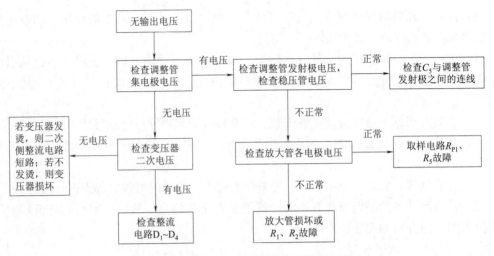

图 3 – 28　直流稳压电源典型故障排查流程图

项目总结与评价

（1）直流稳压电源的作用就是将电网提供的交流电转换为输出稳定的直流电。

（2）小功率直流稳压电源一般由变压、整流、滤波和稳压等四部分电路组成。

（3）整流电路是利用二极管的单向导电性，将幅值合适的交流电转换为单向脉动直流电。

（4）滤波电路是利用电容、电感等储能元件来滤除整流后单向脉动电压中的高频部分，使之成为较平滑的直流电。

（5）稳压电路的作用是防止电网电压波动或负载变化时，输出电压的变化，使输出端得到较稳定的直流电压。

（6）稳压电路的类型很多，小功率的稳压电路常采用三端集成稳压器。

（7）项目评价标准，见表 3 – 5。

表 3 – 5　项目评价标准

考核项目	配分	工艺标准	评分标准	扣分记录	得分
观察识别能力	10 分	能根据提供的任务所需设备、工具和材料清单进行检查、检测（特别是集成稳压器）	（1）不能根据设备、工具和材料清单进行检查，每处扣 2 分；（2）不能对材料进行检测与判断，每处扣 2 分		

续表

考核项目	配分	工艺标准	评分标准	扣分记录	得分
电路组装能力	40 分	（1）元器件布局合理、紧凑； （2）导线横平、竖直，转角成直角，无交叉； （3）元器件间连接关系和电原理图一致； （4）元器件安装平整、对称，电阻器、二极管水平安装，贴紧电路板，晶体管、电容器、电位器立式安装； （5）绝缘恢复良好，紧固件牢固可靠； （6）未损伤导线绝缘层和元器件表面涂敷层； （7）焊点光亮、清洁，焊料适量，无漏焊、虚焊、假焊、搭焊、溅锡等现象； （8）焊接后元器件引脚剪脚留头长度小于 1 mm	（1）布局不合理，每处扣 5 分； （2）导线不平直、转角不成直角每处扣 2 分，出现交叉每处扣 5 分； （3）元器件错装、漏装，每处扣 5 分； （4）元器件安装歪斜、不对称、高度超差，每处扣 1 分； （5）绝缘恢复不符合要求，扣 10 分； （6）损伤绝缘层和元器件表面涂敷层，每处扣 5 分； （7）紧固件松动，每处扣 2 分； （8）焊点不光亮、不清洁，焊料不适量，漏焊、虚焊、假焊、搭焊、溅锡每处扣 1 分； （9）剪脚留头大于 1 mm，每处扣 0.5 分		
仪表使用能力	40 分	（1）能对任务所需的仪器仪表进行使用前检查与校正； （2）能根据任务采用正确的测试方法与工艺，正确使用仪器仪表； （3）测试结果正确合理，数据整理规范正确； （4）确保仪器仪表完好无损	（1）不能对任务对所需的仪器仪表进行使用前检查与校正，每处扣 5 分； （2）不能根据不同的任务采用正确的测试方法与工艺，每处扣 5 分； （3）不能根据任务正确使用仪器仪表，每处扣 5 分； （4）测试结果不正确、不合理，每处扣 5 分； （5）数据整理不规范、不正确，每处扣 5 分； （6）使用不当损坏仪器仪表，每处扣 10 分		
安全文明生产	10 分	（1）小组分工明确，能按规定时间完成项目任务； （2）各项操作规范，注意安全，装配质量高、工艺正确	（1）成员无分工，扣 5 分；超时扣 5 分； （2）违反安全操作规程，扣 10 分； （3）违反文明生产要求，扣 10 分		
考评人：			得分：		

项目技能训练

实训 5　使用三端集成稳压器设计 ±5 V 直流稳压电源

任务要求：根据图 3 – 15 所示的正、负对称输出两组直流稳压电源电路原理，使用固定式三端集成稳压器 7805、7905 设计一个直流稳压电源，实现将 220 V、50 Hz 的交流电转换为 ±5 V 的直流电。

（1）启动 Proteus 仿真软件，新建"±5 V 直流稳压电源"设计文件。

三端集成稳压电源
接线及输出电阻测量

（2）添加本设计所需使用的元器件。添加交流电压源 ALTERNATOR、2 端原边 3 端副边变压器 TRAN – 2P3S、整流桥 BRIDGE、固定式三端集成稳压器 7805 和 7905、电解电容 CAP – ELEC、电容 CAP 等元器件。

（3）放置元器件并进行电气连接，如图 3 – 29 所示。其中，虚拟仪器中两个交流电压表是为了观察变压器二次侧输出电压，两个直流电压表是为了观察稳压电源两组输出电压。固定式三端集成稳压器 7805 系列和 7905 系列的引脚排列不同，注意不要接错。

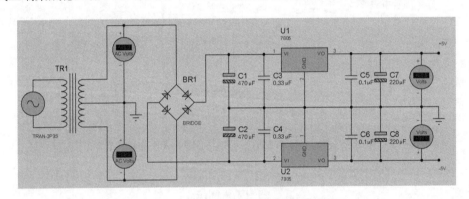

图 3 – 29　±5 V 直流稳压电源电路原理图

（4）修改交流电压源幅值为 311 V、频率 50 Hz。修改电源变压器原、副边电感值分别为 2.0 H 和 0.005 H（副边两个交流电压表读数约为 7.8 V，以保证集成稳压器输入电压比输出电压高 2 ~ 3 V）。

（5）单击运行按钮进行直流稳压电源电路仿真，仿真结果如图 3 – 30 所示，可以看到两个直流电压表的输出分别约是 ±5 V。

拓展训练：设计一个基于整流桥和三端稳压芯片的双路独立输出直流电压输出电路。要求其可以提供 +5 V 和 +12 V 两路直流供电输出。

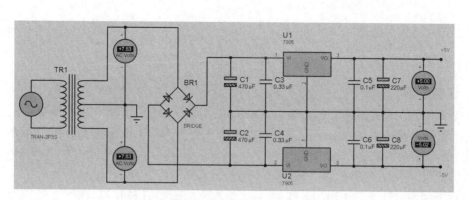

图 3 – 30　±5 V 直流稳压电源电路仿真结果

实训 6　可调式三端集成稳压器

可调输出三端
集成稳压器

1. 知识准备

可调式三端集成稳压器是指输出电压可调节的稳压器。常见的有可调正电压系列（CW117、CW217、CW317）、可调负电压系列（CW137、CW237、CW337）。它们的输出电压分别为 ±（1.25 ~ 37）V 连续可调，其输出电流与固定式三端集成稳压器一样分为 5 A、1.5 A、0.5 A、0.1 A 四个挡。可调式三端集成稳压器 CW×17 系列和 CW×37 系列的外形及引脚排列如图 3 – 31 所示。输出端与调整端之间的电压为基准电压 $U_{REF} = 1.25$ V，从调整端流出的电流很小，约为 50 μA。

可调式三端集成稳压器的基本应用电路如图 3 – 32 所示。C_1、C_3 的作用与在固定式三端集成稳压电路中的作用相同。C_2 用于减小输出纹波电压。电阻 R_1、R_2 构成取样电路，这样实质上构成了串联型稳压电路，因此调节 R_2 的大小即可调整输出电压 U_O。

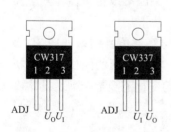

图 3 – 31　可调式集成稳压器
W×17 系列和 W×37 系列

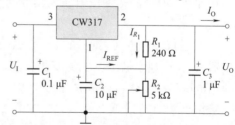

图 3 – 32　可调式三端集成稳压器
基本应用电路

为了使电路正常工作，一般输出电流不小于 5 mA。输入电压范围在 2 ~ 40 V，输出电压可在 1.25 ~ 37 V 调整，负载电流可达 1.5 A。为保证集成稳压器在空载时也能正常工作，要求流过电阻 R_1 的电流不能太小，一般取 5 ~ 10 mA，故：

$$R_1 = \frac{U_{REF}}{I_{R_1}} \approx 120 \sim 240（\Omega）$$

由图 3 – 32 所示电路可知：

$$U_0 \approx 1.25 \times \left(1 + \frac{R_2}{R_1}\right) \qquad (3-15)$$

2. 任务要求

根据图 3 – 32 所示的可调式三端集成稳压电路原理，使用可调式三端集成稳压器设计一个直流稳压电源，实现将 220 V、50 Hz 的交流电转换为输出电压在 1.25 ~ 27 V 范围可调的直流电压。

（1）启动 Proteus 仿真软件，新建"可调输出直流稳压电源"设计文件。

（2）添加本设计所需使用的元器件。添加交流电压源 ALTERNATOR、2 端原边 2 端副边变压器 TRAN – 2P2S、整流桥 BRIDGE、可调式三端集成稳压器 LM317、电解电容 CAP – ELEC、电阻 RES、电位器 POT – HG 等元器件。

（3）放置元器件并进行电气连接，如图 3 – 33 所示。其中，虚拟仪器中交流电压表是为了观察变压器二次侧输出电压，输出端直流电压表是为了观察稳压电源输出电压。

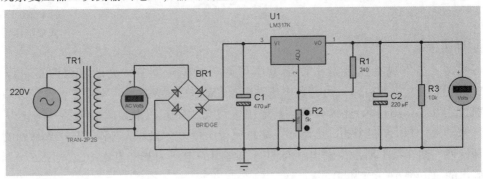

图 3 – 33　可调输出直流稳压电源电路原理图

（4）修改交流电压源幅值为 311 V、频率为 50 Hz。修改电源变压器原、副边电感值分别为 5.0 H 和 0.1 H（副边交流电压表读数约为 31 V，以保证集成稳压器输入电压比输出电压高 2 ~ 3 V）。

（5）单击运行按钮进行可调输出直流稳压电源电路仿真，仿真结果如图 3 – 34 所示。改变电位器 R_2 大小观察输出电压的变化，完成表 3 – 6 中输出电压的测试，并分析负载变化时，输出电压是否变化；调节 R_2 的大小时，输出电压的变化范围是否满足设计要求。

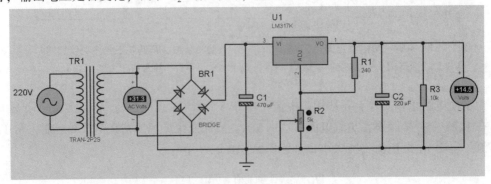

图 3 – 34　可调输出直流稳压电源电路仿真结果

表 3 – 6 输出电压测试记录

电位器 R_2 阻值调整	负载电阻 $R_3/\mathrm{k\Omega}$	稳压电路输出电压 U_O/V
100%	10	
100%	2	
50%	10	
50%	2	
0%	10	

项目拓展

（一）综合应用

1. 知识图谱绘制

根据前面知识的学习，请同学们完成本项目所涉及的知识图谱的绘制。

2. 技能图谱绘制

根据前面知识的学习，请同学们完成本项目所涉及的技能图谱的绘制。

3. 创新应用设计

从封装材料、封装工艺等方面探索如何提高放大器芯片性能、降低封装成本的新型封装技术，并完成创新应用报告的撰写。

（二）以证促学

以智能硬件应用开发职业技能等级要求（中级）为例，教材中本项目与 1 + X 证书对应关系如表 3 – 7 所示。

表 3 – 7　智能硬件应用开发职业技能等级要求（中级）

智能硬件应用开发职业技能等级要求（中级）			教材
工作领域	工作任务	技能要求	对应小节
1. 开发方案设计	1.1　开发需求分析	1.1.1　能掌握智能硬件及其应用系统的基本知识。 1.1.2　能独立编制智能硬件开发需求报告。 1.1.3　能勘察智能硬件系统的应用场景，确认应用系统的需求。	3.1 3.2 3.3
	1.2　硬件电路开发方案制定	1.2.1　能根据需求报告，分析智能硬件的结构框图和性能指标。 1.2.2　能制定智能硬件的硬件开发方案。 1.2.3　能根据开发需求报告，分析整理智能硬件应用系统的硬件功能和系统框图。 1.2.4　能起草智能硬件应用系统的硬件开发方案。	3.6 3.7
	1.3　软件开发方案制定	1.3.1　能确定模块电路的软件功能，绘制模块电路的软件功能框图。 1.3.2　能选择合适的智能硬件应用系统软件开发工具，制定完善模块电路的软件开发方案。 1.3.3　能分析智能硬件应用系统的软件功能，起草软件开发方案。	3.4 3.5

（三）以赛促练

以 2020 年 TI 杯大学生电子设计竞赛为例，其 B 题为单相在线式不间断电源设计与制作。

1. 任务

设计并制作交流正弦波在线式不间断电源（UPS），结构框图如图 3 – 35 所示。

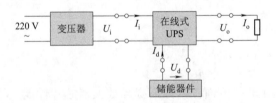

图 3 – 35　在线式不间断电源原理框图

2. 要求

（1）交流供电，$U_i = 36$ V，输出交流电流 $I_o = 1$ A 时，输出交流电压 $U_o = （30 \pm 0.2）$ V，频率 $f = （50 \pm 0.2）$ Hz。

（2）交流供电，$U_i = 36$ V，I_o 在 0.1 ~ 1.0 A 范围变化，负载调整率 $S_I \leq 0.5\%$。

（3）交流供电，$I_o = 1$ A，U_i 在 29 ~ 43 V 范围内变化，电压调整率 $S_U \leq 0.5\%$。

（4）在要求（1）条件下，不间断电源输出电压为正弦波，失真度 THD $\leq 2\%$。

（5）断开交流电源，即时切换至直流（储能器件侧）供电，$U_d = 24$ V，输出交流电流

$I_o = 1$ A 时，输出交流电压 $U_o = (30 \pm 0.2)$ V，频率 $f = (50 \pm 0.2)$ Hz。

（6）直流供电，$U_d = 24$ V，在 $U_o = 30$ V，$I_o = 1$ A 的条件下，使在线式不间断电源效率 η 尽可能高。

（7）其他。

（8）按照表3-8的要求设计报告。

表3-8　在线式不间断电源设计报告评分标准

项目		主要内容	满分
设计报告	方案论证	比较与选择，方案描述	3
	理论分析与计算	提高效率的方法，稳压控制方法等	6
	电路与程序设计	主回路与器件选择，控制电路与控制程序，保护电路	6
	测试方案与测试结果	测试方案及测试条件，测试结果及其完整性，测试结果分析	3
	报告结构及规范性	摘要、设计报告正文结构、公式、图表的规范性	2
		报告总分	20

思考与练习

（一）填空题

1. 直流稳压电源一般是由_____、_____、_____和_____四部分组成。

2. 利用二极管的_____，可组成各种整流电路。

3. 整流电路用来_____转换成为_____。

4. 在单相半波整流电路中，若电源变压器二次电压的有效值为150 V，则负载电压将是_____V。

5. 在单相桥式整流电路中，若负载电流是10 A，则流过每只晶体二极管的电流是_____A。

6. 常见的滤波电路形式有_____滤波电路、_____滤波电路和_____滤波电路等。

7. 在滤波电路中，滤波电容与负载_____，滤波电感器与负载_____。

8. 电容滤波适用于_____场合，电感滤波适用于_____场合。

9. 具有放大环节的串联型稳压电路由_____、_____、_____和_____四部分组成。

10. 串联型稳压电路输出电压的大小由_____决定。

11. 串联型稳压电路中的基准稳压电路由_____和_____组成。

12. 固定式三端集成稳压器的三端是指_____、_____和_____三端。常用的CW78××系列是输出固定_____电压的稳压器，CW79××系列是输出固定_____电压的稳压器。

13. 集成稳压电路按功能可分为_____集成稳压电路和_____集成稳压电路两种，按输出电压极性可分为_____和_____电源两种。

14. 集成稳压器的主要参数有_____、_____和_____。

15. 可调式三端集成稳压器 CW317 的输出电压范围是_____，输出电流范围是_____。

（二）判断题

1. 直流电源是一种能量转换电路，它将交流能量转换成直流能量。　　　　（　　）

2. 整流电路可将正弦电压变为脉动的直流电压。　　　　　　　　　　　（　　）

3. 整流的目的是将高频电流变为低频电流。　　　　　　　　　　　　　（　　）

4. 在变压器副边电压和负载电阻相同的情况下，桥式整流电路的输出电流是半波整流电路输出电流的 2 倍。　　　　　　　　　　　　　　　　　　　　　　（　　）

5. 在单相桥式整流电容滤波电路中，若有一只整流二极管断开，则输出电压平均值变为原来的一半。　　　　　　　　　　　　　　　　　　　　　　　　　　（　　）

6. 直流稳压电源中滤波电路的目的是将交流变为直流。　　　　　　　　（　　）

7. 若 U_2 为变压器副边电压的有效值，则半波整流电容滤波电路和桥式整流电容滤波电路在空载时的输出电压均为 $\sqrt{2}U_2$。　　　　　　　　　　　　　　　　（　　）

8. 串联型线性稳压电路中，调整管与负载串联，且工作于放大区。　　　（　　）

9. 当输入电压和负载电流变化时，稳压电路的输出电压是绝对不变的。　（　　）

10. 电容滤波电路适用于小负载电流，而电感滤波电路适用于大负载电流。（　　）

（三）单选题

1. 将交流电变成单向脉动直流电的电路称为（　　）电路。

A. 变压　　　　　B. 整流　　　　　C. 滤波　　　　　D. 稳压

2. 整流的目的是（　　）。

A. 将交流变为直流　　　　　　B. 将高频变为低频

C. 将正弦波变为方波　　　　　D. 将方波变为正弦波

3. 在单相桥式整流电路中，若有一只整流管接反，则（　　）。

A. 无输出电压　　　　　　　　B. 输出电压不变

C. 整流管将因电流过大而烧坏　D. 变为半波整流

4. 直流稳压电源中滤波电路的目的是（　　）。

A. 将交流变为直流　　　　　　B. 将高频变为低频

C. 将低频变为高频　　　　　　D. 将交直流混合量中的交流成分滤掉

5. 由硅稳压管组成的稳压电路只适用于（　　）的场合。

A. 输出电压可调

B. 输出电压不变、负载电流变化较小

C. 负载电流不变

D. 输出电压可调、负载电流不变

6. 电容滤波电路中，输入交流电压的有效值为 10 V，用万用表测得直流输出电压为 9 V，则说明电路中（　　）。

A. 滤波电路开路　　　　　　　B. 滤波电容短路

C. 负载开路　　　　　　　　　　D. 负载短路

7. 下列型号中属于线性正电源可调输出集成稳压器的是（　　　）。

A. CW7812　　　　B. CW7905　　　　C. CW317　　　　D. CW137

（四）分析计算题

1. 直流稳压电源由哪几部分组成？各组成部分的作用如何？

2. 带放大环节的三极管串联型稳压电路由哪几部分组成？其中稳压二极管的稳压值大小对输出电压有何影响？

3. 图3-36所示单相桥式整流电路，若出现下列几种情况时，会有什么现象？

（1）二极管 VD_1 未接通；

（2）二极管 VD_1 短路；

（3）二极管 VD_1 极性接反；

（4）二极管 VD_1、VD_2 极性均接反；

（5）二极管 VD_1 未接通，VD_2 短路。

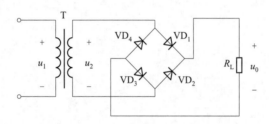

图3-36　分析计算题3和4电路图

4. 单相桥式整流电路如图3-36所示，已知变压器副边电压有效值 $U_2 = 40$ V，负载电阻 $R_L = 2$ kΩ，二极管正向压降忽略不计，试求：

（1）输出电压平均值 $U_{O(AV)}$；

（2）二极管中的电流 I_D 和最高反向工作电压 U_{RM}。

5. 图3-37所示电路为由三端集成稳压器组成的直流稳压电路，试说明各元器件的作用，并指出电路在正常工作时的输出电压值。

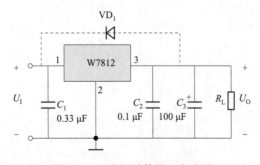

图3-37　分析计算题5电路图

6. 电路如图3-38所示，已知电流 $I_Q = 5$ mA，试求输出电压 $U_O = $？

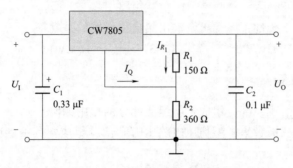

图 3 – 38 分析计算题 6 电路图

项目 4

多数表决器的设计与制作

项目描述

表决器是一种代表投票表决的装置，满足"少数服从多数"的表决原则。本项目是利用组合逻辑电路的设计方法设计并制作具有多数表决功能的电路。首先，介绍了基本逻辑运算、逻辑代数的常用公式、逻辑函数的化简方法、集成门电路的组成及组合逻辑电路的分析和设计方法；然后采用组合逻辑电路的设计方法及门电路的知识，完成相关电路的分析设计、仿真验证以及安装调试。

通过本项目的学习，学生理解相关知识之后，应达成以下能力目标和素养目标。

岗位职业能力

根据工作任务要求，能正确完成多数表决器电路的设计方案并进行仿真验证；根据电子电路装接工艺要求，能正确选用元器件、合理布局电路、规范连接线路，完成多数表决器整机电路的安装和调试，达到产品质量标准。

知识目标

- 熟悉基本逻辑运算和复合逻辑运算。
- 熟悉逻辑代数的常用公式及定理。
- 掌握逻辑函数的公式化简法和卡诺图化简法。
- 掌握组合逻辑电路的分析和设计方法。

技能目标

- 能用逻辑函数化简方法对组合逻辑电路进行化简。
- 能用基本门电路设计和制作简单组合逻辑电路。
- 能正确识读给定芯片的型号并查阅其逻辑功能和引脚图。
- 能根据电子电路装接工艺要求完成组合逻辑电路的安装及调试。

素养目标

- 培养立足长远、脚踏实地、埋头苦干的工作作风。

- 培养学生绿色环保、勤俭节约、注重效率的处事理念。
- 培养科技报国的家国情怀和使命担当。
- 引导学生认识整体与个体的辩证关系。
- 树立正确的劳动观，崇尚劳动、尊重劳动、热爱劳动。
- 提高职业道德和职业修养。

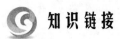 项目引入

在 2020 年的十三届全国人大三次会议、全国政协十三届三次会议上，细心的观众会发现，每个参会代表的桌上都嵌有一个小小的电子表决器，外表简单朴素，看似没有啥特别之处，但它却有着强大的系统核心支撑。表决器只是整套电子表决系统的终端部分，当万人大礼堂内的全体代表按下按键的一瞬间，表决结果便同时在电子屏幕上显示，用时不到 1 s，这是目前世界上规模最大、统计速度最快的表决系统。来自全国各地的参会代表就是使用这套系统对本次两会审议的相关提案和报告进行表决。

为什么电子表决系统能自动排除外界环境干扰、始终保持稳定状态，确保在任何情况下，都能够达到"稳定、可靠、快速、准确"的要求？首要原因是中科信息在数字会议领域不断推进自主创新研发、拥有电子表决系统的完全自主知识产权，确保了每一届党代会、全国两会使用的都是新一代产品，代表了当时最先进的技术；其次是中科信息把国家的需要当作第一号令，每次接到任务后，都会立刻进行严密部署，调集数字会议团队经过数日的精心筹备、认真测试，以过硬的技术与出色的服务全力保障了大会表决事项的安全顺畅进行，向党和国家呈上了一份高质量的答卷。

在当前国家实施科技强国战略的重要时期，作为新世纪的当代大学生，我们有什么理由不以时代的历史使命为己任，把握时代的脉搏，跟上发展的潮流，迎接变革的挑战，从而树立起为时代的发展和人类的进步而贡献的伟大志向？

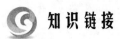 知识链接

4.1 逻辑运算

4.1.1 基本逻辑运算

数字电路要研究的是电路的输入与输出之间的逻辑关系，所以数字电路又称逻辑电路，相应的研究工具是逻辑代数（布尔代数）。逻辑代数中只有三种基本的运算：与运算、或运算、非运算。

1. 与运算

与运算：只有当决定一件事情的所有条件同时具备后，这件事情才会发

逻辑函数

生。我们称这种因果逻辑为与逻辑，如图 4 - 1 所示。

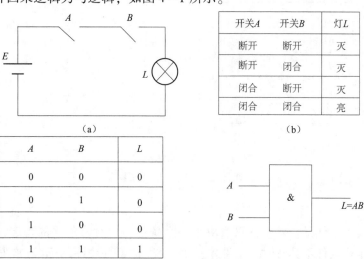

开关A	开关B	灯L
断开	断开	灭
断开	闭合	灭
闭合	断开	灭
闭合	闭合	亮

（a）　　　　　　　　　　　　　（b）

A	B	L
0	0	0
0	1	0
1	0	0
1	1	1

（c）　　　　　　　　　　　　　（d）

图 4 - 1　与逻辑运算

（a）与逻辑示例；（b）与逻辑功能表；（c）与逻辑真值表；（d）与逻辑符号

图 4 - 1（a）和（b）为与逻辑对应的具体事例及功能表，由功能表可知，开关 A 和 B 只有同时闭合时，灯泡 L 才会亮；图 4 - 1（c）和（d）为与逻辑对应的真值表及逻辑符号图。与运算的逻辑表达式为 $L = A \cdot B$，它的运算规则为：

$$0 \cdot 0 = 0;\ 0 \cdot 1 = 0;\ 1 \cdot 0 = 0;\ 1 \cdot 1 = 1$$

可简记：有 0 出 0，全 1 出 1。

2. 或运算

或运算：决定一件事情的有几个条件，若满足其中的一个或一个以上条件时，这件事情就会发生。我们称这种因果逻辑为或逻辑，如图 4 - 2 所示。

图 4 - 2（a）和（b）为或逻辑对应的具体事例和功能表，由功能表可知，开关 A 和 B 只要有一个闭合或都闭合时，灯泡 L 就会亮；图 4 - 2（c）和（d）为或逻辑对应的真值表及逻辑符号图。或运算的逻辑表达式为 $L = A + B$，它的运算规则为：

$$0 + 0 = 0;\ 0 + 1 = 1;\ 1 + 0 = 1;\ 1 + 1 = 1$$

可简记：有 1 出 1，全 0 出 0。

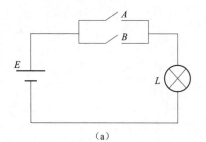

开关A	开关B	灯L
断开	断开	灭
断开	闭合	亮
闭合	断开	亮
闭合	闭合	亮

（a）　　　　　　　　　　　　　（b）

图 4 - 2　或逻辑运算

（a）或逻辑示例；（b）或逻辑功能表

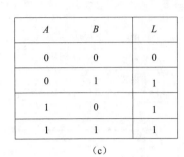
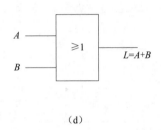

A	B	L
0	0	0
0	1	1
1	0	1
1	1	1

（c）

（d）

图 4 - 2 或逻辑运算（续）

（c）或逻辑真值表；（d）或逻辑符号

3. 非运算

非运算：某个事件是否发生，只取决于一个条件，即对该条件的否定，就是说条件具备时事件不发生；条件不具备时，事件才发生。我们称这种因果逻辑为非逻辑，如图 4 - 3 所示。

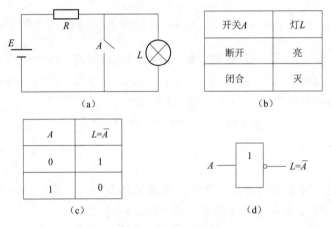

开关 A	灯 L
断开	亮
闭合	灭

（a）

（b）

A	$L=\overline{A}$
0	1
1	0

（c）

（d）

图 4 - 3 非逻辑运算

（a）非逻辑示例；（b）非逻辑功能表；（c）非逻辑真值表；（d）非逻辑符号

图 4 - 3（a）和（b）为非逻辑对应的具体事例和功能表，由功能表可知，开关 A 断开时，灯泡 L 亮；开关 A 闭合时，灯泡 L 灭。图 4 - 3（c）和（d）为非逻辑对应的真值表及逻辑符号图。非运算的逻辑表达式为：

$$L = \overline{A}$$

它的运算规则为：

$$\overline{0} = 1, \quad \overline{1} = 0$$

4.1.2 复合逻辑运算

1. 与非门

如图 4 - 4 所示，图 4 - 4（a）和（b）分别为与非逻辑的真值表和逻辑符号。与非逻辑的逻辑表达式为：

$$L = \overline{AB}$$

它的逻辑功能可简记为：有 0 出 1，全 1 出 0。

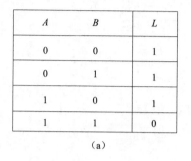

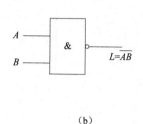

A	B	L
0	0	1
0	1	1
1	0	1
1	1	0

（a）

（b）

图 4 - 4　与非逻辑运算

（a）与非逻辑真值表；（b）与非逻辑符号

2. 或非门

图 4 - 5（a）和（b）分别为或非逻辑的真值表和逻辑符号。或非逻辑的逻辑表达式为：

$$L = \overline{A + B}$$

它的逻辑功能可简记为：有 1 出 0，全 0 出 1。

A	B	L
0	0	1
0	1	0
1	0	0
1	1	0

（a）

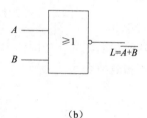

（b）

图 4 - 5　或非逻辑运算

（a）或非逻辑真值表；（b）或非逻辑符号

3. 异或门

图 4 - 6（a）和（b）分别为异或逻辑的真值表和逻辑符号。异或逻辑的逻辑表达式为：

$$L = A \oplus B$$

它的逻辑功能可简记为：相异出 1，相同出 0。

异或门常用于判断两路输入信号的电平是否相同；如果相同，则输出 0，否则，输出 1。

4. 同或门

图 4 - 7（a）和（b）分别为同或逻辑的真值表和逻辑符号。同或逻辑的逻辑表达式为：

$$L = A \odot B$$

A	B	L
0	0	0
0	1	1
1	0	1
1	1	0

(a)

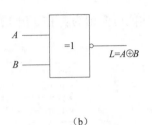

(b)

图 4 - 6 异或逻辑运算

(a) 异或逻辑真值表；(b) 异或逻辑符号

A	B	L
0	0	1
0	1	0
1	0	0
1	1	1

(a)

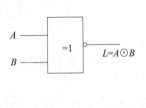

(b)

图 4 - 7 同或逻辑运算

(a) 同或逻辑真值表；(b) 同或逻辑符号

它的逻辑功能可简记为：相同出 1，相异出 0。

同或门的逻辑真值表刚好为异或门的非，即：

$$L = A \odot B = \overline{A \oplus B}$$

4.1.3 逻辑代数的常用公式

由逻辑运算内容可知，基本运算关系分为与、或、非三种，而逻辑代数又是建立在二进制数基础上的，因此它们的运算结果只有 0 和 1 两种取值状态，结果如表 4 - 1 所示。

逻辑代数的
公式和定律

表 4 - 1 逻辑常量间的运算

与运算	或运算	非运算
$0 \cdot 0 = 0$	$0 + 0 = 0$	$\overline{1} = 0$
$0 \cdot 1 = 0$	$0 + 1 = 1$	$\overline{0} = 1$
$1 \cdot 0 = 0$	$1 + 0 = 1$	
$1 \cdot 1 = 1$	$1 + 1 = 1$	

由于逻辑变量的取值只有 0 和 1 两种状态，因此可以将上表中的常量替换成变量 A，由此得到变量与常量的逻辑运算关系如表 4 - 2 所示。

表 4 − 2　变量与常量间的运算

与运算	或运算	非运算
$A \cdot 0 = 0$	$A + 0 = A$	
$A \cdot 1 = A$	$A + 1 = 1$	$\overline{\overline{A}} = A$
$A \cdot A = A$	$A + A = A$	
$A \cdot \overline{A} = 0$	$A + \overline{A} = 1$	

4.1.4　逻辑代数的基本定律

作为一门代数学科，逻辑代数也具有其他代数的三大定律——交换律、结合律和分配律，如表 4 − 3 所示。在运算过程中遵循非、与、或由高到低的优先级顺序。需要注意的是，逻辑代数的分配律形式与传统代数的分配律形式是有明显差别的。

表 4 − 3　交换律、结合律和分配律

交换律	结合律	分配律
$A \cdot B = B \cdot A$	$(AB) C = A (BC)$	$A (B + C) = AB + AC$
$A + B = B + A$	$A + (B + C) = (A + B) + C$	$A + BC = (A + B) (A + C)$

相比于其他代数学，逻辑代数还具有自己独特的定律——吸收律、反演律（又叫作摩根定律），如表 4 − 4 所示。其中，摩根定律在逻辑代数的化简变形中使用频率很高。

表 4 − 4　独特定律

吸收律	反演律（摩根定律）
$A + AB = A$	$\overline{AB} = \overline{A} + \overline{B}$
$AB + A\overline{B} = A$	$\overline{A + B} = \overline{A} \cdot \overline{B}$
$A (A + B) = A$	
$AB + \overline{A}C + BC = AB + \overline{A}C$	
$A + \overline{A}B = A + B$	

上述提到的定律均可以用多种方法证明，这里分别给出吸收律和摩根定律的证明过程。

【例 4 − 1】　证明 $AB + \overline{A}C + BC = AB + \overline{A}C$。

证明：$AB + \overline{A}C + BC = AB + \overline{A}C + (A + \overline{A}) BC$

$\qquad = AB + \overline{A}C + ABC + \overline{A}BC$

$\qquad = AB (1 + C) + \overline{A}C (1 + B)$

$\qquad = AB + \overline{A}C$

【例 4 − 2】　证明 $\overline{AB} = \overline{A} + \overline{B}$。

证明：用真值表证明，证明过程如表 4 − 5 所示。

表 4 − 5　摩根定律证明过程

A	B	$Y_1 = \overline{A \cdot B}$	$Y_2 = \overline{A} + \overline{B}$
0	0	1	1

A	B	$Y_1 = \overline{A \cdot B}$	$Y_2 = \overline{A} + \overline{B}$
0	1	1	1
1	0	1	1
1	1	0	0

4.2　逻 辑 函 数

各种逻辑关系中，输入与输出之间的函数关系，称为逻辑函数。其表示为 $Y = F$（A，B，$C\cdots$），输入变量和输出的取值只有 0 和 1 两种状态，这种函数称为二值逻辑函数。

4.2.1　逻辑函数的表示方法

逻辑函数常用的表示方法有四种：逻辑真值表、逻辑代数式、逻辑电路图和卡诺图。下面对这四种表示方法逐一介绍之。

（1）逻辑真值表表示法，可参照表 4 – 5 所示，通常将输入变量（A，B）放在表格的左侧，输出变量（Y_1 或 Y_2）放在表格的右侧，将输入变量的不同组合与所对应的输出变量值用列表的方式一一对应列出。因此，如果有 n 个输入变量，那么就有 2^n 种组合。

（2）逻辑代数式表示法，例如表示一个异或的逻辑关系，输入变量用 A、B 表示，输出变量用 Y 表示，即 $Y = A \oplus B = \overline{A}B + A\overline{B}$。

（3）逻辑电路图表示法，即采用各种逻辑符号将输入变量和输出变量连接起来的电路图，如图 4 – 8 所示。

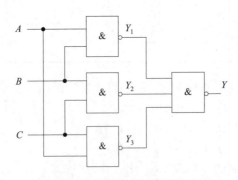

图 4 – 8　三输入变量的逻辑电路图

（4）卡诺图表示法，将真值表或逻辑函数式用一个特定的方格图表示，称为卡诺图，如图 4 – 9 所示。卡诺图的具体使用方法在本节后面会详细介绍。

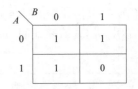

图 4 – 9　二输入变量的卡诺图

4.2.2　逻辑函数的最简形式

逻辑函数的
最简形式

对于同一逻辑函数，它可能存在着难易复杂度不同的表达式，从而造成实现的电路也不同。形式简单的表达式意味着可以用最简的电路，最少的元器件实现可靠的逻辑功能。因此在逻辑电路设计时应该考虑对复杂逻辑函数进行化简。

经过化简后的逻辑函数主要有以下几种形式：

与 – 或表达式：
$$F = AB + A\overline{C} \tag{4-1}$$

或 – 与表达式：
$$F = (A + B)(A + \overline{C}) \tag{4-2}$$

与非 – 与非表达式：
$$F = \overline{\overline{AB} \cdot \overline{A\overline{C}}} \tag{4-3}$$

或非 – 或非表达式：
$$F = \overline{\overline{A + B} + \overline{A + C}} \tag{4-4}$$

与或非表达式：
$$F = \overline{\overline{AB} + \overline{AC}} \tag{4-5}$$

在上述表达式中，最为基础的是与 – 或表达式，通过它又可以将复杂逻辑函数转换成其他最简形式，因此我们重点分析将逻辑函数化简成最简与 – 或表达式。所谓与 – 或式，是若干与项（逻辑乘项）通过或运算形式的逻辑函数表达式。它具有两个明显特征：

（1）与项的个数最少。

（2）与项中的变量数最少。

4.2.3　逻辑函数的公式化简法

代数化简法

公式化简法又叫作代数化简法，是利用逻辑函数的公式和定律来简化复杂逻辑函数。

1. 合并项法

利用公式 $A + \overline{A} = 1$ 和 $AB + A\overline{B} = A$ 将两项合并为一项。

【例 4 – 3】 化简 $ABC + \overline{A}BC + B\overline{C}$。

解：$ABC + \overline{A}BC + B\overline{C} = BC(A + \overline{A}) + B\overline{C}$
$$= BC \cdot 1 + B\overline{C} = B(C + \overline{C}) = B$$

因此 $ABC + \overline{A}BC + B\overline{C} = B$，化简完毕。

【例 4 – 4】 化简 $A(BC + \overline{B}\,\overline{C}) + A(B\overline{C} + \overline{B}C)$。

解：$A(BC + \overline{B}\,\overline{C}) + A(B\overline{C} + \overline{B}C) = ABC + A\overline{B}\,\overline{C} + AB\overline{C} + A\overline{B}C$
$$= (ABC + AB\overline{C}) + (A\overline{B}\,\overline{C} + A\overline{B}C) = AB + A\overline{B} = A$$

因此 $A(BC + \overline{B}\,\overline{C}) + A(B\overline{C} + \overline{B}C) = A$，化简完毕。

2. 吸收法

常使用公式 $A + AB = A$ 和 $AB + \overline{A}C + BC = AB + \overline{A}C$，从而消去多余的项。

【例 4 – 5】 化简 $AC + A\overline{B}CD + ABC + \overline{C}D$。

解：$AC + A\overline{B}CD + ABC + \overline{C}D$ 中，可以将 AC 看成是 "A"，$\overline{B}D$ 看成是 "B"，因此 $AC + A\overline{B}CD = AC$，故 $AC + A\overline{B}CD + ABC + \overline{C}D = AC + ABC + \overline{C}D = AC + \overline{C}D$。

【例4-6】化简 $A + \overline{\overline{B} + \overline{CD}} + \overline{\overline{ADB}}$。

解： $A + \overline{\overline{B} + \overline{CD}} + \overline{\overline{ADB}} = A + BCD + AD + B$

$$= (A + AD) + (B + BCD) = A + B$$

因此 $A + \overline{\overline{B} + \overline{CD}} + \overline{\overline{ADB}} = A + B$，化简完毕。

3. 消去法

常用公式 $A + \overline{A}B = A + B$ 消去逻辑函数中多余的因子。

【例4-7】化简 $BA + \overline{B}D + \overline{A}D$。

解： $BA + \overline{B}D + \overline{A}D = BA + D(\overline{B} + \overline{A})$

$$= BA + D\overline{BA} = BA + D$$

因此 $BA + \overline{B}D + \overline{A}D = BA + D$。

4. 配项法

有时可以将某一乘积项乘以 $(A + \overline{A})$，将一项扩展成为两项，或者用 $AB + \overline{A}C = AB + \overline{A}C + BC$ 增加多余的 BC 项，再配合其他项利用前面的化简法进行化简。

【例4-8】化简 $AB + \overline{B}\,\overline{C} + A\,\overline{C}D$。

解： $AB + \overline{B}\,\overline{C} + A\,\overline{C}D = AB + \overline{B}\,\overline{C} + A\,\overline{C}D(B + \overline{B})$

$$= AB + \overline{B}\,\overline{C} + AB\,\overline{C}D + A\,\overline{B}\,\overline{C}D$$

$$= AB(1 + \overline{C}D) + \overline{B}\,\overline{C}(1 + AD) = AB + \overline{B}\,\overline{C}$$

化简完毕。

在使用代数法进行逻辑函数化简时，时常不能通过一两种方法完成化简，而是需要以上四种方法综合应用才能达到化简目的。我们通过下面的例子来综合应用代数化简法化简逻辑函数。

【例4-9】化简函数 $F = AB + B\overline{D} + A\,\overline{C} + \overline{B}C + \overline{B}D + B\,\overline{C} + ADE(F + G)$。

解：
$$F = A(B + \overline{C}) + \overline{B}C + \overline{B}D + B\overline{D} + B\,\overline{C} + ADE(F + G)$$

$$= A\overline{\overline{B}C} + \overline{B}C + \overline{B}D + B\overline{D} + B\,\overline{C} + ADE(F + G) \qquad (反演律)$$

$$= A + \overline{B}C + \overline{B}D + B\overline{D} + B\,\overline{C} + ADE(F + G) \qquad (吸收法)$$

$$= A + \overline{B}C + \overline{B}D + B\overline{D} + B\,\overline{C} + C\,\overline{D} \qquad (吸收、配项法)$$

$$= A + \overline{B}D + B\,\overline{C} + C\,\overline{D} \qquad (吸收法)$$

在用公式法化简逻辑函数时，需要灵活地、交替地使用合并项法、吸收法、消去法和配项法，才能得到最后的化简结果。化简虽然过程简单，但是直观性较差，需要一定的化简技巧。

4.2.4 逻辑最小项及其表达式

在介绍卡诺图之前，必须要先了解什么是函数的逻辑最小项。

1. 最小项的概念

假如逻辑函数是由 n 个不同的变量组成的，这些变量（无论是原变量还是反变量均可）通过与运算结合成"乘积项"，每个变量在乘积项中仅出现一次，那么这种乘积项就称为逻辑函数最小项。例如：A 和 B 两个变量，则

最小项的
概念和形式

它们共有 4 个最小项，它们分别是 AB、$\bar{A}B$、$A\bar{B}$ 和 $\bar{A}\bar{B}$；A、B、C 三个逻辑变量，则它们共有 8 个最小项，分别是 ABC、$\bar{A}BC$、$A\bar{B}C$、$AB\bar{C}$、$\bar{A}\bar{B}C$、$A\bar{B}\bar{C}$、$\bar{A}B\bar{C}$、$\bar{A}\bar{B}\bar{C}$。由此可以推算出具有 n 个变量的逻辑函数，共有 2^n 个最小项。

2. 最小项的性质

（1）在输入变量的任何取值下必有一个且仅有一个最小项的值为 1。

（2）全体最小项之和为 1。

（3）某一最小项若不包含在 F 中，则必在 $\bar{F}$ 中。

（4）任意两个最小项的乘积为 0。

（5）具有相邻性的两个最小项之和可以合并成一项并消去一对因子。

3. 最小项的表示法

随着变量数量的增加，上述最小项的表示非常繁杂，因此我们需要一种简洁的表示方法。通常用符号 m_i 来表示最小项。下标 i 是把最小项中的原变量记为 1，反变量记为 0，当变量顺序确定后，可以按顺序排列成一个二进制数，则与这个二进制数相对应的十进制数，就是这个最小项的下标 i。

例如 3 个变量 A、B、C 的 8 个最小项可以分别表示为：

$$m_0 = \bar{A}\,\bar{B}\,\bar{C}, \quad m_1 = \bar{A}\,\bar{B}C, \quad m_2 = \bar{A}B\,\bar{C}, \quad m_3 = \bar{A}BC$$
$$m_4 = A\,\bar{B}\,\bar{C}, \quad m_5 = A\,\bar{B}C, \quad m_6 = AB\,\bar{C}, \quad m_7 = ABC$$

那么，我们可以利用最小项的表达方式来描述逻辑函数。

【例 4 – 10】 $F = \bar{A}\,\bar{B}\,\bar{C} + \bar{A}\,\bar{B}C + A\,\bar{B}C + ABC$

$$= m_0 + m_1 + m_5 + m_7$$
$$= \sum m(0,1,5,7)$$

4. 最小项的表达式

任意逻辑函数都可以表示成唯一的一组最小项之和，称为标准与或表达式，又称为最小项表达式。对于不是最小项表达式的与或表达式，可利用公式 $A + \bar{A} = 1$ 和 $A(B+C) = AB + AC$ 来将对应项展开成最小项表达式。

【例 4 – 11】 写出 $F = \bar{A} + BC$ 的最小项表达式。

解： $F = \bar{A}(B+\bar{B})(C+\bar{C}) + (A+\bar{A})BC$

$$= \bar{A}BC + \bar{A}B\bar{C} + \bar{A}\bar{B}C + \bar{A}\bar{B}\bar{C} + ABC + \bar{A}BC$$
$$= \bar{A}\,\bar{B}\,\bar{C} + \bar{A}\,\bar{B}C + \bar{A}B\,\bar{C} + \bar{A}BC + ABC$$
$$= m_0 + m_1 + m_2 + m_3 + m_7$$
$$= \sum m(0,1,2,3,7)$$

4.2.5　逻辑函数的卡诺图化简法

1. 卡诺图表示逻辑函数

将逻辑函数真值表中的最小项重新排列成矩阵形式，并且使矩阵横方向和纵方向的逻辑变量的取值按照格雷码的顺序排列，这样构成的图形就是卡诺图。如果逻辑函数由 A、B、C 三变量构成，则分成 AB 一组，C 一组；如

卡诺图

果是 A、B、C、D 四变量，则分成 AB 一组，CD 一组。每一组变量取值组合按格雷码的规则排列。所谓格雷码，是相邻两组之间只有一个变量值不同的编码，例如，两变量的 4 种取值组合按 00→01→11→10 排列。注意，所谓相邻，是指包含头、尾两组，即 00 和 10 也是相邻的。表 4-6 给出了 2~4 个变量格雷码的排列。

表 4-6　常见变量的格雷码排列

A	B	A	B	C	A	B	C	D
0	0	0	0	0	0	0	0	0
0	1	0	0	1	0	0	0	1
1	1	0	1	1	0	0	1	1
1	0	0	1	0	0	0	1	0
		1	1	0	0	1	1	0
		1	1	1	0	1	1	1
		1	0	1	0	1	0	1
		1	0	0	0	1	0	0
					1	1	0	0
					1	1	0	1
					1	1	1	1
					1	1	1	0
					1	0	1	0
					1	0	1	1
					1	0	0	1
					1	0	0	0

由此表我们可以画出对应卡诺图的一般形式：

根据表 4-6 和图 4-10~图 4-12 所示，图中的变量取值对应着表中的各取值，m_i 则是逻辑函数各最小项在卡诺图中的位置。

图 4-10　两变量卡诺图

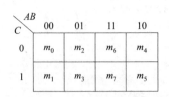

图 4-11　三变量卡诺图　　　图 4-12　四变量卡诺图

以上形式是卡诺图的一般形式，在逻辑函数中，每个最小项的值只能取 0 和 1 两个状态，因此我们可以将最小项的取值填入对应的方格中，得到逻辑函数的卡诺图表示方法。

【例 4-12】如图 4-13 所示，一个 3 变量的逻辑函数的最小项表达式为 $F(A,B,C) =$

$\sum m(1,3,5,6)$，在 m_1、m_3、m_5、m_6 所在的小方格填 1，其余各小方格填 0。填 1 的小方格称为 1 格，填 0 的小方格称为 0 格。

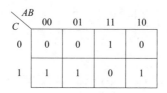

图 4 – 13　三变量卡诺图的标准形式

2. 卡诺图合并最小项的规律

吸收律的公式 $AB + A\overline{B} = A$ 表明，如果一个变量以原变量和反变量的形式出现在两个与项中（如公式中的 B 和 $\overline{B}$），除它们以外的部分完全相同，则两个与项可以合并为一项，该项由相同部分的变量组成（如 A）。因此可以得出以下卡诺图合并多余项的规律。

（1）两个相邻最小项的合并：卡诺图中两个相邻的 1 格可以合并成一个与项，消去一个变量。

在图 4 – 14（a）中，相邻的两个最小项是 $\overline{A}\,\overline{B}\,\overline{C}$ 和 $\overline{A}B\,\overline{C}$，可以看成 B 和 $\overline{B}$ 是公式的一个原变量和反变量，乘积项剩余的部分都是 $\overline{A}\,\overline{C}$，因此根据公式 $AB + A\overline{B} = A$，两个与项可以合并成一项为 $\overline{A}\,\overline{C}$，从而消去了 B 变量。用同样的方法可以分别将图 4 – 14（b）和图 4 – 14（c）的两个最小项合并成 $\overline{B}\,\overline{C}$ 和 AB。

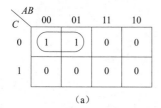 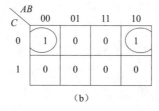 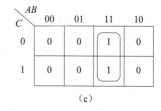

图 4 – 14　两个相邻最小项的合并举例

（a）$F = \overline{A}\,\overline{C}$；（b）$F = \overline{B}\,\overline{C}$；（c）$F = AB$

因此合并两个最小项是将表示相同函数值（1 或 0）的两个相邻小方格用圈画成一个整体，消去产生变化的变量。

（2）4 个相邻最小项的合并：卡诺图中 4 个相邻的 1 格可以合并成一个与项，消去两个变量。

4 个相邻 1 格圈在一起，可以合并为一项，图 4 – 15（a）中 B 和 C 变量表现出 0、1 的变化，因此消去它们，得到 $\overline{A}$。图 4 – 15（b）中 4 个 1，A 和 B 变量表现出 0、1 变化，因此最后剩下 C，图 4 – 15（c）中，由此分析可以消去 A 和 C 两个变量，剩余 $\overline{B}$。

（3）8 个相邻最小项的合并：卡诺图中 8 个相邻 1 格可以合并成一个与项，消去 3 个变量。

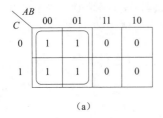 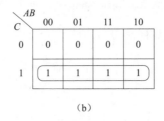 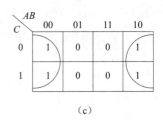

(a) (b) (c)

图 4 – 15 4 个相邻最小项的合并举例

(a) $F = \bar{A}$；(b) $F = C$；(c) $F = \bar{B}$

如图 4 – 16 所示，本例中分别有两组 8 个相邻的 1 格，分别是 1 号圈和 2 号圈，可以看出 1 号圈的 A、B、C 变量均有 0、1 的变化，所以消去，只剩下 $\bar{D}$；2 号圈中 A、C、D 变量均有 0、1 的变化，所以消去后剩下 B 变量。

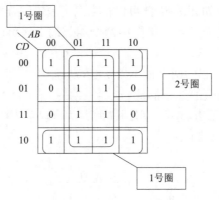

$F = \bar{D}$ （1 号圈），$F = B$ （2 号圈）

图 4 – 16 8 个相邻最小项的合并举例

3. 卡诺图化简逻辑函数

了解了卡诺图合并最小项的规律以后，我们就可以用其来化简复杂逻辑函数了。化简过程中，采用圆圈合并最小项的方法，合并圈的数目等于函数化简后乘积项的数目，每个合并圈应尽可能地扩大。

卡诺图化简法

用卡诺图化简的步骤如下：

（1）画出逻辑函数的卡诺图，并且存在最小项的方格填 1，其余填 0（可省略）。

（2）用圆圈圈出所有相邻的 1 格。

（3）将每个圈中有 0、1 变化的变量消去，保留剩余部分，最后将所有的与项相加，得到最简形式。

合并圈遵循的原则：

◆ 画出最大的圈，但每个圈内只能含有 2^n 个相邻项。

◆ 圈的总数要最少，每个圈中至少有 1 个最小项未在其他圈中。

◆ 所有的 1 格对应的最小项必须在圈中。

【例 4 – 13】 化简函数 $F(A,B,C,D) = \sum m(0,2,5,6,7,9,10,14,15)$。

解：（1）画出卡诺图，0、2、5、6、7、9、10、14、15 最小项对应位置填 1 格，其余不填，如图 4 – 17 所示。

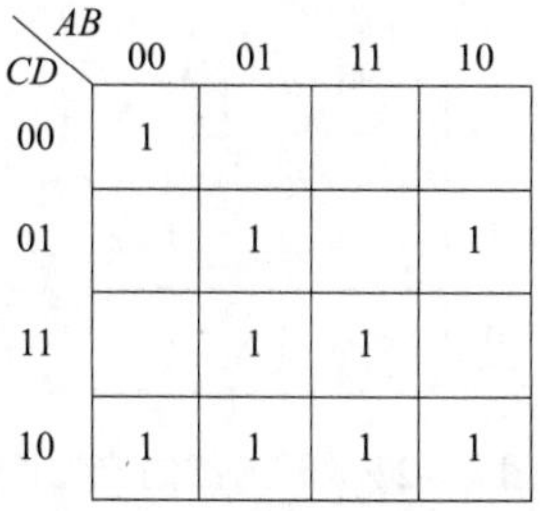

CD\\AB	00	01	11	10
00	1			
01		1		1
11		1	1	
10	1	1	1	1

图 4 – 17　未化简函数 F（A，B，C，D）的卡诺图

（2）圈出没有相邻最小项的孤立项，如图 4 – 18 所示。

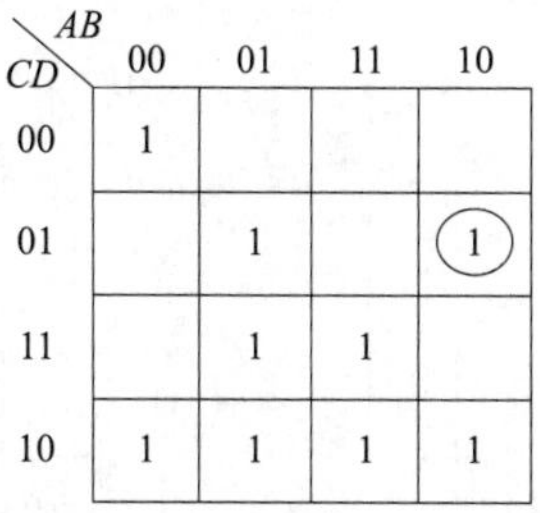

CD\\AB	00	01	11	10
00	1			
01		1		(1)
11		1	1	
10	1	1	1	1

图 4 – 18　圈出孤立项对应的 1

（3）画出其他的圈，注意首先尽量画出最大的圈，并保证所有的 1 格都在某一个圈内，注意左上角（$\overline{A}\,\overline{B}\,\overline{C}\,\overline{D}$）位置的最小项对应的 1 格不是一个孤立 1 格，因为对应的左下角（$\overline{A}\,B\,\overline{C}\,\overline{D}$）位置的最小项与其是相邻的，如图 4 – 19 所示。

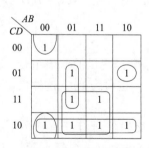

图 4 – 19　完整的合并圈

（4）按卡诺图合并最小项的规律依次消去所有圈内有 0、1 变化的多余变量，就可以得到最终化简的逻辑函数：

$$F（A，B，C，D）= A\,\overline{B}\,\overline{C}D + \overline{A}\,\overline{B}\,\overline{D} + \overline{A}BD + C\overline{D} + BC$$

再来看一个例子。

【例 4 – 14】 利用卡诺图化简法化简函数 $F(A,B,C,D) = \sum m(0,2,5,6,7,8,9,10,11,$

14,15）。

解：（1）画出原函数的卡诺图，如图4-20所示。

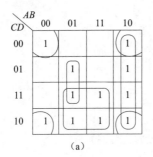

图4-20 原函数的卡诺图

（2）按孤立、最大的顺序画出合并圈，如图4-21所示。

图4-21（b）的画法比图4-21（a）多出一个圈，因此不是最优画法，我们采用图4-21（a）的合并圈画法。

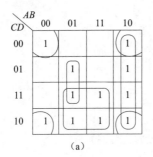

（a）　　　　　　　（b）

图4-21 两种不同的画圈法

（3）消去多余项得：

$$F(A, B, C, D) = \overline{A}BD + \overline{B}\,\overline{D} + A\,\overline{B} + BC$$

即为该函数的最简形式。

4. 带有约束项的卡诺图化简

在某些实际问题或者实际电路中，变量的取值组合永远不会出现，或者一旦出现则取值是任意的（可为0，也可为1），这种最小项称为约束项（也叫作任意项或无关项）。

具有约束项的
卡诺图化简

【例4-15】 在日常生活中，交通信号灯拥有红色、绿色和黄色三种状态，交通规则规定红灯亮起，车停止运行；绿灯亮起，车运行；黄灯亮起，车应该减速，越过停止线的车辆可继续前进，而没有到达停止线的车辆则该停止。

解：如果用A、B、C三个变量表示红灯、绿灯和黄灯，灯亮为1，灯灭为0。车用D表示，车行则$D=1$，车停止则$D=0$。该函数的取值如表4-7所示。

表4-7 交通信号灯

A	B	C	D
0	0	0	×

续表

A	B	C	D
0	0	1	0
0	1	0	1
0	1	1	×
1	0	0	0
1	0	1	×
1	1	0	×
1	1	1	×

【例 4 – 16】化简 $F(A,B,C,D) = \sum m(0,2,5,9,15) + \sum d(6,7,8,10,12,13)$。

解：画出卡诺图，如图 4 – 22 所示。

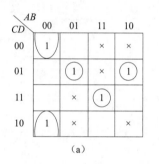 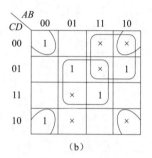

图 4 – 22　带约束项的卡诺图

合理地利用约束项的取值，可以比较图 4 – 22（a）和图 4 – 22（b）两个卡诺图的合并圈，很明显图 4 – 22（b）的化简策略更好，圈数量更少，也符合圈越大越好的规律，所以我们采用图 4 – 22（b）来化简函数。

消去多余的项，得：

$$F = \overline{B}\,\overline{D} + A\,\overline{C} + BD$$

4.3　TTL 集成门电路

集成门电路按其内部有源器件的不同，可以分为 TTL 门电路和 CMOS 门电路。

4.3.1　TTL 与非门电路

（一）电路的结构组成

TTL 与非门电路是 TTL 集成门电路中广泛使用的一种门电路。图 4 – 23（a）给出了 74LS 系列 TTL 与非门的典型电路。由于这种电路的输入端和输出端均为三极管结构，故称

为三极管 – 三极管逻辑电路（Transistor – Transistor – Logic），简称 TTL 电路。

图 4 – 23（a）所示电路由三部分组成：VT_1、R_1、D_1 和 D_2 组成的输入级，VT_2、R_2 和 R_3 组成的倒相级，VT_3、VT_4、D_3 和 R_4 组成的输出级。需要注意的是，输入端为多发射极三极管，它可以看成是两个发射极独立而基极和集电极分别并联在一起的三极管，如图 4 – 23（b）所示。

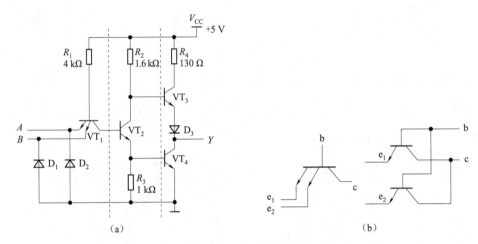

图 4 – 23　TTL 与非门电路

（二）电路的工作原理

设电源电压 $V_{CC} = +5$ V，二极管导通电压 $U_D = 0.7$ V。

当 A 或 B 任一端输入低电平（设 $U_{IL} = 0.3$ V）时，VT_1 的发射结导通，导通后 VT_1 的基极电位被钳在 $V_{B1} = U_{IL} + U_D = 1$ V。因此，VT_2 的发射结不导通。VT_1 的集电极回路电阻等于 R_2 与 VT_2 的 b – c 结反向电阻之和，VT_1 工作在深度饱和状态，此时 VT_1 的集电极电流很小。VT_2 截止，VT_2 的集电极电位 V_{C2} 为高电平，而 V_{E2} 为低电平，从而使 VT_3 导通、VT_4 截止，最终输出端 Y 的电压 $u_o = V_{CC} - U_{BE3} - U_D = 3.6$ V，输出为高电平。

当 A 和 B 都输入高电平（$U_{IH} = 3.6$ V）时，若不考虑 VT_2 的存在，则有 $V_{B1} = U_{IH} + U_D = 4.3$ V。显然，在有 VT_2 和 VT_4 的情况下，VT_2 和 VT_4 必然会同时导通，导通后 VT_1 的基极电压会被钳在 $V_{B1} = U_{BC1} + U_{BE2} + U_{BE3} = 2.1$ V。此时，VT_1 的各电极电压大小为 $V_{E1} = 3.6$ V，$V_{B1} = 2.1$ V，$V_{C1} = 1.4$ V，$V_{E1} > V_{B1} > V_{C1}$，VT_1 工作在倒置状态，三极管无电流放大作用，VT_1 的集电极电流很小。VT_2 和 VT_4 导通后，会使 VT_4 的基极电位钳在 $V_{B4} \approx 0.7$ V，$V_{C2} = V_{E2} + 0.3$ V $= V_{B4} + 0.3$ V $= 1$ V。而 $V_{B3} = V_{C2} = 1$ V，它不足以使 VT_3 和 D_3 同时导通。所以，输出级的 VT_3 截止，VT_4 导通。输出电压 $u_o = V_{C4} \approx 0.3$ V。

由上述的分析过程可以看出，当 A、B 有一个为低电平（逻辑 0）时，Y 输出高电平（逻辑 1）；当 A、B 都为高电平（逻辑 1）时，Y 输出低电平（逻辑 0），符合与非门的逻辑真值表。因此，该电路的逻辑表达式为 $Y = \overline{AB}$。

二极管 D_1 和 D_2 的作用是负极性输入信号的钳位，该二极管可对输入的负极性干扰脉冲进行有效的抑制，以保护集成电路的输入端不会因负极性输入脉冲的作用，引起 VT_1 发射结的过流而损坏。D_3 的作用是提高 VT_3 发射极的电位，以确保 VT_4 饱和导通，VT_3 可靠地截止。

（三）门电路的主要技术参数

1. 电压传输曲线

若把图 4 – 23 所示电路的输出电压随输入电压的变化用曲线描绘出来，就可得到如图 4 – 24 所示的电压传输曲线。由图 4 – 24 可知，电压传输特性曲线由 AB、BC、CD、DE 四段组成。

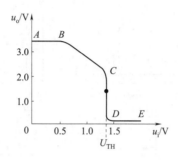

图 4 – 24　TTL 反相器电压传输特性

（1）AB 段：当 $u_i < 0.7$ V 时，$V_{B1} < 1.4$ V，VT_2 和 VT_4 截止，VT_3 导通，输出为高电平 $U_{OH} = 3.6$ V。AB 段曲线称为截止区。

（2）BC 段：当 0.7 V $< u_i < 1.3$ V 时，VT_2 导通，VT_4 截止，这时 VT_2 工作在放大区，随着 u_i 的升高，输出电压 u_o 将线性地下降。BC 段曲线称为线性区。

（3）CD 段：当 1.3 V $< u_i < 1.5$ V，VT_2 和 VT_4 将同时导通，VT_3 将迅速截止，输出电压 u_o 迅速下降为低电平，输出电压在该段曲线的中点发生转折跳变，故该段曲线描述的工作区称为转折区。转折区中点对应的电压称为反相器的阈值电压或门槛电压，用 U_{TH} 表示，通常 $U_{TH} \approx 1.4$ V。

（4）DE 段：当 $u_i > 1.5$ V 时，相当于输入高电平的信号，VT_3 截止，VT_4 导通，输出为低电平 U_{OL}，DE 段曲线称为饱和区。

2. 噪声容限

从电压传输特性曲线图可以看出，当输入信号偏离正常的低电平（0.3 V）而升高时，输出的高电平并不立即改变。同样，当输入信号偏离正常的高电平（3.6 V）而降低时，输出的低电平也不会马上改变。因此，存在允许的一个噪声容限，即保证输出高、低电平基本不变的条件下，允许输入的电平有一定的波动范围。输入电平的允许波动范围称为输入端噪声容限。

图 4 – 25 给出了噪声容限的计算方法。因为将许多门电路相互连接组成系统时，前一级门电路的输出就是后一级门电路的输入。因此根据输出高电平的最小值 $U_{OH(min)}$ 和输入高电平的最小值 $U_{IH(min)}$ 就可求出输入为高电平时的噪声容限为：

$$U_{NH} = U_{OH(min)} - U_{IH(min)} \qquad (4-6)$$

同理，根据输出低电平的最大值 $U_{OL(max)}$ 和输入低电平的最大值 $U_{IL(max)}$ 可求得输入为低电平时的噪声容限为：

$$U_{NL} = U_{IL(max)} - U_{OL(max)} \qquad (4-7)$$

74 系列门电路的典型参数为 $U_{OH(min)} = 2.4$ V，$U_{OL(max)} = 0.4$ V，$U_{IH(min)} = 2.0$ V，$U_{IL(max)} = 0.8$ V。故可得 $U_{NH} = 2.4$ V $- 2.0$ V $= 0.4$ V，$U_{NL} = 0.8$ V $- 0.4$ V $= 0.4$ V。

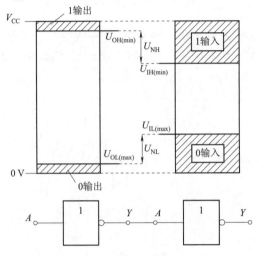

图 4 – 25　输入端噪声容限示意图

4.3.2　TTL 集成门电路系列

TTL 与非门工作
原理及应用

如图 4 – 26 所示，分别为 74 系列的 2 种 TTL 与非门集成电路的引脚图。其中 74LS00 含有 4 个 2 输入端的与非门，而 74LS20 含有 2 个 4 输入端的与非门。每片集成电路内的各个逻辑门相互独立，可以单独使用，但电源正极 V_{CC} 和电源负极 GND 的引脚是共用的。以 74LS00 为例，若将 1 脚和 2 脚作为 A、B 输入，3 脚为输出，设为 Y，则满足 $Y = \overline{AB}$。

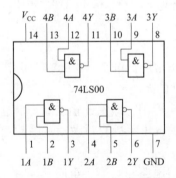
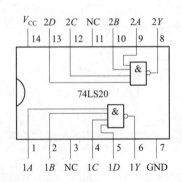

图 4 – 26　两种 TTL 与非门集成电路引脚图
(a) 74LS00；(b) 74LS20

特殊逻辑功能
TTL 门电路

TTL 门电路的定型产品中除了与非门外，还有或非门和异或门等常见的类型。另外，还有几种特殊逻辑功能的门电路，即 OC 门（集电极开路的门电路）和 TS 门（三态门，它们均是在与非门电路的基础上改动得到的），如图 4 – 27 和图 4 – 28 所示。其中，OC 门是一种能够实现线与逻辑的电路，能将多个门电路的输出端并联起来使用。使用 OC 门时，为保证电路正常工作，必须外接一个上拉电阻 R_L 与电源 V_{CC} 相连。TS 门电路主要应用于多个门输出共享数据总线，为避免多个门输出同时占用数据总线，这些门的使能信号（EN）中只允许有一个为有效电平。

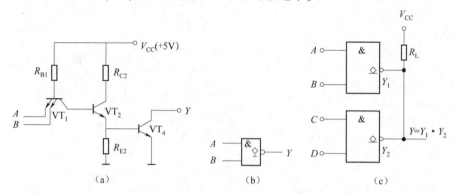

图 4 – 27　OC 与非门电路及符号

（a）电路结构；（b）逻辑符号；（c）OC 门的线与

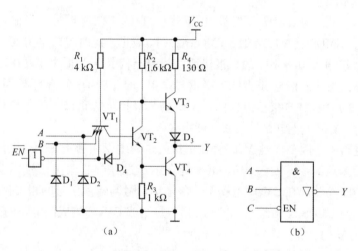

图 4 – 28　TS 门电路

（a）电路结构；（b）逻辑符号

4.4　CMOS 集成门电路

随着集成电路工艺的发展和社会的进步，逐渐出现了新的晶体管工艺——CMOS 工艺。CMOS 电路是互补型金属氧化物半导体电路（Complementary Metal – Oxide – Semiconductor）的英文字头缩写，它由绝缘场效应晶体管组成，由于只有一种载流子，因而是一种单极型晶体管集成电路。与 TTL 电路相比，CMOS 电路具有功耗更小、噪声容限更大等优点。

CMOS 门电路

  CMOS 门电路的基本单元是反相器电路，它是由一个 N 沟道 MOS 管（NMOS 管）和一个 P 沟道 MOS 管（PMOS 管）组成的。如图 4 - 29 所示，分别为 NMOS 管和 PMOS 管的电路符号图。对于 NMOS 管，使用时通常将 S 极（源极）接地，当 G 极（栅极）输入高电平时导通；对于 PMOS 管，使用时通常将 S 极接电源正极 V_{CC}，当 G 极输入低电平时导通。

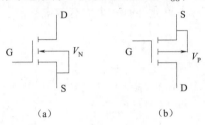

（a）   （b）

图 4 - 29 NMOS 管和 PMOS 管符号图

（a）N 沟道 MOS 管；（b）P 沟道 MOS 管

4.4.1 CMOS 与非门电路

1. CMOS 反相器

  如图 4 - 30 所示，为 CMOS 反相器的电路图。它的工作原理是：当输入信号 A 为高电平信号"1"时，NMOS 管 VT_1 导通，PMOS 管 VT_2 截止，此时 VT_1 的 D 极（漏极）和 VT_1 的 S 极（源极）接通，由于 VT_1 的 S 极接地，故输出信号 Y 为低电平"0"，且负载电阻 R 很大，功耗很小；当输入信号 A 为低电平信号"0"时，PMOS 管 VT_2 导通，NMOS 管 VT_1 截止，此时 VT_2 的 D 极和 S 极接通，由于 VT_2 的 S 极接电源正极，故输出信号 Y 为高电平"1"，且输出电阻 R 很小，电路带负载的能力很强。

  在 CMOS 电路中，因 P 沟道 MOS 管在工作的过程中仅相当于一个可变阻值的漏极电阻 R_d，所以 VT_2 管为负载管；因 N 沟道 MOS 管在工作过程中起输出信号驱动后级电路的作用，所以 VT_1 为驱动管。在 CMOS 电路中，因输出信号与输入信号的相位相反，故图 4 - 30 所示的电路又称为 CMOS 反相器，CMOS 反相器是组成 CMOS 集成门电路的基本单元。

2. CMOS 与非门

  将两个 CMOS 反相器的负载管并联，驱动管串联，组成如图 4 - 31 所示的电路。

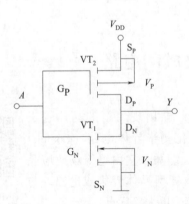

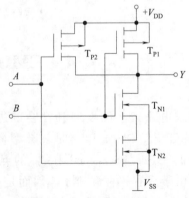

图 4 - 30 CMOS 反相器电路   图 4 - 31 CMOS 与非门电路

该电路的工作原理如下：当输入信号 $A = B = 1$ 时，NMOS 管 T_{N1} 和 T_{N2} 导通，PMOS 管 T_{P1} 和 T_{P2} 截止，输出信号 $Y = 0$；当 $A = 1$，$B = 0$ 时，T_{N1} 和 T_{P2} 导通，T_{P1} 和 T_{N2} 截止，输出端 Y 经 T_{P2} 和电源 V_{DD} 连通，输出信号 $Y = 1$；同理，当 $A = 0$，$B = 1$ 时，输出信号 $Y = 1$；当 $A = B = 0$ 时，T_{P1} 和 T_{P2} 导通，T_{N1} 和 T_{N2} 截止，输出信号 $Y = 1$。因此，输出信号 Y 与输入信号 A、B 之间的逻辑关系为 $Y = \overline{AB}$，全 1 出 0，有 0 出 1。图 4 – 32 为 CMOS 与非门的逻辑符号图。

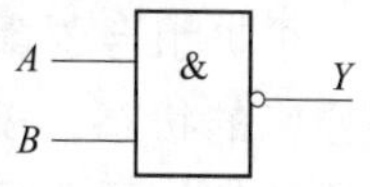

图 4 – 32　CMOS 与非门符号

4.4.2　CMOS 集成门电路系列

如图 4 – 33 所示，分别为 4000 系列的 2 种 CMOS 与非门集成电路的引脚图。其中 CD4011 含有 4 个 2 输入端的与非门，而 CD4012 含有 2 个 4 输入端的与非门。每片集成电路内的各个逻辑门相互独立，可以单独使用，但电源正极 V_{DD} 和电源负极 GND 的引脚是共用的。以 CD4011 为例，若将 1 脚和 2 脚作为 A、B 输入，3 脚为输出，设为 Y，则满足 $Y = \overline{AB}$；对 CD4012 而言，2、3、4 和 5 脚为输入，1 脚为输出，则满足 $Y = \overline{ABCD}$。

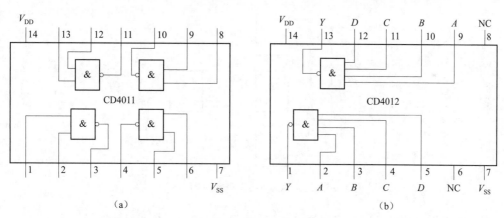

图 4 – 33　两种 CMOS 与非门集成电路引脚图
(a) CD4011；(b) CD4012

与 TTL 门电路相对应，CMOS 门电路同样也具有或非门、异或门、OC 门和三态门等，它们的分析方法与 TTL 门电路相类似。

4.5　组合逻辑电路的分析与设计

根据组合逻辑电路的不同特点，可将数字电路分为两大类，一类称为组合逻辑电路，简称组合电路；一类称为时序逻辑电路，简称时序电路。

组合逻辑电路的特点为：电路在任意时刻的输出仅取决于该时刻的输入，而与电路原来所处的状态无关。

时序逻辑电路的特点为：电路在任意时刻的输出不仅取决于该时刻的输入，而且与电路原来所处的状态有关，它们具有记忆功能。

图 4 – 34　组合逻辑电路的组成框图

根据组合逻辑电路的特点，它不需要记忆元件来记住电路原来的状态，仅由各种门电路就可组成组合逻辑电路。其组成原理框图如图 4 – 34 所示。

根据组合逻辑电路的组成框图可得组合逻辑电路的输出与输入的逻辑关系为：

$$Y = F(A) \qquad (4-8)$$

4.5.1　组合逻辑电路的分析

组合逻辑电路的分析方法是从电路的输入到输出逐级写出逻辑函数式，最后得到表示输出与输入关系的逻辑表达式。然后用公式化简法或卡诺图化简法将得到的函数式化简，以使逻辑关系简洁明了。为了使电路的逻辑功能更直观，有时还将逻辑表达式转换为真值表的形式。

组合逻辑电路的分析和设计方法

【例 4 – 17】 试分析图 4 – 35 所示电路的逻辑功能，指出该电路的用途。

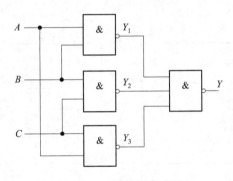

图 4 – 35　某逻辑电路图

解： 根据给出的逻辑图可写出输出端 Y 与输入端 A、B、C 之间的逻辑表达式

$$Y = \overline{Y_1 Y_2 Y_3} = \overline{\overline{AB} \cdot \overline{BC} \cdot \overline{AC}} = AB + BC + AC \qquad (4-9)$$

然后根据式（4 – 9）化简得到的表达式列出其真值表 4 – 8。

表 4 – 8　式（4 – 9）对应的真值表

A	B	C	Y
0	0	0	0
0	0	1	0
0	1	0	0
0	1	1	1
1	0	0	0
1	0	1	1
1	1	0	1
1	1	1	1

由表 4 – 8 可看出，当输入端 A、B、C 中有 2 个或 3 个为 1 时，输出端 Y 为 1，否则输出端 Y 为 0。所以这个电路实际上可用于三人表决电路，只要有 2 票或 2 票以上同意，表决就通过；否则就不通过。该逻辑电路的功能分析完毕。

4.5.2　组合逻辑电路的设计

根据给出实际的逻辑问题，求出实现这一逻辑功能的最简单的逻辑电路，这是设计组合逻辑电路时要完成的工作。最简单的逻辑电路指的是电路所用的器件种类和数量均尽可能地少，且器件间的连线也要最少。

组合逻辑电路的设计过程可用图 4 – 36 所示的框图来表示。

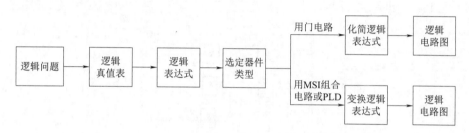

图 4 – 36　组合逻辑电路的设计过程

【例 4 – 18】请设计一个能实现下述功能要求的逻辑电路，该电路为医院优先照顾重病患者的呼唤电路。

医院有 1、2、3、4 四间病房，患者按病情由重至轻依次住进 1 ~ 4 号病房，每个房间分别装有 A、B、C、D 四个呼唤按钮，按下为 1，值班室里对应的四个灯为 L_1、L_2、L_3、L_4，灯亮为 1，呼唤按钮优先级别由高到低依次为 A、B、C、D，试设计实现上述功能的逻辑电路。

解：（1）按要求列出逻辑状态表：其中，四个输入变量为 A、B、C、D，四个输出变量为 L_1、L_2、L_3、L_4，其状态表如表 4 – 9 所示。

表 4 – 9　逻辑状态表

A	B	C	D	L_1	L_2	L_3	L_4
1	×	×	×	○			
0	1	×	×		○		
0	0	1	×			○	
0	0	0	1				○

（2）将逻辑状态表转换为逻辑真值表，其真值表如表 4 – 10 所示。

表 4 – 10　逻辑真值表

A	B	C	D	L_1	L_2	L_3	L_4
1	×	×	×	1	0	0	0

续表

A	B	C	D	L_1	L_2	L_3	L_4
0	1	×	×	0	1	0	0
0	0	1	×	0	0	1	0
0	0	0	1	0	0	0	1

（3）根据表4-10提供的真值表，利用卡诺图法算出其逻辑表达式。输出的四个变量 L_1、L_2、L_3、L_4 与输入的四个变量之间的关系式如式（4-10）所示：

$$L_1 = A, L_2 = \overline{A}B, L_3 = \overline{A}\,\overline{B}C, L_4 = \overline{A}\,\overline{B}\,\overline{C}D \tag{4-10}$$

（4）根据式（4-10）的逻辑表达式画出其逻辑电路图，如图4-37所示。该逻辑电路图用到了3个非门和3个与门。

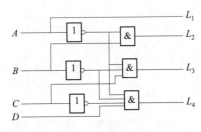

图4-37 组合逻辑电路的设计过程

项目实施

4.6 任务1 三人表决器方案设计

4.6.1 设计要求

根据项目要求，设计一个三人多数表决器的组合逻辑电路。设三人为 A、B、C，同意为1，不同意为0；表决为 Y，有两人或两人以上同意，表决通过，通过为1，否决为0。因此，A、B、C 为输入量，Y 为输出量。

设计选用的集成电路芯片要求必须为与非门的芯片，且芯片的种类不超过2种。除了集成芯片有特殊要求外，其他的电阻电容等器件无要求。

4.6.2 电路设计结构框图

根据组合逻辑电路的设计步骤，输入输出变量既已确定，先列出其真值表。然后根据真值表列出其对应的逻辑表达式，化简逻辑表达式。根据

表决器电路设计及芯片选型

设计要求，对化简后的逻辑表达式进行简单的变换，得到最终的逻辑表达式。最后，根据逻辑表达式画出逻辑电路图。因此，可得到如图 4-38 所示的结构设计框图。

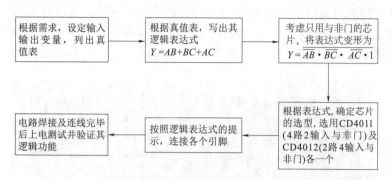

图 4-38　结构设计框图

4.7　任务 2　三人表决器方案验证

4.7.1　电路原理分析

根据前面的设计要求和结构框图提示，可得到如图 4-39 所示的电路原理图。印制电路板如图 4-40 所示。

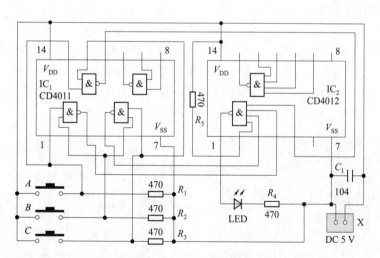

图 4-39　电路原理图

该电路的原理分析如下：该电路选用了 CD4011（4 路 2 输入与非门）和 CD4012（2 路 4 输入与非门），最终逻辑表达式为：

$$Y = \overline{\overline{AB} \cdot \overline{BC} \cdot \overline{AC} \cdot 1} \tag{4-11}$$

157

如图 4 – 39 所示，CD4011 芯片中使用了 3 路与非门，CD4012 芯片中使用了 1 路与非门。且 CD4011 的 3 路与非门的输出均作为 CD4012 与非门的输入，CD4012 中使用的与非门的第 4 个引脚应该接高电平（CMOS 电路的输入端不能空置）。输入端 A、B、C 通过按键开关来控制其输入端的高低电平，输出端接指示灯 LED 来作为表决结果的提示。因此，该电路的实际功能必然与式（4 – 11）表达式的逻辑功能完全吻合，达到设计的要求。

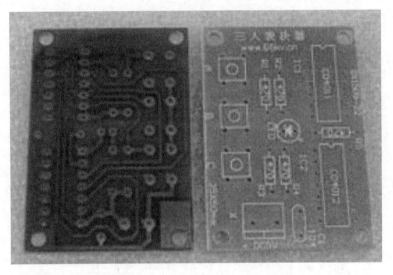

图 4 – 40　印制电路板正反面图

4.7.2　电路仿真

利用 Proteus 8.0 软件对图 4 – 39 的电路图进行了模拟仿真，仿真结果如图 4 – 41 ～图 4 – 44 所示。结果表明，当无人或 1 人按键同意时，LED 指示灯不会亮，表决不通过；当有 2 人或 2 人以上按键同意时，LED 指示灯会发光，表决通过。从仿真结果来看，该电路的设计功能与要求相吻合，达到了预期的要求。

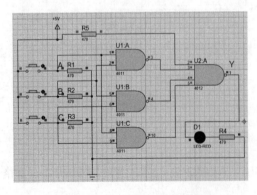

图 4 – 41　无人按键的仿真图

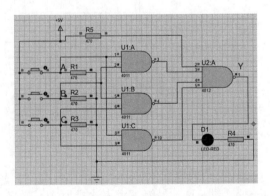

图 4 – 42　A 按键的仿真图

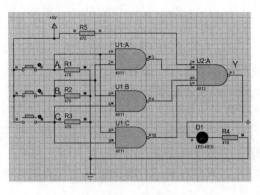

图 4-43　*A* 和 *B* 按键的仿真图

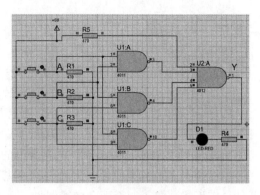

图 4-44　全部按键的仿真图

4.8　任务 3　整机电路安装与调试

4.8.1　电路安装准备

三人表决器电路
的安装与调试

1. 电路元器件

整机电路所需元器件见表 4-11。

表 4-11　电路元器件

序号	位号	名称	规格/型号	数量
1	$R_1 \sim R_5$	电阻	470	5
2	A、B、C	轻触开关	6 mm × 6 mm × 5 mm	3
3	IC_1	IC 座	14P	1
		集成芯片	CD4011	1
	IC_2	IC 座	14P	1
		集成芯片	CD4012	1
4	C_1	独石电容	104	1
5	LED	发光二极管	3 mm	1
6	X	接线座	2P	1
7		PCB 板		1

2. 电路元器件的检测

集成门电路芯片按照逻辑功能检测方法进行检测。电阻用万用表欧姆挡进行检测。对于 LED 发光二极管，可根据其单向导电性，使用 $R \times 10$ kΩ 挡测出其正向和反向电阻，通常正向电阻小于 30 kΩ，反向电阻大于 1 MΩ；另一种检测方法是在发光二极管两端加 1.7 V 电压，根据其是否发光来进行判断。

4.8.2 电路安装

（1）将检测合格的元器件按照图 4-39 所示的电路连接安装在 PCB 板上。

（2）应大致遵循先安装矮器件，后安装高器件的原则进行安装。

（3）需要注意的是，电阻和无极性电容不需要区分极性，两端可随意安装；而安装 LED 时，要注意长脚接"＋"，短脚接"－"；安装集成电路时，应先校准两排引脚，使其与 PCB 板上插孔对应，还必须要注意 1 脚的位置千万不能接错了。

（4）安装过程中要细心，尤其要注意芯片的引脚不要弄断了，再次强调有极性要求的器件一定不能装错了，否则会烧毁器件。

（5）安装检查完毕后，开始焊接，焊接尽可能保持焊点光亮无毛刺，焊接完毕后要检测有无漏焊、虚焊。

（6）安装焊接完毕后，在给电路供电前，强烈建议用万用表的蜂鸣器挡检测电源的正负极之间是否短路。若蜂鸣器发出响声，表明电源的正负极短路了。

4.8.3 电路测试

（1）电路两端加电后，A、B、C 输入端应分别输入高电平和低电平，其中可将输入端接电源正极实现高电平，接地实现低电平。验证输出结果能否实现三人表决器的功能。

（2）调试中要注意不要让电源正负表笔碰头。

（3）调试完毕，记得关闭电源。

4.8.4 故障分析与排除

产生故障的原因主要有元器件引脚安装错误、元器件损坏或虚焊、漏焊等。

故障检测步骤：当电路出现故障时，首先从外观观察元器件是否烧坏，电路焊接是否有短路、虚焊、漏焊等现象。若元器件和电路连接都正常，给电路通电后，观察电路是否有异常现象（比如是否产生异味或冒烟，芯片或其他元器件是否发烫）。用万用表检测集成电路芯片的电源端是否加上电压；各输入端、输出端是否正常。

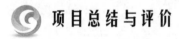 项目总结与评价

（一）项目总结

（1）逻辑代数是分析和设计逻辑电路很重要的工具。在逻辑代数的公式和定律中，比较常用的是摩根定律和分配律。

（2）逻辑函数有真值表、逻辑表达式、逻辑电路图、卡诺图和波形图等 5 种表示方法。它们之间可以相互转化。

（3）逻辑函数化简的目的是为了获得最简逻辑表达式，其方法主要有公式法和卡诺图

法。公式法化简逻辑函数，要求熟练灵活运用逻辑代数的基本公式及定律，且要掌握一定的技巧；而卡诺图化简法的优点是简单、直观，有固定的步骤和方法可循。

（4）实现指定的逻辑函数要用到实际的逻辑门电路芯片。集成门电路主要包含 TTL 门电路和 CMOS 门电路。其中，TTL 电路由双极性三极管构成（双极性电路），为电流控制器件，速度快（数纳秒），功耗大（mA 级）；而 CMOS 电路由场效应管构成（单极性电路），为电压控制器件，速度稍慢（几百纳秒），功耗低（μA 级）。

（5）组合逻辑电路是由各种门电路组成的无记忆功能的电路，它的特点是，任意时刻的输出信号只取决于该时刻的输入信号的取值组合，而与电路原来所处的状态无关。它的分析方法是，根据给定的逻辑电路图写出其逻辑表达式，然后进行化简，在获得最简形式后进行功能判别。有时，需列出其真值表，再确定组合逻辑电路的功能。它的设计方法是，根据设计需求设定输入变量和输出变量，列出真值表，再写出其逻辑表达式，用公式法或卡诺图法化简，最后画出逻辑电路图。

（二）项目评价

项目评价见表 4 – 12。

表 4 – 12　项目评价表

考核项目	配分	工艺标准	评分标准	扣分记录	得分
观察识别能力	10 分	能根据提供的任务所需设备、工具和材料清单进行检查、检测（特别是集成运算放大器）	（1）不能根据设备、工具和材料清单进行检查，每处扣 2 分； （2）不能对材料进行检测与判断，每处扣 2 分		
电路组装能力	40 分	（1）元器件布局合理、紧凑； （2）导线横平、竖直，转角成直角，无交叉； （3）元器件间连接关系和电路原理图一致； （4）元器件安装平整、对称，电阻器、二极管、集成电路水平安装，贴紧电路板，晶体管、电容器垂直安装； （5）绝缘恢复良好，紧固件牢固可靠； （6）未损伤导线绝缘层和元器件表面涂敷层； （7）焊点光亮、清洁，焊料适量，无漏焊、虚焊、假焊、搭焊、溅锡等现象； （8）焊接后元器件引脚剪脚留头长度小于 1 mm	（1）布局不合理，每处扣 5 分； （2）导线不平直、转角不成直角每处扣 2 分，出现交叉每处扣 5 分； （3）元器件错装、漏装，每处扣 5 分； （4）元器件安装歪斜、不对称、高度超差，每处扣 1 分； （5）绝缘恢复不符合要求，扣 10 分； （6）损伤绝缘层和元器件表面涂敷层，每处扣 5 分； （7）紧固件松动，每处扣 2 分； （8）焊点不光亮、不清洁，焊料不适量，漏焊、虚焊、假焊、搭焊、溅锡，每处扣 1 分； （9）剪脚留头大于 1 mm，每处扣 0.5 分		

续表

考核项目	配分	工艺标准	评分标准	扣分记录	得分
仪表使用能力	40分	(1) 能对任务所需的仪器仪表进行使用前检查与校正； (2) 能根据任务采用正确的测试方法与工艺，正确使用仪器仪表； (3) 测试结果正确合理，数据整理规范正确； (4) 确保仪器仪表完好无损	(1) 不能对任务所需的仪器仪表进行使用前检查与校正，每处扣5分； (2) 不能根据不同的任务采用正确的测试方法与工艺，每处扣5分； (3) 不能根据任务正确使用仪器仪表，每处扣5分； (4) 测试结果不正确、不合理，每处扣5分； (5) 数据整理不规范、不正确，每处扣5分； (6) 使用不当损坏仪器仪表，每处扣10分		
安全文明生产	10分	(1) 小组分工明确，能按规定时间完成项目任务； (2) 各项操作规范，注意安全，装配质量高、工艺正确	(1) 成员无分工，扣5分；超时扣5分； (2) 违反安全操作规程，扣10分； (3) 违反文明生产要求，扣10分		
考评人：			得分：		

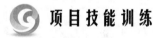

项目技能训练

实训7 逻辑门电路芯片的识别与检测

1. 实训目标

(1) 掌握各种门电路的逻辑功能。

(2) 了解集成逻辑门电路的引脚排列及引脚功能。

(3) 掌握各种门电路的逻辑功能的测试方法。

(4) 能根据测试的结果识别出集成门电路的种类。

2. 实训器材

(1) 直流稳压电源1台，万用表1个。

(2) 面包板1块，杜邦线若干（或专用数字电路试验箱1个）。

(3) 集成电路芯片74LS08、74LS32、74LS02、74LS00各1片。

(4) 逻辑开关2个。

3. 实训步骤

下面提供的实训内容及步骤均是按照在面包板上实施来安排的。

（1）与门及与非门的逻辑功能测试。

取集成电路芯片 74LS08（与门）和 74LS00（与非门）各 1 片进行测试。

①查阅 74LS08 和 74LS00 的引脚排列。

②分别将 74LS08 和 74LS00 芯片插入面包板中，给芯片加电源，即 V_{CC} 端接 +5 V，GND 端接地。

③参考图 4−45 所示的与门和与非门的示意图连接电路，将输入端分别接高电平（接 +5 V）或低电平（接地）。

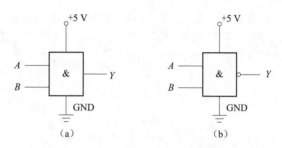

图 4−45　与门和与非门的测试连接图

（a）与门测试电路；（b）与非门测试电路

④依次按照表 4−13 的输入端的组合情况，用万用表测量输出端的电压，将与门和与非门的测试数据填到表 4−13 中。

⑤根据测量结果，判断与门及与非门芯片的逻辑功能是否正常，从而判断芯片的好坏。

表 4−13　与门和与非门的逻辑功能测试数据

输入		输出	
A	*B*	Y_1（**74LS08**）	Y_2（**74LS00**）
0	0		
0	1		
1	0		
1	1		

（2）或门及或非门的逻辑功能测试。

取集成电路芯片 74LS32（或门）和 74LS02（或非门）各 1 片进行测试。

①查阅 74LS32 和 74LS02 的引脚排列。

②分别将 74LS32 和 74LS02 芯片插入面包板中，给集成芯片加电源。

③参考图 4−46 所示的或门及或非门的示意图连接电路，将输入端分别接高电平（接 +5 V）或低电平（接地）。

④依次按照表 4−14 的输入端的组合情况，用万用表测量输出端的电压，将或门和或非门的测试数据填到表 4−14 中。

⑤根据测量结果，判断或门及或非门芯片的逻辑功能是否正常，从而判断芯片的好坏。

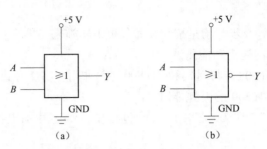

图 4 –46 或门及或非门的测试连接图

(a) 或门测试电路；(b) 或非门测试电路

表 4 –14 或门及或非门的逻辑功能测试数据

输入		输出	
A	B	Y_1 （74LS32）	Y_2 （74LS02）
0	0		
0	1		
1	0		
1	1		

4. 注意事项

（1）在接集成门电路芯片时，务必看清芯片的定位标识，尤其是电源和地不能接反了，否则将烧毁芯片。

（2）要分清芯片中每个门电路的输入引脚和输出引脚，由于电源的供电电压范围为 +4.5 ~ +5.5 V，所以供电电源的电压须稳定。

实训8 简易逻辑测试笔的制作与测试

1. 实训目标

（1）掌握集成电路芯片的使用方法。

（2）能根据逻辑电路的分析方法分析给定的电路。

（3）能根据给定的电路图搭建实际的电路并测试其功能。

2. 实训器材

（1）直流稳压电源 1 台，万用表 1 个。

（2）面包板 1 块，杜邦线若干。

（3）集成电路芯片 74HC00 1 片，阻值 240 Ω 的电阻 2 个，红绿发光 LED 各 1 只。

3. 实训步骤

（1）取集成电路芯片 74HC00 2 片，按照实训 7 的方法测试该芯片的 4 路与非门的功能是否完好。

（2）挑选出 4 路与非门完好的芯片 1 片，将芯片安装在面包板上，注意芯片 1 脚放置的位置。

（3）将芯片的各引脚按照图4-47所示的连接关系将芯片、电阻和发光LED连起来。

（4）将芯片的14脚和7脚分别连接电源正极和地，发光LED的负端也务必接地。

（5）给芯片加+5 V的电源，芯片的1脚预留接测试探针。

（6）测量待测点的电位，将测量结果填到表4-15中。

表4-15　逻辑测试笔的测量结果

探针触点	LED 亮灭情况	
A	LED$_1$	LED$_2$
1		
0		

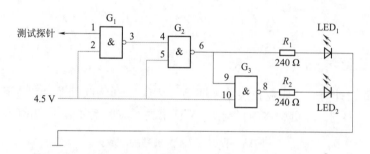

图4-47　简易逻辑测试笔的电路图

4. 注意事项

（1）在使用面包板时，务必注意哪些孔之间是通路，哪些孔之间不通。

（2）使用任何一片芯片时，务必记得要接电源和地的对应引脚（这里是14脚和7脚），并且不能接反了。

（3）发光LED的负端也要记得接地。

（4）电路搭建完成后，要仔细检查各引脚是否接对了，局部是否有明显的短路。

（5）在给电路上电前，最后用万用表的蜂鸣器挡测电源和地之间是否短路，不短路情况下才可上电。

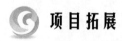 **项目拓展**

（一）综合应用

1. 知识图谱绘制

根据前面知识的学习，请同学们完成本项目所涉及的知识图谱的绘制。

2. 技能图谱绘制

根据前面知识的学习，请同学们完成本项目所涉及的技能图谱的绘制。

3. 创新应用设计

除了可以采用 CD4011 和 CD4012 设计多数表决器，还有哪些设计方案？请至少写出两种多数表决器的详细设计方案。

（二）以证促学

以集成电路设计与验证职业技能等级证书（中级）和物联网单片机应用与开发职业等级证书（中级）为例，教材中本项目与 1 + X 证书的对应关系如表 4 – 16 所示。

表 4 – 16　教材与 1 + X 证书的对应关系

职业技能等级证书（中级）				教材
证书名称	工作领域	工作任务	技能要求	对应小节
集成电路设计与验证	1. 基于 FPGA 的 IC 设计	1.1　数字电路设计	1.1.1　能正确认识常见数字电路模块基本功能。 1.1.2　能使用数字电路设计相关 EDA 软件的基础功能。 1.1.3　能掌握基本的 Verilog/VHDL 等硬件描述语言。 1.1.4　能正确辨识数字电路仿真时序逻辑图。 1.1.5　能正确判断数字电路模块仿真结果是否符合功能要求。	4.1
		1.2　数字电路验证	1.2.1　能正确认识数字芯片验证的主要概念。 1.2.2　能正确认识数字芯片验证的基本方法。 1.2.3　能使用模块级的电路验证环境。 1.2.4　能够对简单模块级电路的验证结果进行检查和判断。 1.2.5　能够正确进行测试点分解、覆盖率收集等任务。	4.3、4.4

职业技能等级证书（中级）				教材
证书名称	工作领域	工作任务	技能要求	对应小节
集成电路设计与验证	3. 逻辑设计与验证	3.5　简单单元和模块的 Verilog 设计	3.5.1　能进行基本逻辑门的 Verilog 设计。 3.5.2　能进行数据选择器的 Verilog 设计。 3.5.3　能进行译码器的 Verilog 设计。 3.5.4　能进行编码器的 Verilog 设计。 3.5.5　能进行触发器的 Verilog 设计。	4.1
物联网单片机应用与开发	1. 智能终端硬件设计	1.1　硬件原理图设计	1.1.1　能够根据设计要求，选择参数、性能合理的电子元器件。 1.1.2　能够使用电路设计软件，进行原理图图幅规格、信息栏的设置。 1.1.3　能够使用电路设计软件，根据元器件规格书，设计原理图符号库。 1.1.4　能够使用电路设计软件，按照规范要求，设置电阻、电容等器件标号和参数等属性。 1.1.5　能够使用电路设计软件，放置原理图符号，运用电子电路、单片机基础知识，建立电气连接关系。 1.1.6　能够使用电路设计软件，导出生产物料表单。	4.1、4.2、4.5、4.6
		1.3　硬件调试	1.3.1　能够使用电烙铁，完成电路板直插元件、贴片元件的焊接工作。 1.3.2　能够根据硬件功能要求，搭建硬件测试环境，设计测试用例。 1.3.3　能够使用示波器、万用表等基础工具，根据电路原理图，分析电路故障。 1.3.4　能够运用电子电路、单片机基础知识，进行电路参数调优。 1.3.5　能够使用文本编辑工具软件，记录硬件调试、测试过程数据。	4.8

（三）以赛促练

以集成电路开发及应用国赛为例。集成电路开发及应用赛项来源于集成电路行业真实工作任务，由"集成电路设计与仿真""集成电路工艺仿真""集成电路测试"及"集成电路应用"4 部分组成。这里分析集成电路设计与仿真的样题。赛项职业素养评分见表 4-17。

表 4-17 赛项职业素养评分表

赛项名称	集成电路设计与仿真	赛位号		
评分指标及分值	评分说明	配分	得分	项目总分
安全意识2分	不符合安全用电规范，操作、安装、接线未在断电状态下进行，扣1分	1		
	仪器设备摆放不稳定，操作过程中损坏仪器设备，扣1分	1		
环境清洁1分	工作台面未清洁、装接垃圾未统一存放，焊锡乱甩，地面不干净，饮用水摆放不合理，餐盒乱放，扣0.5分	0.5		
	赛项结束后，凳子未放回原处，未清理个人物品和垃圾，扣0.5分	0.5		
操作规范2分	仪器、仪表、工具、器件、作品摆放不整齐、杂乱，不便于操作，元件存放不规范、标识不清楚，扣1分	1		
	工作桌面上摆放有矿泉水及食物，扣1分	1		
总分（5分）				

评分裁判签名：_____   日期：20 年   月   日

1. 样题

任务一　集成电路设计与仿真

根据表 4-18 的真值表（输出信号 $Y_0 \sim Y_{15}$ 的逻辑值随机抽取，现场下发），使用 Multisim14.1 Education Edition 或 Proteus 8 Demonstration 设计集成电路，并进行功能仿真。

电路设计要求如下：

（1）只能选用 PMOS 和 NMOS 两种元器件进行设计（Multisim 中用 ZVP2106G 和 ZVN2106G；Proteus 中用 tn0604 和 tp0604）。

（2）添加好电源、信号源、仪表，标好 A、B、C、D、Y 信号标号，能直接运行并展示出包含全部输入状态的完整的数字分析时序图。

（3）仿真时，A 信号频率设为 1 kHz，B 信号频率设为 2 kHz，C 信号频率设为 4 kHz，D 信号频率设为 8 kHz，仿真时长设定为 1 ms。

（4）现场评判时，只允许展示已完成的电路图、现场运行并展示包含全部输入状态的完整的时序图、现场生成并展示元件清单，不能进行增加、删除、修改、连线等操作。

表 4-18 集成电路设计真值表

输入				输出	输入				输出
A	B	C	D	Y	A	B	C	D	Y
0	0	0	0	Y_0	1	0	0	0	Y_8
0	0	0	1	Y_1	1	0	0	1	Y_9
0	0	1	0	Y_2	1	0	1	0	Y_{10}
0	0	1	1	Y_3	1	0	1	1	Y_{11}
0	1	0	0	Y_4	1	1	0	0	Y_{12}
0	1	0	1	Y_5	1	1	0	1	Y_{13}
0	1	1	0	Y_6	1	1	1	0	Y_{14}
0	1	1	1	Y_7	1	1	1	1	Y_{15}

2. 样题分析

现场抽取 $Y_0 \sim Y_{15}$ 为 1011011011111111，仿真时序图和电路设计图分别如图 4 - 48 和图 4 - 49 所示。

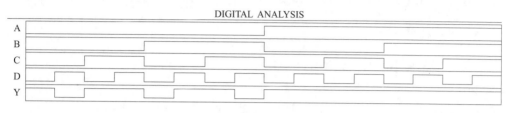

图 4 - 48　时序图

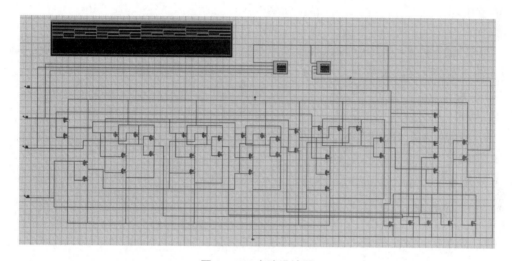

图 4 - 49　电路设计图

3. 竞赛模拟

在上述样题中，若现场抽取 $Y_0 \sim Y_{15}$ 的参数如表 4 - 19 所示，请按要求设计集成电路，并进行功能仿真。

表 4 - 19　$Y_0 \sim Y_{15}$ 的参数

Y_0	Y_1	Y_2	Y_3	Y_4	Y_5	Y_6	Y_7	Y_8	Y_9	Y_{10}	Y_{11}	Y_{12}	Y_{13}	Y_{14}	Y_{15}
0	0	0	1	1	1	0	0	1	0	0	0	0	1	1	1

💿 思考与练习

（一）填空题

（1）逻辑变量和逻辑函数只有_____、_____两种取值，它们仅表示两种相反的逻辑状态。

(2) 描述逻辑函数值与对应变量取值关系的表格叫_____。

(3) 最简与 – 或式的标准是逻辑式中的_____最少；每个乘积项中的_____最少。

(4) 逻辑函数常用的化简方法有_____和_____。

(5) 组合逻辑电路的特点是输出状态只与_____有关，与电路的_____无关。

（二）选择题

(1) n 个变量最小项的个数共有（　　　）。

A. $2n$ B. n^2

C. 2^n D. $2^n - 1$

(2) 使逻辑函数 $Y = \overline{A + B\,\overline{C}} \cdot (A + B)$ 为 1 的变量取值是（　　　）。

A. 001   B. 101

C. 011   D. 111

(3) 二输入或非门的一个输入端接低电平，另一个输入端接数字信号时，则输出数字信号与输入数字信号的关系为（　　　）。

A. 高电平   B. 低电平

C. 同相   D. 反相

(4) 逻辑项 $ABC\,\overline{D}$ 的逻辑相邻项为（　　　）。

A. $ABC\,\overline{D}$ B. $ABCD$

C. $A\,\overline{B}CD$ D. $AB\,\overline{C}D$

（三）判断题

(1) 列逻辑函数真值表时，若变量在表中的位置变化，就可列出不同的真值表。

（　　　）

(2) 卡诺图化简逻辑函数的本质就是合并相邻最小项。　　　　　　　（　　　）

(3) CMOS 与非门输入端悬空时，相当于输入高电平。　　　　　　（　　　）

(4) 门电路是最简单的组合逻辑电路。　　　　　　　　　　　　（　　　）

（四）分析题

(1) 用公式法化简下列函数：

① $F = A\,\overline{B} + BD + CDE + \overline{A}D$；

② $Y = A\,\overline{B}CD + ABD + A\,\overline{C}D$。

(2) 用卡诺图法化简下列函数：

① $F(A, B, C, D) = \sum m(2, 3, 8, 9, 10, 12, 13)$；

② $F(A, B, C, D) = \sum m(1, 5, 6, 7, 11, 12, 13, 15)$；

③ $F(A, B, C, D) = \sum m(0, 2, 4, 6, 9, 13) + \sum d(1, 3, 5, 7, 11, 15)$。

(3) 分析图 4 – 50 所示组合逻辑电路的功能，要求写出与 – 或逻辑表达式，列出其真值表，并说明电路的逻辑功能。

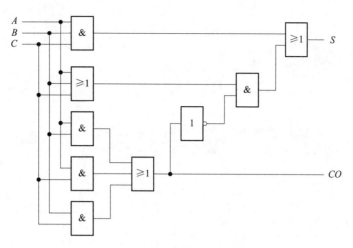

图 4 – 50　某组合逻辑电路

（五）设计题

（1）举重比赛中有三个裁判参与评判，一个主裁判 A 和两个副裁判 B、C。运动员杠铃是否完全举起由每个裁判按照自己前面的按钮来决定，只有当主裁判和至少一名副裁判判明完全举起时，表明"成功"的灯才亮，试运用组合逻辑电路的设计方法设计这个电路。

（2）试用与非门设计一组合逻辑电路，其输入为 3 位二进制数，当输入中有奇数个 1 时输出为 1，否则输出为 0。

项目 5

八路数显抢答器的设计与制作

项目描述

在知识竞赛、文体娱乐活动中，经常会有抢答环节，如何能准确、公正、直观地判断出抢答者的座位号，此时会用到数字显示抢答器。本项目采用逻辑开关、开关二极管、编码器及译码器设计并制作出八路数显抢答器电路。首先，介绍了常用数制及其转换、二极管及三极管的开关特性、编码器和译码器的功能及使用方法等；然后利用组合电路的设计方法，完成抢答器电路的分析设计、仿真验证以及安装调试。

通过本项目的学习，学生理解相关知识之后，应达成以下能力目标和素养目标。

岗位职业能力

根据工作任务要求，设计并制作一个八路数字显示抢答器，并能合理进行电路仿真设计、电路布局、正确接线，完成整机电路的装配和调试，达到产品质量标准。

知识目标

- 熟悉基本逻辑运算和复合逻辑运算。
- 了解二极管和三极管的开关特性。
- 掌握常用数制及其相互转换的方法。
- 掌握编码器、译码器（显示译码器）的逻辑功能及应用。
- 掌握用 MSI 设计组合逻辑电路的方法。

技能目标

- 熟悉常用中规模集成电路的功能及应用。
- 会用集成电路设计组合逻辑电路。
- 能完成数字显示器的制作与测试。

素养目标

- 引导学生传承中华优秀传统文化、弘扬以爱国主义为核心的民族精神。
- 弘扬尊老爱幼的传统美德。

- 提升"一丝不苟、精益求精、遵纪守法"的职业素养。
- 培养学习新技术和新知识的自主学习能力。
- 树立正确的劳动观，崇尚劳动、尊重劳动、热爱劳动。
- 培养科技报国的家国情怀和使命担当。
- 能自觉遵守职业道德和规范，具有法律意识。

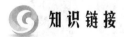 **项 目 引 入**

在现代社会生活中，智力竞赛作为一种生动活泼的教育形式和方法，能够引起观众极大的兴趣，在各种竞赛中经常有抢答的环节。如果让抢答者用举手等方法，这在某种程度上会因为主持人的主观误断造成比赛的不公平性，为了准确、公正、直观地判断出最优先抢答者，抢答器这种电子设备就派上了用场。

早期的抢答器只由几个三极管、可控硅发光管等组成，能通过发光管的指示辨认出选手号码，这种方式电路简单，功能单一；后来的抢答器多以模拟电路、数字电路或模拟电路与数字电路相结合，但它们都是用导线布线，受到现场环境的影响较大，而且发生故障的可能性比较大。

现在大多数抢答器均使用单片机或专用数字集成电路，并增加了许多新功能，如选手显示抢按前或抢按后的计时、选手得分显示等功能。但这种抢答器现场线路连接复杂，因为每个选手位于抢答现场的不同位置，选手与控制台之间存在长长的连接线，选手越多、连接线就越多、越乱，影响美观和抢答器的可靠性，随着技术的发展及生活水平的提高，这种产品已慢慢被淘汰。

如今最为发达的多媒体抢答系统，将抢答系统与计算机终端相连，可以依靠计算机技术，自动实现一体化显示题目、抢答、计分、计时以及与选手、主持人、评委、观众互动等功能。

抢答器的迭代更新见证着电子技术的发展，未来的工程师们，你们是否做好了一切准备？学好专业课程，在自己的专业领域贡献自己的一份力量？

知 识 链 接

5.1　常用的数制及其转换

5.1.1　常用的数制及其特点

数制是指用特定的符号和规则来描述数值及相互间的关系。例如，十进制使用 0 到 9 十个符号和"逢十进一"的规则定义，由这十个符号组成的数和它们之间的关系。除了十进制外，常用的还有二进制、八进制和十六进制。

1. 十进制

十进制是用 0、1、2、3、4、5、6、7、8、9 十个数字，每个数位都用这十个数字之一表示，基数为 10。超过 9 的数则需要多位数来表示，其中低数位和相邻高数位之间的关系是"逢十进一"（即超过 9 的数，需要高数位加 1，低数位清零）。

十进制和二进制

例如：$(1\ 999.98)_{10} = 1 \times 10^3 + 9 \times 10^2 + 9 \times 10^1 + 9 \times 10^0 + 9 \times 10^{-1} + 8 \times 10^{-2}$。

由例子扩展，可以得出正十进制数 D 均可以表示为：

$$D = \sum_{i=-m}^{n-1} k_i 10^i \tag{5-1}$$

其中，k_i 是由任一个 0 到 9 中的一个数字构成的第 i 位数；10^i 是第 i 位数的权，其中 10 是基数；n 为小数点之前的位数；m 为小数点后的位数。如果用 N 替代 10，就可以扩展到任意 N 进制形式。

$$D = \sum_{i=-m}^{n-1} k_i N^i \tag{5-2}$$

2. 二进制

二进制数只有 0 和 1 两个数码，在计数时采用"逢二进一"和"借一当二"的规则。二进制数的基数是 2，每个数位的位权值为 2 的幂。因此，二进制数可以按位权展开：

$$D = k_{n-1} k_{n-2} \cdots k_1 k_0 k_{-1} k_{-2} \cdots k_{-m}$$
$$= k_{n-1} \times 2^{n-1} + k_{n-2} \times 2^{n-2} + \cdots + k_1 \times 2^1 + k_0 \times 2^0 + k_{-1} \times 2^{-1} + k_{-2} \times 2^{-2} + \cdots + k_{-m} \times 2^{-m}$$
$$= \sum_{i=-m}^{n-1} k_i 2^i \tag{5-3}$$

式中，k_i 为 0 或 1 两个数码中的任意一个；n 和 m 为正整数；2^i 为 i 位的位权值。例如，二进制数 $(1101.01)_2$ 可以展开为：

$$(1101.01)_2 = 1 \times 2^3 + 1 \times 2^2 + 0 \times 2^1 + 1 \times 2^0 + 0 \times 2^{-1} + 1 \times 2^{-2} \tag{5-4}$$

3. 八进制

二进制数虽然有利于简化数字电路的设计，但是表达同一个数目需要更多的数位，不易记忆读写。因此工程中也采用八进制来计数，0、1、2、3、4、5、6、7 八个数码，基数为 8，因此八进制数可表示为：

八进制和十六进制

$$D = \sum_{i=-m}^{n-1} k_i \times 8^i \tag{5-5}$$

式中，k_i 可以取 0~7 这八个数字中的任何一个。

例如：

$$(10.32)_8 = 1 \times 8^1 + 0 \times 8^0 + 3 \times 8^{-1} + 2 \times 8^{-2} \tag{5-6}$$

4. 十六进制

十六进制则是由 0、1、2、3、4、5、6、7、8、9、A、B、C、D、E、F 十六个数码符号，按照"逢十六进一"的规则来计数的，其中 A、B、C、D、E、F 六个符号分别对应 10、11、12、13、14、15 六个整数。

因此，任意一个十六进制数可以按照式（5-7）展开：

$$D = \sum_{i=-m}^{n-1} k_i \times 16^i \qquad (5-7)$$

同理，式中 k_i 可以取 $0 \sim F$ 中的任何一个。

例如：

$$(\text{A3F})_{16} = A \times 16^2 + 3 \times 16^1 + F \times 16^0 \qquad (5-8)$$

表 5-1 列出了四种不同进制的对照关系。

表 5-1　二、八、十、十六进制的对照关系

十进制	二进制	八进制	十六进制	十进制	二进制	八进制	十六进制
0	0	0	0	12	1100	14	C
1	1	1	1	13	1101	15	D
2	10	2	2	14	1110	16	E
3	11	3	3	15	1111	17	F
4	100	4	4	16	10000	20	10
5	101	5	5	17	10001	21	11
6	110	6	6	18	10010	22	12
7	111	7	7	19	10011	23	13
8	1000	10	8	20	10100	24	14
9	1001	11	9	32	100000	40	20
10	1010	12	A	100	1100100	144	64
11	1011	13	B	1000	1111101000	1750	3E8

5.1.2　各种进制之间的转换

由于人们在生产生活中习惯用十进制数来计数，而数字电路常用二进制、八进制和十六进制来描述信息，为了方便双方的信息沟通，因此需要将 R 进制和十进制间做算法转换。

1. R 进制转换成十进制

将 R 进制数转换为等值的十进制数，只要将 R 进制数按位权展开，再按十进制运算规则运算，即可得到对应的十进制数。

R 进制数转换
为十进制数

【例 5-1】 将二进制数 $(110.01)_2$ 转换成十进制数。

解：

整数部分：$(110)_2 = 1 \times 2^2 + 1 \times 2^1 + 0 \times 2^0 = 4 + 2 + 0 = (6)_{10}$

小数部分：$(0.01)_2 = 0 \times 2^{-1} + 1 \times 2^{-2} = 0 + 0.25 = (0.25)_{10}$

合并：$(110.01)_2 = (6.25)_{10}$

因此 $(110.01)_2$ 的十进制表示形式为 $(6.25)_{10}$。

【例 5-2】 将八进制数 $(23.6)_8$ 转换成十进制数（保留小数点后两位）。

解：

整数部分：$(23)_8 = 2 \times 8^1 + 3 \times 8^0 = 16 + 3 = (19)_{10}$

小数部分：$(0.6)_8 = 6 \times 8^{-1} = (0.75)_{10}$

合并：$(23.6)_8 = (19.75)_{10}$

因此$(23.6)_8$的十进制数表示形式为$(19.75)_{10}$。

【例 5 – 3】 将十六进制数$(A1.C)_{16}$转换成十进制数（保留小数点后两位）。

解：

整数部分：$(A1)_{16} = A \times 16^1 + 1 \times 16^0 = 10 \times 16^1 + 1 \times 16^0 = 160 + 1 = (161)_{10}$

小数部分：$(0.C)_{16} = C \times 16^{-1} = 12 \times 16^{-1} = (0.75)_{10}$

合并：$(A1.C)_{16} = (161.75)_{10}$

因此$(A1.C)_{16}$的十进制数表示形式为$(161.75)_{10}$。

二进制、八进制和十六进制按照整数部分和小数部分对应位权展开，其他进制以此类推，也采用同样的办法实现对应十进制数的转换。

2. 十进制转换成 R 进制

十进制数转换 R
进制和 R
进制之间的转换

将十进制数转换成 R 进制数，需将十进制数的整数部分和小数部分别进行转换，然后合并起来。

十进制数整数转换成 R 进制数，采用逐次除以基数 R 取余数的方法，其步骤如下：

（1）将给定的十进制数整数除以 R，余数作为 R 进制数的最低位。

（2）把前一步的商再除以 R，余数作为次低位。

（3）重复（2）步骤，记下余数，直至最后商为 0，最后的余数即为 R 进制的最高位。

【例 5 – 4】 把十进制数$(53)_{10}$转换成二进制数。

解： 由于二进制数的基数是 2，所以逐次除以 2 取其余数（0 或 1）：

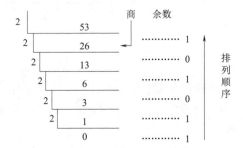

所以$(53)_{10} = (110101)_2$。

【例 5 – 5】 把十进制数$(53)_{10}$转换成八进制数。

解： 八进制数的基数是 8，所以逐次除以 8 取余数：

所以$(53)_{10} = (65)_8$。

十进制纯小数转换成 R 进制数，采用将小数部分逐次乘以 R，取乘积的整数部分作为 R 进制的各有关数位，乘积的小数部分继续乘以 R，直至最后乘积为 0 或达到保留小数要求为止。

【例 5 - 6】 把十进制小数 $(0.375)_{10}$ 转换成二进制小数。

解：

$$
\begin{array}{r}
0.375 \\
\times \qquad 2 \\
\hline
[0.] \quad 750 \quad \cdots\cdots\cdots\cdots \quad 0 \\
\times \qquad 2 \\
\hline
[1.] \quad 500 \quad \cdots\cdots\cdots\cdots \quad 1 \\
\times \qquad 2 \\
\hline
[1.] \quad 000 \quad \cdots\cdots\cdots\cdots \quad 1 \\
\end{array}
$$

排列顺序↓

所以 $(0.375)_{10}=(0.011)_2$。

5.2　二极管及三极管的开关特性

一般来说，开关器件具有两种工作状态：第一种状态被称为接通，此时器件的阻抗很小，相当于短路；第二种状态是断开，此时器件的阻抗很大，相当于开路。

在数字电路系统中，晶体管基本上工作于开关状态。对开关特性的研究，就是具体分析晶体管在导通和截止之间的转换问题。晶体管的开关速度可以很快，可达每秒百万次数量级，即开关转换在微秒（μs）甚至纳秒级（ns）的时间内完成。

5.2.1　二极管的开关特性

二极管的开关特性

二极管的开关特性表现在正向导通与反向截止这样两种不同状态之间的转换过程。二极管从反向截止到正向导通与从正向导通到反向截止相比所需的时间很短，一般可以忽略不计，因此下面主要讨论二极管从正向导通到反向截止的转换过程。

在图 5 - 1 所示的硅二极管电路中加入一个如图 5 - 2 所示的输入电压。在 $0 \sim t_1$ 时间内，输入为 $+U_F$，二极管导通，电路中有电流流通。设 U_D 为二极管正向压降（硅管为 0.7 V 左右），当 $U_F \gg U_D$ 时，U_D 可略去不计，电流 $I_F = U_F / R_L$。在 t_1 时，u_i 突然从 $+U_F$ 变为 $-U_R$。在理想情况下，二极管将立刻转为截止，电路中应只有很小的反向电流。但实际情况是，二极管并不立刻截止，而是先由正向的 I_F 变到一个很大的反向电流 $I_R = U_R / R_L$，该电流维持一段时间 t_s 后才开始逐渐下降，再经过 t_t 后，下降到一个很小的数值 $0.1 I_R$，这时二极管才进入反向截止状态，如图 5 - 3 所示。

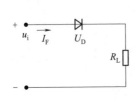

图 5 - 1 硅二极管电路图

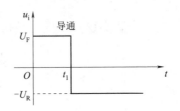

图 5 - 2 二极管两端电压随时间的变化曲线

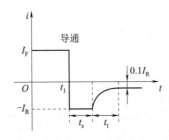

图 5 - 3 二极管中的电流随时间变化的曲线

通常把二极管从正向导通转为反向截止所经过的转换过程称为反向恢复过程。其中 t_s 称为存储时间，t_t 称为渡越时间，$t_{re} = t_s + t_t$ 称为反向恢复时间。由于反向恢复时间的存在，使二极管的开关速度受到限制。使二极管产生反向恢复过程的原因是由电荷的存储效应引起的。

二极管作为一个开关使用时，它的开关时间包括开通时间和反向恢复时间。一般来说，反向恢复时间大于开通时间，故在开关二极管的使用参数上只给出反向恢复时间。

5.2.2 三极管的开关特性

通常情况下，三极管有三种工作状态——截止、放大和饱和。在模拟电路中，三极管主要起电流放大的作用，此时三极管工作在放大状态；但在数字电路中，三极管主要起开关的作用，此时三极管工作在截止状态或饱和导通状态。

三极管的
开关特性

1. 三极管的静态开关特性

下面将以 NPN 三极管为例来说明它的开关特性。如图 5 - 4 所示，为 NPN 三极管的开关电路图。

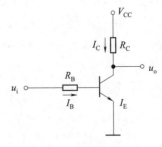

图 5 - 4 NPN 三极管开关电路图

若 $u_i < 0.7$ V，即 $U_{BE} < 0.7$ V，由于硅三极管的开启电压为 0.7 V，此时三极管会工作在截止状态，工作特点为基极电流 $I_B \approx 0$，集电极电流 $I_C = I_{CE} \approx 0$。这时三极管的集 – 射极之间相当于一个断开的开关。此时输出电压 $u_o = V_{CC}$。

若 $u_i \geqslant 0.7$ V，即 $U_{BE} \geqslant 0.7$ V，且 $I_B \geqslant I_{B(sat)} = I_{C(sat)}/\beta \approx V_{CC}/(\beta R_C)$ 时，则 $U_{BE} > 0$，$U_{BC} > 0$，两个 PN 结均处于正向偏置。三极管此时工作在饱和导通状态。集 – 射极之间如同闭合的开关。对硅三极管而言，$U_{BE} \approx 0.7$ V，$I_C = I_{C(sat)}$，$U_{CE} = U_{CE(sat)} \approx 0.3$ V。

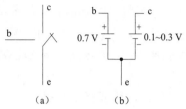

图 5 – 5　两种工作状态下的等效电路

如图 5 – 5 所示，图 5 – 5（a）为三极管在截止状态下的等效电路，图 5 – 5（b）为三极管在饱和导通状态下的等效电路。

2. 三极管的动态开关特性

三极管从截止到饱和导通所需要的时间称为开启时间 t_{on}，从饱和到截止状态所需要的时间称为关断时间 t_{off}，输入电压、输出电压和集电极电流随时间变化的曲线如图 5 – 6 所示。从 u_i 正跳变开始到 i_C 上升至 $0.9I_{C(sat)}$ 所需的时间称为开启时间 t_{on}，从 u_i 负跳变开始到 i_C 下降至 $0.1I_{C(sat)}$ 所需的时间称为关断时间 t_{off}。通常情况下，$t_{off} > t_{on}$。

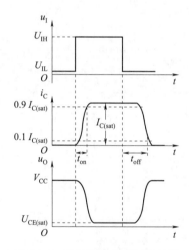

图 5 – 6　三极管的动态开关特性

其中，t_{off} 的大小与工作时三极管饱和导通的深度有关，饱和程度越深，t_{off} 越长；反之则越短。

5.3　常用组合逻辑电路模块——编码器

人们在实践中会遇到各种各样的逻辑问题，因此为解决这些逻辑问题而设计的逻辑电路也不胜枚举。但是我们发现，其中有些逻辑电路经常大量地出现在各种数字系统中。它们包括编码器、译码器、数据选择器、数值比较器、加法器等。为了方便使用，已经将这些逻辑电路制成了中、小规模的标准化集成电路产品。在设计较大规模集成电路时，经常直接调用这些已有的电路模块，作为设计电路的组成部分。本节和下节将分别介绍编码器和译码器的工作原理及相关应用。

编码器（Encoder）是一个可以将不同的输入状态转化为二进制代码输出的器件。它是数字电路常用的集成电路之一，计算机的输入设备内部就含有编码器器件，在电路设备的遥控器内部也含有编码器器件。

常用组合逻辑
电路—编码器

5.3.1　普通编码器

目前经常使用的编码器有普通编码器和优先编码器两类。在普通编码器中，任意时刻只允许输入一个编码信号，否则输出将发生混乱。

以 8 个按键的遥控器为例，若规定遥控器每次只按下一个按键的状态是有效的，其余的状态都是无效的，则 8 个按键对应 8 个不同的状态，要描述这 8 个不同的状态，必须要用 3 位二进制数来表示，具有这种结构特征的编码器称为 8 线 – 3 线编码器。

要设计 8 线 – 3 线编码器，首先必须将 8 线 – 3 线编码器所对应的逻辑问题抽象成真值表。用 $I_0 \sim I_7$ 表示编码器的 8 个输入变量，$Y_0 \sim Y_2$ 表示编码器的 3 个输出变量。输出与输入的关系由表 5 – 2 给出。

表 5 – 2　8 线 – 3 线编码器的真值表

输入								输出		
I_0	I_1	I_2	I_3	I_4	I_5	I_6	I_7	Y_2	Y_1	Y_0
1	0	0	0	0	0	0	0	0	0	0
0	1	0	0	0	0	0	0	0	0	1
0	0	1	0	0	0	0	0	0	1	0
0	0	0	1	0	0	0	0	0	1	1
0	0	0	0	1	0	0	0	1	0	0
0	0	0	0	0	1	0	0	1	0	1
0	0	0	0	0	0	1	0	1	1	0
0	0	0	0	0	0	0	1	1	1	1

根据真值表可得输出变量的表达式为：

$$\begin{cases} Y_2 = I_4 + I_5 + I_6 + I_7 \\ Y_1 = I_2 + I_3 + I_6 + I_7 \\ Y_0 = I_1 + I_3 + I_5 + I_7 \end{cases} \quad (5-9)$$

根据式（5 – 9）可得到如图 5 – 7 所示的逻辑电路图，它是由三个或门组成的。

若想采用与非门器件来搭建该编码器电路也是可以的，需采用德·摩根定理将式（5 – 9）转换成与非门，转换后的表达式如下：

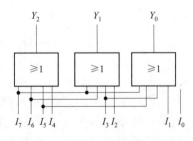

图 5 – 7　8 线 – 3 线编码器（或门）

$$\begin{cases} Y_2 = \overline{\overline{I_4 + I_5 + I_6 + I_7}} = \overline{\overline{I_4}\,\overline{I_5}\,\overline{I_6}\,\overline{I_7}} \\ Y_1 = \overline{\overline{I_2 + I_3 + I_6 + I_7}} = \overline{\overline{I_2}\,\overline{I_3}\,\overline{I_6}\,\overline{I_7}} \\ Y_0 = \overline{\overline{I_1 + I_3 + I_5 + I_7}} = \overline{\overline{I_1}\,\overline{I_3}\,\overline{I_5}\,\overline{I_7}} \end{cases} \tag{5-10}$$

根据上述式（5-10）可得到如图5-8所示的逻辑电路图，它是由三个与非门组成的。

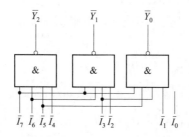

图5-8　8线-3线编码器（与非门）

编码器除了上面介绍的8线-3线编码器外，还有10线-4线和16线-4线的编码器。若对 m 个输入信号进行编码，二进制编码后输出个数为 n，则 m 和 n 之间应满足：

$$m \leqslant 2^n \tag{5-11}$$

5.3.2　优先编码器

在实际生活中，经常会遇到同时输入两个或两个以上编码信号的情况，这时普通编码器就不再适用了。为了使输入两个以上编码信号时编码器也能正常工作，人们规定了编码器输入信号的优先级，我们把这种编码器称为优先编码器。当几个输入信号同时出现时，只对其中优先权最高的一个进行编码。

优先编码器通常规定输入信号的角标越大，其优先级越高。表5-3给出了8线-3线优先编码器的真值表。由表5-3可见，$I_7 \sim I_0$ 的优先级逐级降低。

表5-3　8线-3线优先编码器的真值表

输入								输出		
I_7	I_6	I_5	I_4	I_3	I_2	I_1	I_0	Y_2	Y_1	Y_0
1	×	×	×	×	×	×	×	1	1	1
0	1	×	×	×	×	×	×	1	1	0
0	0	1	×	×	×	×	×	1	0	1
0	0	0	1	×	×	×	×	1	0	0
0	0	0	0	1	×	×	×	0	1	1
0	0	0	0	0	1	×	×	0	1	0
0	0	0	0	0	0	1	×	0	0	1
0	0	0	0	0	0	0	1	0	0	0

根据真值表可分别列出输出与输入之间的逻辑表达式，再利用代数法或卡诺图法对其表达式进行化简，结果如下：

$$
\begin{cases}
Y_2 = I_7 + I_6\,\overline{I_7} + I_5\,\overline{I_6}\,\overline{I_7} + I_4\,\overline{I_5}\overline{I_6}\overline{I_7} = I_7 + I_6 + I_5 + I_4 \\
Y_1 = I_7 + I_6\,\overline{I_7} + I_3\,\overline{I_4}\overline{I_5}\overline{I_6}\overline{I_7} + I_2\,\overline{I_3}\overline{I_4}\overline{I_5}\overline{I_6}\overline{I_7} = I_7 + I_6 + I_3\,\overline{I_4}\overline{I_5} + I_2\,\overline{I_4}\overline{I_5} \\
Y_0 = I_7 + I_5\,\overline{I_6} + I_3\,\overline{I_4}\overline{I_6} + I_1\,\overline{I_2}\overline{I_4}\overline{I_6}
\end{cases}
\quad (5-12)
$$

若将上述逻辑表达式进行变换，用或非门的形式来表示，则式（5-12）的输出变为反码，即：

$$
\begin{cases}
\overline{Y_2} = \overline{I_7 + I_6 + I_5 + I_4} \\
\overline{Y_1} = \overline{I_7 + I_6 + I_3\,\overline{I_4}\,\overline{I_5} + I_2\,\overline{I_4}\,\overline{I_5}} \\
\overline{Y_0} = \overline{I_7 + I_5\,\overline{I_6} + I_3\,\overline{I_4}\,\overline{I_6} + I_1\,\overline{I_2}\,\overline{I_4}\,\overline{I_6}}
\end{cases}
\quad (5-13)
$$

集成电路模块 74LS148 就是根据式（5-13）来搭建的，74LS148 的逻辑电路图及符号图如图 5-9 所示。

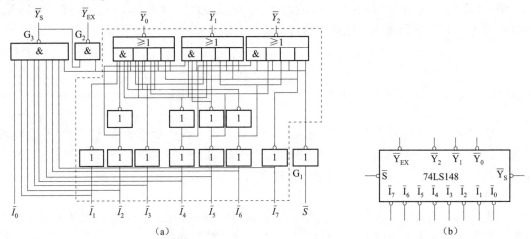

图 5-9　74LS148 逻辑电路及符号图

（a）74LS148 逻辑电路图；（b）74LS148 逻辑符号图

由图 5-9 可见，74LS148 的输入和输出信号均采用反码，即对低电平的输入信号进行编码。当然，它还增加了相关的控制电路，用来扩展 74LS148 的功能以及增加使用的灵活性。

74LS148 增加的控制电路端口有：用于选通编码器的选通输入端 $\overline{S}$ 和选通输出端 $\overline{Y}_S$，用来扩展编码功能的扩展输出端 $\overline{Y}_{EX}$。由图 5-9（a）可给出输出信号与输入信号、控制端口信号之间的表达式为：

$$
\begin{cases}
\overline{Y_2} = \overline{(I_7 + I_6 + I_5 + I_4)S} \\
\overline{Y_1} = \overline{(I_7 + I_6 + I_3\,\overline{I_4}\overline{I_5} + I_2\,\overline{I_4}\overline{I_5})S} \\
\overline{Y_0} = \overline{(I_7 + I_5\,\overline{I_6} + I_3\,\overline{I_4}\overline{I_6} + I_1\,\overline{I_2}\overline{I_4}\overline{I_6})S} \\
\overline{Y_S} = \overline{I_0 I_1 I_2 I_3 I_4 I_5 I_6 I_7 S} \\
\overline{Y}_{EX} = \overline{\overline{Y_S}\,S}
\end{cases}
\quad (5-14)
$$

根据式（5 – 14）可得到 74LS148 的真值表，该真值表描述了 74LS148 各个引脚的功能，因此又称为功能表，其功能表如表 5 – 4 所示。

由功能表 5 – 4 可看出，表中会出现 3 种三个输出端为"111"的情况，但它们所代表的逻辑意义并不相同。当选通输入信号 $\bar{S}$ 为高电平"1"时，电路不工作；当选通输入信号 $\bar{S}$ 为低电平"0"，8 个输入端均输入高电平"1"时，代表电路工作但无编码信号输入；当选通输入信号 $\bar{S}$ 为低电平"0"，只有 $\bar{I}_0$ 为低电平"0"时，代表输入的编码信号为 $\bar{I}_0$。

表 5 – 4　74LS148 优先编码器的功能表

输入变量								输出变量				
$\bar{S}$	$\bar{I}_7$	$\bar{I}_6$	$\bar{I}_5$	$\bar{I}_4$	$\bar{I}_3$	$\bar{I}_2$	$\bar{I}_1$	$\bar{I}_0$	$\bar{Y}_2$	$\bar{Y}_1$	$\bar{Y}_0$	$\bar{Y}_S$	$\bar{Y}_{EX}$
1	×	×	×	×	×	×	×	×	1	1	1	1	1
0	1	1	1	1	1	1	1	1	1	1	1	0	1
0	0	×	×	×	×	×	×	×	0	0	0	1	0
0	1	0	×	×	×	×	×	×	0	0	1	1	0
0	1	1	0	×	×	×	×	×	0	1	0	1	0
0	1	1	1	0	×	×	×	×	0	1	1	1	0
0	1	1	1	1	0	×	×	×	1	0	0	1	0
0	1	1	1	1	1	0	×	×	1	0	1	1	0
0	1	1	1	1	1	1	0	×	1	1	0	1	0
0	1	1	1	1	1	1	1	0	1	1	1	1	0

5.4　常用组合逻辑电路模块——译码器

译码器（Decoder）是具有译码功能的逻辑电路。译码是编码的逆过程，它的功能是将有特殊含义的二进制代码进行辨别，并将每一种取值转换成对应的特定状态输出。译码器将 n 个输出转换成对应的 m 个输出的过程，称为译码。译码器输入数 n 和输出数 m 之间的关系为：$m \leq 2^n$。当 $m = 2^n$ 时，称为全部译码；当 $m < 2^n$ 时，称为部分译码。

常用组合逻辑
电路 – 译码器

常见的译码器电路有二进制译码器、二 – 十进制译码器（BCD 译码器）和显示译码器三类。

5.4.1　二进制译码器

二进制译码器的输入是一组二进制代码，输出是一组与输入代码对应的高、低电平信号。图 5 – 10 为三位二进制译码器的原理框图。输入的 3 位二进制代码共有 8 种状态，译码器将每个输入代码译成对应的一根传输线上的高、低电平信号，该译码器称为 3 线 – 8 线译码器。

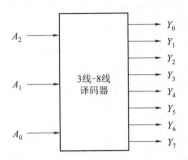

图 5 – 10 3 线 – 8 线译码器的框图

集成电路产品 74LS138 是由典型的 TTL 门电路组成的 3 线 – 8 线译码器，它的逻辑图如图 5 – 11 所示，逻辑功能表如表 5 – 5 所示。

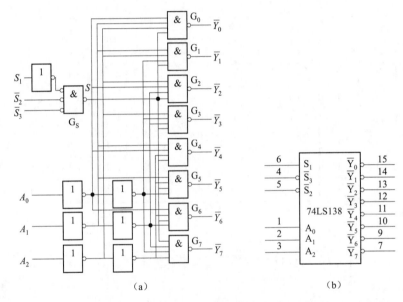

图 5 – 11 3 线 – 8 线集成译码器（74LS138）

（a）74LS138 逻辑电路图；（b）74LS138 逻辑符号图

由图 5 – 11 可见，74LS138 的输出信号与输入信号之间的逻辑关系除了满足基本的译码功能外，还增加了 S_1、$\bar{S}_2$ 和 $\bar{S}_3$ 三个选通控制端口，以扩展 74LS138 的功能及增加使用时的灵活性。

当 S_1 为高电平 "1"，$\bar{S}_2$ 和 $\bar{S}_3$ 为低电平 "0" 时，译码器处于被选通的状态下，译码器开启正常的译码功能。当译码器的 3 个控制端口不是处于上面所述的高、低电平状态组合时，译码器不被选通，输出端全部输出高电平信号 "1"，具体如表 5 – 5 所示。

表 5 – 5 74LS138 的功能表

输入					输出							
S_1	$\bar{S}_2 + \bar{S}_3$	A_2	A_1	A_0	$\bar{Y}_0$	$\bar{Y}_1$	$\bar{Y}_2$	$\bar{Y}_3$	$\bar{Y}_4$	$\bar{Y}_5$	$\bar{Y}_6$	$\bar{Y}_7$
0	×	×	×	×	1	1	1	1	1	1	1	1

续表

输入			输出									
S_1	$\overline{S_2}+\overline{S_3}$	A_2	A_1	A_0	$\overline{Y_0}$	$\overline{Y_1}$	$\overline{Y_2}$	$\overline{Y_3}$	$\overline{Y_4}$	$\overline{Y_5}$	$\overline{Y_6}$	$\overline{Y_7}$
×	1	×	×	×	1	1	1	1	1	1	1	1
1	0	0	0	0	0	1	1	1	1	1	1	1
1	0	0	0	1	1	0	1	1	1	1	1	1
1	0	0	1	0	1	1	0	1	1	1	1	1
1	0	0	1	1	1	1	1	0	1	1	1	1
1	0	1	0	0	1	1	1	1	0	1	1	1
1	0	1	0	1	1	1	1	1	1	0	1	1
1	0	1	1	0	1	1	1	1	1	1	0	1
1	0	1	1	1	1	1	1	1	1	1	1	0

【例 5 – 7】利用 3 线 – 8 线译码器 74LS138 组成 4 线 – 16 线的译码器。

图 5 – 12 所示电路的工作原理如下：当 A_3 的输入信号为低电平信号"0"时，因该信号与译码器（2）的 $\overline{S_2}$ 和 $\overline{S_3}$ 控制端相连，译码器（2）进入译码工作状态，而译码器（1）的 S_1 与 A_3 相连，S_1 为低电平，译码器（1）未被选通，译码器（1）的输出端输出高电平；反之，将选通译码器（1）进入工作状态，而译码器（2）不被选通，译码器（2）的输出端输出高电平。

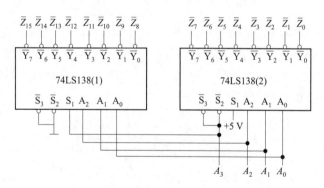

图 5 – 12　两片 74LS138 组成 4 线 – 16 线译码器

当 A_3 为低电平"0"，$A_2A_1A_0$ 依次输入 111 ~ 000 时，译码器（2）将对应输出 $\overline{Z_7}$ ~ $\overline{Z_0}$，译码器（1）全部输出高电平；当 A_3 为高电平"1"，$A_2A_1A_0$ 依次输入 111 ~ 000 时，译码器（1）将对应输出 $\overline{Z_{15}}$ ~ $\overline{Z_8}$，译码器（2）全部输出高电平。

综上所述，当 $A_3A_2A_1A_0$ 依次输入 1111 ~ 0000，译码器将对应输出 $\overline{Z_{15}}$ ~ $\overline{Z_0}$。可见，上述将 2 片 74LS138 连接的电路成功地变为了 4 线 – 16 线译码器。

5.4.2　二 – 十进制译码器

二 – 十进制译码器也称 BCD 译码器，它的功能是将输入的一位 BCD 码（四位二元符号）译成 10 个高、低电平输出信号，因此也叫 4 线 – 10 线译码器。

图 5 – 13 为二 – 十进制译码器 74LS42 的逻辑图和符号图，其功能表如表 5 – 6 所示。表中输出"0"为有效电平，"1"为无效电平。

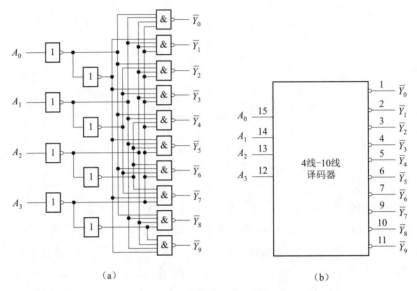

（a）　　　　　　　　　　　　（b）

图 5 – 13　二 – 十进制译码器 74LS42 的逻辑电路和符号图

（a）逻辑电路图；（b）逻辑符号图

需要注意的是，BCD 码译码器的输入状态组合中总有 6 个伪码（无用码）状态存在。所用 BCD 码不同，则相应的 6 个码状态也不同。电路应具有拒绝伪码功能，即输入端出现不应被翻译的伪码状态时，输出均呈无效电平。如功能表 5 – 6 所示，当输入端为 6 个伪码状态时，输出端全部输出"1"，为无效电平。

表 5 – 6　二 – 十进制译码器 74LS42 的功能表

序号	输入				输出									
	A_3	A_2	A_1	A_0	$\overline{Y}_0$	$\overline{Y}_1$	$\overline{Y}_2$	$\overline{Y}_3$	$\overline{Y}_4$	$\overline{Y}_5$	$\overline{Y}_6$	$\overline{Y}_7$	$\overline{Y}_8$	$\overline{Y}_9$
0	0	0	0	0	0	1	1	1	1	1	1	1	1	1
1	0	0	0	1	1	0	1	1	1	1	1	1	1	1
2	0	0	1	0	1	1	0	1	1	1	1	1	1	1
3	0	0	1	1	1	1	1	0	1	1	1	1	1	1
4	0	1	0	0	1	1	1	1	0	1	1	1	1	1
5	0	1	0	1	1	1	1	1	1	0	1	1	1	1
6	0	1	1	0	1	1	1	1	1	1	0	1	1	1
7	0	1	1	1	1	1	1	1	1	1	1	0	1	1
8	1	0	0	0	1	1	1	1	1	1	1	1	0	1
9	1	0	0	1	1	1	1	1	1	1	1	1	1	0

续表

序号	输入				输出									
	A_3	A_2	A_1	A_0	$\overline{Y_0}$	$\overline{Y_1}$	$\overline{Y_2}$	$\overline{Y_3}$	$\overline{Y_4}$	$\overline{Y_5}$	$\overline{Y_6}$	$\overline{Y_7}$	$\overline{Y_8}$	$\overline{Y_9}$
伪码	1	0	1	0	1									
	1	0	1	1	1									
	1	1	0	0	1	全部为"1"								
	1	1	0	1	1									
	1	1	1	0	1									
	1	1	1	1	1									

5.4.3　显示译码器与数码管

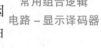

常用组合逻辑
电路 – 显示译码器

在数字系统中计数器、抢答器、数字电压表等的应用中，需要将表示数字信息的二进制数以人们习惯的十进制形式显示出来，以便查看。因此，数字显示电路是许多数字设备不可或缺的部分。数字显示电路通常由译码器、驱动器和显示器等部分组成，如图 5 – 14 所示。

图 5 – 14　数字显示电路组成框图

1. 数码显示器件

数码显示器件种类很多，用以显示数字和符号。按发光物质不同分为液晶数码显示器（LCD）、半导体发光二极管数码管（LED）、荧光显示器和辉光显示器等。

目前我们广泛使用的是七段字符显示器，或称为七段数码管。这种字符显示器由七段可发光的线段拼接而成。常见的七段字符显示器有液晶显示数码管和半导体数码管两种。

半导体数码管是数字电路中比较方便使用的显示器，它有共阳极和共阴极两种接法，如图 5 – 15 所示。它利用各个段的组合来显示某个数字的字形。要使对应字形的几个显示字段发亮，对共阴极接法，这几个显示字段必须同时为高电平；对共阳极接法，这几个显示字段必须同时为低电平。

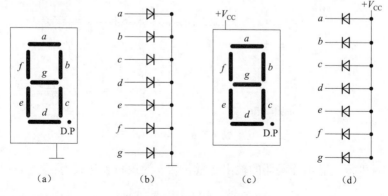

图 5 – 15　LED 七段显示器

（a）共阴极示意图；（b）共阴极内部接线图；（c）共阳极示意图；（d）共阳极内部接线图

2. 数码显示译码器

要驱动 LED 正常地显示十进制数的 10 个字符，LED 前面必须还要接一个显示译码器。显示译码器可实现的逻辑功能是：将输入的 8421BCD 码转化为 LED 发光的高、低电平信号，驱动 LED 显示出不同的十进制字符。下面将讨论显示译码器的组成。

显示译码器要驱动 LED 显示出 0～9 这 10 个数字字符，这 10 个字符对应 10 种高、低电平的组合状态，要描述这 10 种高、低电平的组合状态必须用 4 位二进制数，根据 LED 发光的特点可得到显示译码器的逻辑功能表，如表 5－7 所示。举个例子，设现在要显示器显示数字 "6"，由于使用的数码管为共阴极数码管，故要求发亮的线段应为高电平 "1"；另外，参照图 5－15 （a）中的数码管外形图可知，数字 "6" 对应的线段为 $acdefg$，因此这 6 个线段为高电平 "1"，而其他线段必须为低电平 "0"。所以，数字 "6" 对应的输出 $abcdefg$ 对应 1011111。同理可得到其他数字对应的输出高低电平组合。

表 5－7　显示译码器的逻辑功能表（共阴极数码管）

输入					输出							
数字	A_3	A_2	A_1	A_0	a	b	c	d	e	f	g	字形
0	0	0	0	0	1	1	1	1	1	1	0	0
1	0	0	0	1	0	1	1	0	0	0	0	1
2	0	0	1	0	1	1	0	1	1	0	1	2
3	0	0	1	1	1	1	1	1	0	0	1	3
4	0	1	0	0	0	1	1	0	0	1	1	4
5	0	1	0	1	1	0	1	1	0	1	1	5
6	0	1	1	0	1	0	1	1	1	1	1	6
7	0	1	1	1	1	1	1	0	0	0	0	7
8	1	0	0	0	1	1	1	1	1	1	1	8
9	1	0	0	1	1	1	1	1	0	1	1	9

根据表 5－7 的真值表可得到显示译码器输出变量 a 和 b 的卡诺图，如图 5－16 所示。

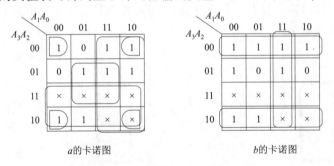

a的卡诺图　　　　　b的卡诺图

图 5－16　输出变量 a 和 b 的卡诺图

由图 5－16 可得，显示译码器的输出变量 a 和 b 的逻辑表达式为：

$$\begin{cases} a = A_3 + A_1 + A_2 A_0 + \overline{A_2}\,\overline{A_0} \\ b = \overline{A_2} + \overline{A_1}\,\overline{A_0} + A_1 A_0 \end{cases} \tag{5-15}$$

同理，也可得到 $c \sim g$ 输出变量的逻辑表达式为：

$$\begin{cases} c = A_2 + \overline{A_1} + A_0 \\ d = A_3 + A_1\,\overline{A_0} + \overline{A_2}A_1 + \overline{A_2}A_0 + A_2\,\overline{A_1}A_0 \\ e = \overline{A_2}\,\overline{A_0} + A_1\,\overline{A_0} \\ f = A_3 + A_2\,\overline{A_1} + A_2\,\overline{A_0} + \overline{A_2}\,\overline{A_0} \\ g = A_3 + A_2\,\overline{A_1} + \overline{A_2}A_1 + A_1\,\overline{A_0} \end{cases} \qquad (5-16)$$

根据前面项目 4 讲的组合逻辑电路的设计方法，利用表达式（5 - 15）和式（5 - 16），选择与非门，我们不难搭建出其对应的逻辑电路图，这里不再给出。

市场上目前有很多种规格的显示译码器产品，如图 5 - 17 所示为利用显示译码器 74LS48 组成的数码显示电路（CD4511 与 74LS48 的逻辑功能一致，使用时可互换）。

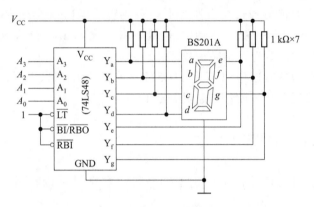

图 5 - 17　74LS48 驱动数码管 BS201 的电路

该数码显示电路的工作原理是：74LS48 显示译码器将输入的 4 位二进制码 $A_3A_2A_1A_0$ 转换成不同高、低电平的组合状态输出，驱动数码管 BS201 显示 0 ~ 9 中的任一个数字。

74LS48 除了上面介绍的输入输出引脚外，还多了几个附加的控制引脚，它们的功能和使用方法如下。

灯测试输入（$\overline{LT}$）：用来检测数码管各段是否能正常发光。检测灯好坏时，$\overline{LT}$ 接低电平信号，显示译码器全部输出高电平，数码管显示数字"8"；正常使用时，$\overline{LT}$ 应接高电平信号。

灭零输入（$\overline{RBI}$）：设置灭零输入信号的目的是为了能把不希望显示的 0 灭掉。例如有一个 8 位的数码显示电路，整数部分为 5 位，小数部分为 3 位，在显示 13.6 这个数时将呈现 00013.600 字样。若将前后多余的 0 熄灭，则显示的结果更醒目简洁。

灭灯输入/灭零输出（$\overline{BI}/\overline{RBO}$）：这是一个双功能的输入/输出端。当它作输入端用时，称为灭灯输入控制端，只要 $\overline{BI} = 0$ 时，无论 $A_3A_2A_1A_0$ 为什么状态，被驱动的数码管各段均熄灭；当它作输出端用时，称为灭零输出控制端，只有当灭零输入信号 $\overline{RBI} = 0$，且 $A_3A_2A_1A_0$ 的输入全为 0 时，才能满足 $\overline{RBO} = 0$，此时可将不希望显示的 0 熄灭，使显示的数据更简洁。

项目实施

5.5　任务1　八路抢答器方案设计

5.5.1　设计要求

数字显示抢答器
电路的设计与仿真

根据项目要求，设计一个八路数显抢答器的电路。要求该设备能够实现抢答器的功能，同时能够通过扬声器和七段数码管正确显示抢答结果：设八路抢答开关分别对应 $S_1 \sim S_8$，要求某位抢答者（比如 S_5）抢答成功时，扬声器会响，且数码管上正确显示数字"5"。

设计的器件主要包括集成电路芯片 CD4511（或者 74LS48）、七段 LED 数码管、蜂鸣器、按键开关以及二极管、三极管、电阻等若干。

5.5.2　电路设计结构框图

根据设计需求，考虑按照以下结构框图来设计数字显示抢答器，如图 5-18 所示。

抢答器电路的
设计与芯片选型

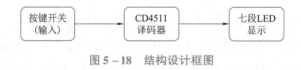

图 5-18　结构设计框图

5.6　任务2　八路抢答器方案验证

5.6.1　电路原理分析

根据前面的设计要求和结构框图提示，设计出如图 5-19 所示的电路原理图。印刷电路板如图 5-20 所示。

该电路的原理分析如下：

（1）电路包括抢答、编码、优先、锁存、数显及复位电路。可同时进行八路优先抢答，按键按下后蜂鸣器发声，同时数码管显示优先抢答者的号数，抢答成功后，再按按键，显示不变，除非按复位键。复位后，显示清零，可继续抢答。

（2）$S_1 \sim S_8$ 为抢答键，S_9 为复位键。CD4511 是一块含 BCD – 7 段锁存/译码/驱动电路于一体的集成电路，其中 1、2、6、7 为 BCD 码的输入端，9 ~ 15 脚为显示输出端，3 脚（$\overline{LT}$）为测试输出端，当 $\overline{LT}$ 为 "0" 时，输出全为 "1"，4 脚（$\overline{BI}$）为消隐端，$\overline{BI}$ 为 "0" 时，输出全为 "0"，5 脚（LE）为锁存允许端，当 LE 由 "0" 变为 "1" 时，输出端保持 LE 为 "0" 的显示状态。16 脚和 8 脚分别接电源正极和负极。

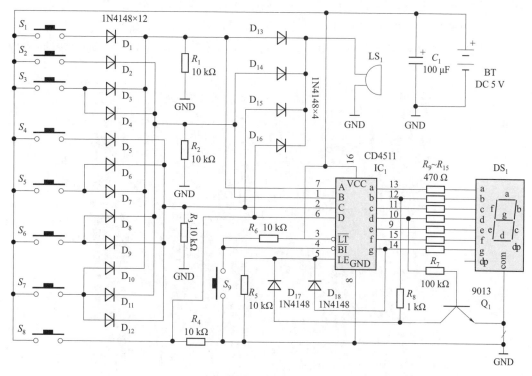

图 5 – 19　电路原理图

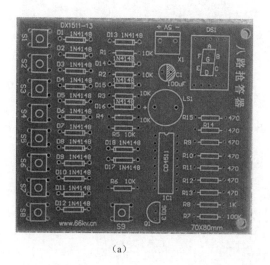

（a）

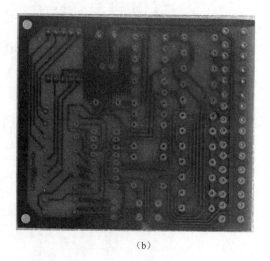

（b）

图 5 – 20　八路抢答器 PCB 正反视图

（a）正视图；（b）反视图

5.6.2 电路仿真

如图 5-21 所示，为设计的八路数显抢答器的 Proteus 仿真模型图。当给该电路加上 5 V 电源后，无人抢答时，CD4511 的输入端 $DCBA$ 为 0000，经译码后在数码管上显示数字"0"。当有选手抢答时，例如 S_3 抢答，经过编码后，CD4511 的输入端 $DCBA$ 为 0011，经译码后在数码管上显示数字"3"，同时蜂鸣器会发出响声，如图 5-22 所示。后面如果还有其他选手抢答将无效，数码管显示不变。

集成芯片 CD4511
的功能测试

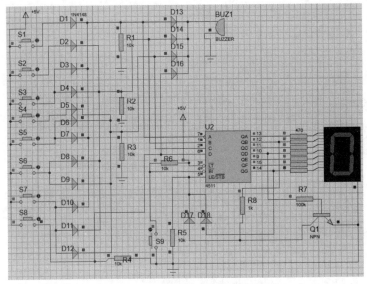

图 5-21 无人抢答时电路仿真结果

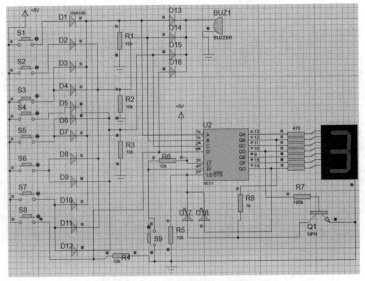

图 5-22 S_3 抢答时电路仿真结果

　　某一轮抢答完毕后，需要主持人先按下 S_9 按键使译码驱动器复位（消隐），数码管将不显示任何数字。松开 S_9 按键开关后，重新开始抢答。假设选手 S_7 抢答成功，数码管将会显示数字"7"，同时蜂鸣器发出响声，其他选手再抢答将无效，其仿真结果如图 5 – 23 所示。该电路的仿真结果表明，实现了八路数显抢答器的逻辑功能。

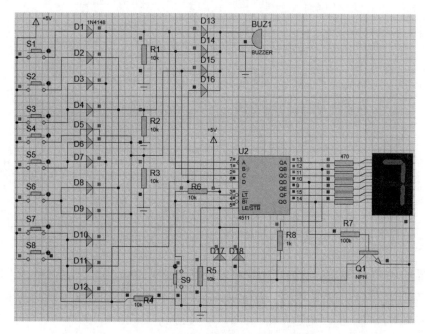

图 5 – 23　S_7 抢答时电路仿真结果

5.7　任务 3　整机电路安装与调试

5.7.1　电路安装准备

数字显示抢答器
电路的安装与调试

1. 电路元器件

整机电路所需元器件见表 5 – 8。

表 5 – 8　电路元器件

序号	位号	名称	规格/型号	数量
1	$R_1 \sim R_6$	电阻	10 kΩ	6
	R_7	电阻	100 kΩ	1
	R_8	电阻	1 kΩ	1
	$R_9 \sim R_{15}$	电阻	470 Ω	7

序号	位号	名称	规格/型号	数量
2	$D_1 \sim D_{18}$	二极管	1N4148	18
3	$S_1 \sim S_9$	开关按键	6 mm×6 mm×5 mm	9
4	IC_1	插座	16P	1
		集成芯片	CD4511	1
5	C_1	电解电容	100 μF	1
6	Q_1	三极管	9013	1
7	DS_1	数码管	共阴极	1
8	LS_1	有源蜂鸣器	3.5 ~ 5.5 V	1
9	X_1	接线座	2P	1
10		PCB 板		1

2. 主要元器件的检测

译码器 CD4511 以及数码管 DS_1 的检测方法将会在实训 10 中介绍。电阻、开关二极管、三极管均可以用数字万用表来检测。有源蜂鸣器可将其两端分别接 5 V 的电源和地,检测是否发声来判断它的好坏。

5.7.2 电路安装

(1) 将检测合格的元器件按照图 5-19 所示的电路原理图安装在 PCB 板上。

(2) 应大致遵循先安装矮器件,后安装高器件的原则进行安装。

(3) 需要注意的是,电阻不需要区分极性,两端可随意安装;安装开关二极管、电解电容时,要注意长脚接"+",短脚接"-";安装三极管时,按照 PCB 上丝印的提示,注意 b、c、e 极的位置;安装集成电路时,应先校准两排引脚,使其与 PCB 板上插孔对应,还必须要注意 1 脚的位置千万不能接错了。

(4) 安装过程中要细心,尤其要注意芯片的引脚不要弄断了。再次强调有极性要求的器件一定不能装错了,否则会烧毁器件。

(5) 安装检查完毕后,开始焊接,焊接时尽可能保持焊点光亮无毛刺,焊接完毕后要检测有无漏焊、虚焊。

(6) 安装焊接完毕后,在给电路供电前,强烈建议用万用表的蜂鸣器挡检测电源的正负极之间是否短路。

5.7.3 电路测试

(1) 给电路两端加 +5 V 的直流电,通过按键开关验证八路抢答器的功能。

（2）首先，测试复位功能，按一下 S_9 复位后松开，观察数码管能否正常显示数字"0"；检测复位功能正常后，按下 S_1，观察 LED 数码管是否显示数字"1"；若正常，再按 S_9 复位，按下 S_2，观察数码管显示的数字是否为"2"；按照此步骤，依次测试 $S_3 \sim S_8$ 的抢答功能是否正常。

（3）调试完毕后，记得关闭电源。

5.7.4 故障分析与排除

产生故障的原因主要有元器件引脚安装错误、元器件损坏或虚焊、漏焊等。

故障检测步骤：当电路出现故障时，首先从外观观察元器件是否烧坏，电路焊接是否有短路、虚焊、漏焊等现象。若元器件和电路连接都正常，给电路通电后，观察电路是否有异常现象（比如是否产生异味或冒烟，芯片或其他元器件是否发烫）。用万用表检测集成电路芯片的电源端是否加上电压；各输入端、输出端是否正常。

项目总结与评价

（一）项目总结

（1）编码是将数字、字母、符号等信息编成一组二进制代码的过程。完成编码工作的逻辑器件称为编码器。编码器通常分为普通编码器和优先编码器两类。普通编码器的特点是，不允许两个或两个以上的输入同时要求编码，即输入要求是互斥的。对某一个输入进行编码时，不允许其他输入提出要求。优先编码器允许同时输入两个以上的编码信号，编码器给所有的输入信号都规定了优先顺序，当多个输入信号同时有效时，优先编码器能够根据事先确定的优先顺序，只对其中优先级最高的一个有效输入信号进行编码。

（2）译码是编码的逆过程，它将输入代码转换成特定的输出信号，即将每个代码的信息"翻译"出来。在数字电路中，能实现译码功能的逻辑器件称为译码器。译码器通常分为二进制译码器、二 – 十进制译码器和显示译码器等。

（3）在数字测量仪表和各种数字系统中，都需要将数字量直观地显示出来，一方面供人们直接读取测量和运算的结果；另一方面用于监视数字系统的工作情况。因此，数字显示电路是许多数字设备不可缺少的部分。数字显示电路通常由译码器、驱动器和显示器（常用七段数码管）等部分组成。数码管是利用不同发光段组合的方式显示不同数码的。因此，为了使数码管能将数码所代表的数显示出来，必须将数码经译码器译出，然后经驱动器点亮对应的段。例如，对于 8421 码的 0011 状态，对应的十进制数为 3，则译码驱动器应使 a、b、c、d、g 各段点亮。即对应于某一组数码，译码器应有确定的几个输出端有信号输出，这是分段式数码管电路的主要特点。

（二）项目评价

项目评价标准见表 5 – 9。

表 5 - 9 项目评价标准

考核项目	配分	工艺标准	评分标准	扣分记录	得分
观察识别能力	10分	能根据提供的任务所需设备、工具和材料清单进行检查、检测（特别是集成运算放大器）	（1）不能根据设备、工具和材料清单进行检查，每处扣2分； （2）不能对材料进行检测与判断，每处扣2分		
电路组装能力	40分	（1）元器件布局合理、紧凑； （2）导线横平、竖直，转角成直角，无交叉； （3）元器件间连接关系和电路原理图一致； （4）元器件安装平整、对称，电阻器、二极管、集成电路水平安装，贴紧电路板，晶体管、电容器垂直安装； （5）绝缘恢复良好，紧固件牢固可靠； （6）未损伤导线绝缘层和元器件表面涂敷层； （7）焊点光亮、清洁，焊料适量，无漏焊、虚焊、假焊、搭焊、溅锡等现象； （8）焊接后元器件引脚剪脚留头长度小于1 mm	（1）布局不合理，每处扣5分； （2）导线不平直、转角不成直角每处扣2分，出现交叉每处扣5分； （3）元器件错装、漏装，每处扣5分； （4）元器件安装歪斜、不对称、高度超差，每处扣1分； （5）绝缘恢复不符合要求，扣10分； （6）损伤绝缘层和元器件表面涂敷层，每处扣5分； （7）紧固件松动，每处扣2分； （8）焊点不光亮、不清洁，焊料不适量，漏焊、虚焊、假焊、搭焊、溅锡，每处扣1分； （9）剪脚留头大于1 mm，每处扣0.5分		
仪表使用能力	40分	（1）能对任务所需的仪器仪表进行使用前检查与校正； （2）能根据任务采用正确的测试方法与工艺，正确使用仪器仪表； （3）测试结果正确合理，数据整理规范正确； （4）确保仪器仪表完好无损	（1）不能对任务所需的仪器仪表进行使用前检查与校正，每处扣5分； （2）不能根据不同的任务采用正确的测试方法与工艺，每处扣5分； （3）不能根据任务正确使用仪器仪表，每处扣5分； （4）测试结果不正确、不合理，每处扣5分； （5）数据整理不规范、不正确，每处扣5分； （6）使用不当损坏仪器仪表，每处扣10分		
安全文明生产	10分	（1）小组分工明确，能按规定时间完成项目任务； （2）各项操作规范，注意安全，装配质量高、工艺正确	（1）成员无分工，扣5分；超时扣5分； （2）违反安全操作规程，扣10分； （3）违反文明生产要求，扣10分		
考评人：			得分：		

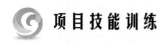

项目技能训练

实训 9　编码器的逻辑功能测试

1. 实训目标

（1）熟悉常用集成逻辑电路的功能和使用方法。

（2）熟悉常用编码器的逻辑功能和特点。

2. 实训器材

（1）直流稳压电源 1 台，万用表 1 个。

（2）面包板 1 块，杜邦线若干。

（3）集成电路芯片 74LS147 1 片，发光 LED 4 只。

（4）逻辑开关 9 个。

3. 实训步骤

（1）查阅 74LS147 的相关手册，明确各引脚的定义及功能。

（2）将编码器芯片 74LS147 插入到面包板的中间，并将芯片的电源引脚（16 脚）和地引脚（8 脚）引到面包板的电源和地的标志孔位上。

（3）将逻辑开关分别接集成编码器 74LS147 的信号输入端，再将集成编码器 74LS147 的四个输出端连接到发光二极管的 P 端（发光二极管的 N 端要接地），检测输出状态。电路连接图如图 5 - 24 所示。

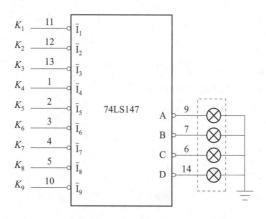

图 5 - 24　集成十进制编码器逻辑功能测试图

（4）通过测试输入变量的各种状态，记录其对应的输出状态到表 5 - 10 中。

表 5-10　74LS147 优先编码功能表

输入									输出			
$\bar{I}_9$	$\bar{I}_8$	$\bar{I}_7$	$\bar{I}_6$	$\bar{I}_5$	$\bar{I}_4$	$\bar{I}_3$	$\bar{I}_2$	$\bar{I}_1$	D	C	B	A
1	1	1	1	1	1	1	1	1	1	1	1	1
0	×	×	×	×	×	×	×	×				
1	0	×	×	×	×	×	×	×				
1	1	0	×	×	×	×	×	×				
1	1	1	0	×	×	×	×	×				
1	1	1	1	0	×	×	×	×				
1	1	1	1	1	0	×	×	×				
1	1	1	1	1	1	0	×	×				
1	1	1	1	1	1	1	0	×				
1	1	1	1	1	1	1	1	0				

4. 注意事项

（1）在接集成门电路芯片时，务必看清芯片的定位标识，尤其是电源和地不能接反了，否则将烧毁芯片。

（2）要分清芯片中每个门电路的输入引脚和输出引脚，由于电源的供电电压范围为 +4.5 ~ +5.5 V，所以供电电源的电压须稳定。

（3）注意 74LS147 这款芯片的输入端和输出端均为低电平有效。

实训 10　显示译码器的逻辑功能测试

1. 实训目标

（1）熟悉常用集成逻辑电路的功能和特点。

（2）掌握显示译码器的逻辑功能和使用方法。

（3）熟悉七段数码管的工作原理及特点。

2. 实训器材

（1）直流稳压电源 1 台，万用表 1 个。

（2）面包板 1 块，杜邦线若干。

（3）集成电路芯片 CD4511 1 片，共阴极数码管 1 个，电阻 7 个。

（4）逻辑开关 7 个。

3. 实训步骤

（1）查阅 CD4511 的相关手册，明确各引脚的定义及功能。

（2）将译码驱动器芯片 CD4511 和共阴极数码管插入到面包板中，按图 5-25 所示的显示译码实训电路进行连线。

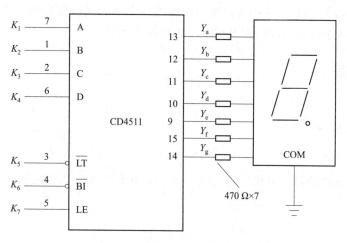

图 5 – 25　显示译码实训电路

（3）首先，测试译码器的消隐功能，使 $\overline{BI}=0$（4 脚接低电平），不管其他输入端的状态如何变化，七段数码管均处于熄灭（消隐）状态，不显示数字。接着，使 $\overline{BI}=1$（4 脚接高电平），$\overline{LT}=0$（3 脚接低电平），译码输出全为"1"，无论 DCBA 输入状态如何变化，七段均亮，显示数字"8"，该步骤主要用于检测数码管的好坏。最后，介绍 LE（5 脚）的功能，LE 为锁定控制端，当 LE = 1 时，译码器为锁定保持状态，译码器输出被保持在 LE = 0 时的数值；当 LE = 0 时，允许译码输出。

（4）将 D ~ A 接逻辑开关，将 $\overline{BI}$、$\overline{LT}$ 接高电平，LE 接低电平。改变逻辑开关的逻辑电平，在不同的输入状态，将数码管观察到的字形填入表 5 – 11 中。

表 5 – 11　显示译码实训电路数据表

输入				输出字形	输入				输出字形
D	C	B	A		D	C	B	A	
0	0	0	0		1	0	0	0	
0	0	0	1		1	0	0	1	
0	0	1	0		1	0	1	0	
0	0	1	1		1	0	1	1	
0	1	0	0		1	1	0	0	
0	1	0	1		1	1	0	1	
0	1	1	0		1	1	1	0	
0	1	1	1		1	1	1	1	

4. 注意事项

（1）特别注意区别 CD4511 的输入端 DCBA，它们有高位和低位之分。因此，在列表格时候，通常会把二进制的高位放在最左侧，低位放右侧。

（2）注意 CD4511 的 3 个控制端的功能及作用，正常译码时，通常 $\overline{BI}$ 端（消隐输入控制端）和 $\overline{LT}$ 端（测试输入端）设为"disable"，由于它们为低电平有效，所以通常在译码时，将它们接高电平。*LE* 端为锁存控制端，本项目设计的八路抢答器中巧妙地利用了这一功能，使得任一选手抢答成功后，其他选手再抢答则无效。

 项目拓展

（一）综合应用

1. 知识图谱绘制

根据前面知识的学习，请同学们完成本项目所涉及的知识图谱的绘制。

2. 技能图谱绘制

根据前面知识的学习，请同学们完成本项目所涉及的技能图谱的绘制。

3. 创新应用设计

以 74LS138 为核心器件设计一个三人多数表决器，画出该设计电路原理图。

（二）以证促学

以集成电路设计与验证职业技能等级证书（中级）、物联网单片机应用与开发职业等级证书（中级）和智能硬件应用开发职业技能等级证书（中级）为例，教材中本项目与 1 + X 证书对应关系如表 5 – 12 所示。

表5-12 教材与1+X证书对应关系

职业技能等级证书（中级）				教材
证书名称	工作领域	工作任务	技能要求	对应小节
集成电路设计与验证	3. 逻辑设计与验证	3.5 简单单元和模块的Verilog设计	3.5.1 能进行基本逻辑门的Verilog设计。 3.5.2 能进行数据选择器的Verilog设计。 3.5.3 能进行译码器的Verilog设计。 3.5.4 能进行编码器的Verilog设计。 3.5.5 能进行触发器的Verilog设计。	5.3、5.4
物联网单片机应用与开发	1. 智能终端硬件设计	1.1 硬件原理图设计	1.1.1 能够根据设计要求，选择参数、性能合理的电子元器件。 1.1.2 能够使用电路设计软件，进行原理图图幅规格、信息栏的设置。 1.1.3 能够使用电路设计软件，根据元器件规格书，设计原理图符号库。 1.1.4 能够使用电路设计软件，按照规范要求，设置电阻、电容等器件标号和参数等属性。 1.1.5 能够使用电路设计软件，放置原理图符号，运用电子电路、单片机基础知识，建立电气连接关系。 1.1.6 能够使用电路设计软件，导出生产物料表单。	5.2、5.5、5.6
智能硬件应用开发	3. 智能硬件装调	3.1 硬件电路装接	3.1.1 能识读智能硬件功能模块的电路原理图。 3.1.2 能识读电子产品整机装配工艺文件。 3.1.3 能编写智能硬件的装配工步文件。 3.1.4 能识读智能硬件的装配图及接线图表。 3.1.5 能熟练掌握不同元器件的安装工艺，完成智能硬件的装配。	5.6、5.7
		3.2 硬件电路调试	3.2.1 能识读智能硬件电路调试要求。 3.2.2 能熟练操作复杂电子仪器设备调试智能硬件电路。 3.2.3 能填写智能硬件调试报告。 3.2.4 能够根据功能模块调试报告，优化完善功能模块电路设计。	5.7
		3.3 功能调试	3.3.1 能独立完成智能硬件功能模块调试。 3.3.2 能撰写功能模块软硬件调试报告。 3.3.3 能优化完善功能模块设计。 3.3.4 能完成智能硬件软硬件调试。 3.3.5 能填写智能硬件软硬件调试报告。 3.3.6 能提出智能硬件软硬件设计改进建议。	5.7

（三）以赛促练

以集成电路开发及应用国赛为例。集成电路开发及应用赛项来源于集成电路行业真实工作任务，由"集成电路设计与仿真""集成电路工艺仿真""集成电路测试"及"集成电路应用"4部分组成。而集成电路测试任务共分为数字集成电路测试、数字电路设计与测试、模拟集成电路测试、综合应用电路功能测试四项子任务。这里分析数字集成电路测试部分的样题。赛项职业素养评分见表5-13。

表5-13 赛项职业素养评分表

赛项名称	集成电路设计与仿真		赛位号		
评分指标及分值	评分说明	配分	得分		项目总分
安全意识2分	不符合安全用电规范，操作、安装、接线未在断电状态下进行，扣1分	1			
	仪器设备摆放不稳定，操作过程中损坏仪器设备，扣1分	1			
环境清洁1分	工作台面未清洁、装接垃圾未统一存放，焊锡乱甩，地面不干净，饮用水摆放不合理，餐盒乱放，扣0.5分	0.5			
	赛项结束后，凳子未放回原处，未清理个人物品和垃圾，扣0.5分	0.5			
操作规范2分	仪器、仪表、工具、器件、作品摆放不整齐、杂乱，不便于操作，元件存放不规范、标识不清楚，扣1分	1			
	工作桌面上摆放有矿泉水及食物，扣1分	1			
总分（5分）					

评分裁判签名：＿＿＿＿＿＿＿＿＿＿＿＿＿＿＿　　　　日期：20　年　月　日

1. 样题

子任务一：数字集成电路测试

待测芯片：一片LS系列芯片（擦除型号标识）。

任务要求：

（1）根据表5-14设计测试工装电路，并装配到MiniDUT板。

表5-14 芯片引脚说明

芯片引脚编号	芯片引脚说明	芯片引脚编号	芯片引脚说明
PIN1	输入引脚	PIN9	输出引脚
PIN2	输入引脚	PIN10	输出引脚
PIN3	输入引脚	PIN11	输出引脚
PIN4	输入引脚	PIN12	输出引脚
PIN5	输入引脚	PIN13	输出引脚
PIN6	输入引脚	PIN14	输出引脚
PIN7	输出引脚	PIN15	输出引脚
PIN8	GND	PIN16	V_{CC}/GND（通过继电器切换控制）

（2）将装配好的 MiniDUT 板安装到 DUT 转换板。

（3）接入测试平台信号，编写测试程序，要求如下：

①通过继电器切换控制使 PIN16 接 GND。

②各 I/O 引脚通过测试机编程施加 −100 μA 的电流。

③测试 PIN4 和 PIN13 引脚电压，并显示在测试机屏幕上，显示格式为"PINX：Y. YYV"，其中，X 为引脚编号 1～16；Y 为保留两位小数的电压值。例如"PIN6：2. 13 V"。

④通过继电器切换控制使 PIN16 接 V_{CC}。

⑤按照表 5–15 所示输入逻辑状态组合，测试输出逻辑电平，并显示到测试机的屏幕上。

表 5 –15　芯片真值表

输入逻辑值						输出逻辑值（需测试，并在测试屏幕显示）							
PIN1	PIN2	PIN3	PIN4	PIN5	PIN6	PIN7	PIN9	PIN10	PIN11	PIN12	PIN13	PIN14	PIN15
0	1	1	0	1	1								
1	1	0	0	0	1								
1	0	1	1	0	1								
0	0	1	0	0	1								
1	1	1	0	0	0								
1	0	1	0	0	1								
0	0	0	0	0	1								
0	1	1	0	0	1								
1	0	0	0	0	1								
1	1	1	0	0	1								
0	1	0	0	0	1								

⑥根据输出逻辑值，分析判断该数字集成电路的逻辑功能。

⑦在测试机界面显示"该芯片逻辑功能为：＊＊＊"，其中＊＊＊代表具体的逻辑功能，例如：反相器。

2. 样题分析

（1）根据试题要求使用测试工装板、转换板及综合电路功能板设计并焊接电路板，完成测试工装与测试平台之间的信号接入。

（2）在 Visual Studio 6.0 开发环境下编写基于 C 语言的测试程序，根据要求通过编程将需要测试的参数在测试机屏幕上显示出来。

（3）PIN4 和 PIN13 的测试电压应该分别在 0. 55～0. 75 V、0. 45～0. 65 V。

（4）该芯片的逻辑功能为：译码器。

3. 竞赛模拟

子任务一：数字集成电路测试

待测芯片：74HC251。

任务描述：设计测试工装电路，在下发的 MiniDUT 板中完成焊接装配，装入 DUT 转换板中，完成测试平台信号接入，根据测试任务要求，编写测试程序完成测试，并将测试结果在屏幕上显示出来，显示要求见相应任务说明。

（1）开短路测试，要求：对地开路测试电流设置为 $-100\ \mu\text{A}$，V_{CC}引脚接 GND，开短路测试任务如表 5-16 所示。

表 5-16　开短路测试任务表

引脚编号	引脚电压（屏幕显示数值和单位，保留两位小数）
PIN6	
PIN10	
PIN12	

（2）芯片应用功能测试。

······

思考与练习

（一）填空题

1. 二进制数只有_____和_____两个数码。其计数的基数是_____，加法运算进位关系为_____。

2. 十进制数转换为二进制数的方法是：整数部分用_____法，小数部分用_____法。

3. 十进制数 $(23.76)_{10}$ 对应的二进制数为_____。

4. 编码器按功能的不同分为三种，即_____、_____、_____。

5. 8线-3线优先编码器 74LS148 的优先编码顺序是 $\overline{I_7}$、$\overline{I_6}$、$\overline{I_5}$、···、$\overline{I_0}$，输出为 $\overline{Y_2}\ \overline{Y_1}\ \overline{Y_0}$。输入输出均为低电平有效。当输入 $\overline{I_7}\overline{I_6}\overline{I_5}\overline{I_4}\overline{I_3}\overline{I_2}\overline{I_1}\overline{I_0}$ 为 11010101 时，输出 $\overline{Y_2}\ \overline{Y_1}\ \overline{Y_0}$ 为_____。

6. 3线-8线译码器 74HC138 处于译码状态时，当输入 $A_2A_1A_0=001$ 时，输出 $\overline{Y_7}\sim\overline{Y_0}$ 为_____。

（二）选择题

1. 在开关电路中，功耗最低的是（　　）。

A. 二极管　　　　　B. 双极性三极管　　　C. MOS 管

2. 二-十进制编码器的输入信号应有（　　）。

A. 2 个　　　　　B. 4 个　　　　　C. 8 个　　　　　D. 10 个

3. 在二进制译码器中，若输入有 4 位代码，则输出有（　　）个信号。

A. 2　　　　　B. 4　　　　　C. 8　　　　　D. 16

4. 译码器 74LS138 的使能端 $S_1\ \overline{S_2}\ \overline{S_3}$ 取值为（　　）时，处于允许译码状态。

A. 011　　　　　B. 100　　　　　C. 101　　　　　D. 010

（三）判断题

1. 二进制数转换为十进制数的方法是各位加权系数之和。　　　　　　　（　　）

2. 二进制数整数最低位的权值是 21。　　　　　　　　　　　　　　　（　　）

3. 优先编码器只对多个输入编码信号中优先权最高的信号进行编码。　（　　）

4. 显示译码器 CD4511 既可以驱动半导体数码显示器，也可以驱动液晶显示器。

　　　　　　　　　　　　　　　　　　　　　　　　　　　　　　　（　　）

（四）分析题

1. 用 3 线 – 8 线译码器 74LS138 和门电路设计下列组合逻辑电路，其输出逻辑函数为

（1）$F(A,\ B,\ C) = \overline{A}C + BC + A\,\overline{B}\,\overline{C}$；

（2）$F(A, B, C) = \sum m(0, 3, 5, 6, 7)$；

2. 译码驱动器芯片 CD4511 的使能端 LE、$\overline{LT}$ 和 $\overline{BI}$ 分别起何控制作用？本项目的电路中按键开关 S_9 起什么作用？

项目 6

流水灯的设计与制作

项目描述

随着电子技术的快速发展，尤其是数字技术的突飞猛进，多功能流水灯凭着简易、高效、稳定等特点得到普遍的应用。在各种娱乐场所、店铺门面装饰、家居装潢、城市墙壁更是随处可见，与此同时，还有一些城市采用不同的流水灯打造属于自己的城市文明，塑造自己的城市魅力。

本项目是利用时序逻辑电路的相关知识设计并制作多功能流水灯控制电路。首先，介绍触发器的基本特性、几种常见触发器的功能及应用、典型时序逻辑电路计数器的功能及应用，脉冲信号的特点及作用、555 定时器的功能及应用；然后采用时序逻辑电路的设计方法及脉冲信号产生电路的知识，完成相关电路的分析设计、仿真验证以及安装调试。

通过本项目的学习，学生理解相关知识之后，应达成以下能力目标和素养目标。

岗位职业能力

根据工作任务要求，设计并制作一个多功能流水灯控制电路。能运用 Proteus 仿真软件合理进行流水灯电路仿真设计、电路布局、正确接线，完成整机电路的装配和调试，达到产品质量标准。

知识目标

- 熟悉常见触发器的功能特性。
- 掌握计数器的工作原理及应用。
- 掌握 NE555 的功能、工作原理及引脚排列。
- 掌握由 CD4017 构成循环灯电路的组成和工作原理，并通过电路的搭建、焊接等实训进一步熟练电路装调工艺。

技能目标

- 能利用 NE555 构成多谐振荡，产生一个频率可调的时钟脉冲。
- 能查阅 CD4017 的功能并能控制 LED 实现流水循环。
- 能利用电烙铁、数字万用表、示波器等工具和仪器规范地进行电路的安装和调试。

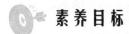

素养目标

- 培养耐心细致的工作态度。
- 培养严谨扎实的工作作风。
- 培养团结协作的合作精神。

项目引入

　　流水灯是在控制系统的作用下按照设定的顺序和时间来点亮和熄灭，形成一定视觉效果的一组灯。流水灯控制电路是一种用于控制 LED 灯或其他照明设备的电路。其应用广泛，包括家庭、商业、工业和军事等领域。以下是流水灯控制电路的典型应用。

　　（1）照明系统：流水灯控制电路常用于照明系统，例如商场、车站、机场等公共场所。流水灯可以创造出独特的照明效果，增加空间的可读性和吸引力。

　　（2）节日装饰：流水灯控制电路常用于庆祝节日和庆典活动。例如，在婚礼、生日和国庆节等特殊场合，流水灯可以创造出热闹、欢乐的氛围。

　　（3）舞台表演：流水灯控制电路常用于舞台表演。流水灯可以使舞台更加生动、热闹，增加观众的参与度和满意度。

　　（4）交通控制：流水灯控制电路可以用于交通控制。例如，在道路上设置流水灯可以控制车速和引导交通。

　　（5）智能城市：流水灯控制电路可以用于智能城市。例如，在城市中设置流水灯控制电路可以模拟城市景观，增加城市的艺术性和吸引力。

　　学会了流水灯控制电路的研究，同学们可以利用所学知识去提高商场、车站等公共场所照明效果，改善酒店、旅游地等特殊场合的用户体验，改进智能家居的设计和应用。例如，如何通过控制流水灯的亮度和颜色来实现家庭智能照明。

知识链接

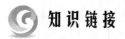

触发器的
特点和类别

6.1　触发器的认识及应用

6.1.1　触发器概述

　　触发器是时序逻辑电路的基本单元，触发器是具有记忆功能的逻辑电路，应用十分广泛。触发器有两个基本特性：

　　（1）具有两个稳定状态——0 状态和 1 状态，可分别用来表示二进制数 0 和 1。

　　（2）能够接收、保持和输出信号。

　　触发器的种类较多，根据电路结构形式的不同，可以分为基本 RS 触发器、同步 RS 触发器、主从触发器、维持阻塞触发器、边沿触发器。根据触发器逻辑功能的不同分为 RS 触发器、JK 触发器、D 触发器、T 触发器、T′触发器等几种类型。

6.1.2 RS 触发器

（一）基本 RS 触发器

基本 RS 触发器结构简单，是构成各种触发器的最基本的单元。

1. 逻辑电路及逻辑符号

图 6－1 所示为基本 RS 触发器的逻辑电路和符号。由图可见，它是由与非门 1 和 2 交叉耦合连接而成的。逻辑电路中有两个输出端 Q 和 $\overline{Q}$，从两个输出端各引出一条反馈线作为与非门的输入，$\overline{S}$ 和 $\overline{R}$ 为两个输入信号。

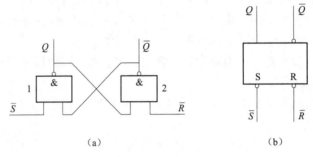

图 6－1　基本 RS 触发器

（a）逻辑电路；（b）逻辑符号

2. 逻辑功能

（1）在 $\overline{S}$ 端加负脉冲，即 $\overline{S}=0$，$\overline{R}=1$ 时，触发器置"1"。

若触发器的原状态为 $Q=1$，$\overline{Q}=0$，由于 $\overline{S}=0$，使 $Q=1$ 保持门 2 的两个输入信号均为 1，输出 $\overline{Q}$ 仍为 0。若触发器的原状态为 $Q=0$，$\overline{Q}=1$，由于加在门 1 的输入 $\overline{S}$ 为 0，根据与非门的逻辑功能，"有 0 出 1"，则 $Q=1$，而门 2 的输入此时全为 1，则输出 $Q=1$，$\overline{Q}=0$，触发器状态发生了变化。触发器在输入负脉冲的作用下导致的状态转换过程称为翻转。

此时称触发器的状态 $Q=1$，$\overline{Q}=0$ 为 1 态，亦称置位态，这是触发器的一个稳态。

从上面的分析可知，当 $\overline{S}=0$，$\overline{R}=1$，无论触发器原来的状态是 0 还是 1，触发器新的状态都是 1。

（2）在 $\overline{R}$ 端加负脉冲，即当 $\overline{R}=0$，$\overline{S}=1$ 时，触发器置"0"。

采用与上面相同的方法和步骤讨论可知，只要在 $\overline{R}$ 端加负脉冲，如果原状态是 $Q=0$，$\overline{Q}=1$，触发器将保持原状态，如果触发器原状态是 $Q=1$，$\overline{Q}=0$，触发器的状态将发生翻转，新状态为 $Q=0$，$\overline{Q}=1$。

称触发器 $Q=0$，$\overline{Q}=1$ 的状态为 0 态，又称为复位态，这是触发器的又一个稳态。如果触发器的输入信号 $\overline{S}=1$，$\overline{R}=0$，触发器被置为 0 态。

（3）当 $\overline{S}=1$，$\overline{R}=1$ 时，触发器保持原状态不变。

当 $\overline{S}=1$，$\overline{R}=1$ 时，如果触发器处于 $Q=0$，$\overline{Q}=1$ 状态，则由于 $Q=0$ 反馈到门 2 的输入端，门 2 因输入有低电平 0，输出 $\overline{Q}=1$；$\overline{Q}=1$ 又反馈到门 1 的输入端，门 1 的输入端都为高电平 1，输出 $Q=0$。电路保持 0 状态不变。如果电路原处于 $Q=1$，$\overline{Q}=0$ 的 1 状态，则电路同样能保持 1 状态不变。

（4）$\overline{S}=\overline{R}=0$，不被允许。

若 $\overline{S}=0$，$\overline{R}=0$ 时，则 $Q=\overline{Q}=1$。破坏了触发器的正常工作状态，一旦 $\overline{S}$、$\overline{R}$ 的低电平撤去，触发器的状态不确定。为保证触发器正常工作，$\overline{R}$ 和 $\overline{S}$ 两个输入信号同时为 0 是不允许的。依据上述分析，可列出基本 RS 触发器的真值表，如表 6－1 所示。

表 6－1　基本 RS 触发器真值表

S	R	Q^n	Q^{n+1}	说明
0	0	0	0	保持原态
0	0	1	1	
0	1	0	0	触发器置 "0"
0	1	1	0	
1	0	0	1	触发器置 "1"
1	0	1	1	
1	1	0	×	不允许
1	1	1	×	
表中 × 表示触发器 0 和 1 状态不定。				

表 6－1 中，Q^n 称为触发器现状态，指触发器输入信号（$\overline{R}$、$\overline{S}$）变化前触发器的状态。Q^{n+1} 称为次态，它是指触发器输入信号（$\overline{S}$、$\overline{R}$）变化后触发器的状态。

3. 特性方程

触发器次态 Q^{n+1} 与 R、S 及现态 Q^n 之间关系的逻辑表达式称为触发器的特性方程。

根据表 6－1 可画出基本 RS 触发器 Q^{n+1} 的卡诺图，如图 6－2 所示。

S \\ RQ^n	00	01	11	10
0	0	1	1	1
1	0	0	×	×

图 6－2　基本 RS 触发器 Q^{n+1} 的卡诺图

由此可得基本 RS 触发器特性方程为：

$$\begin{cases} Q^{n+1}=S+\overline{R}Q^n \\ RS=0（约束条件） \end{cases}$$

（二）时钟控制 RS 触发器

在工程中，习惯要求触发器在某一指定时刻按输入信号所要求的状态触发翻转，这一指定时刻由外加时钟信号来决定。时钟控制 RS 触发器输出状态的翻转与时钟信号出现的时刻一致，所以也称为同步 RS 触发器，这也是时钟控制的含义。

1. 逻辑电路及逻辑符号

时钟控制 RS 触发器是以基本 RS 触发器为基础构成的，它的逻辑电路及逻辑符号如图 6 – 3 所示。

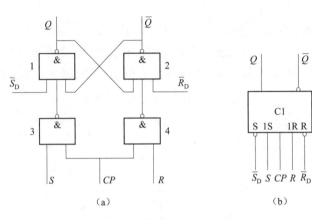

同步 RS 触发器

图 6 – 3　时钟控制 RS 触发器

（a）逻辑电路；（b）逻辑符号

从逻辑电路结构看，时钟控制 RS 触发器由两部分构成：上半部是一个基本 RS 触发器，下半部为导引电路，R、S 是同步输入端，CP 为两个与非门共有的控制端，称为时钟控制端。$\overline{S}_D$、$\overline{R}_D$ 称为异步输入端，也称为直接置位和直接复位端。Q 和 $\overline{Q}$ 为触发器的输出端。

2. 逻辑功能

当时钟脉冲 $CP = 0$ 时，门 3 和门 4 被封锁，无论 R 和 S 如何变化，两个导引门的输出均为 1，基本 RS 触发器的输出状态将保持不变。

当 $CP = 1$ 时，门 3 和门 4 解除封锁，门 3 和门 4 的输出将由 R 和 S 决定，R、S 及触发器的现态共同决定触发器的次态。

（1）若 $S = 1$、$R = 0$，导引门 3 输出为 0，门 1 输入低电平，使触发器置 1 状态（$Q^{n+1} = 1$，$\overline{Q}^{n+1} = 0$），如果现态为 1，触发器将保持 1 状态，如果现态为 0，触发器将翻转为 1 状态。

（2）若 $S = 0$、$R = 1$，导引门 4 输出为 0，门 2 输入低电平，使触发器置 0 状态（$Q^{n+1} = 0$，$\overline{Q}^{n+1} = 1$），如果现态为 0，触发器将保持 0 状态，如果现态为 1，触发器将翻转为 0 状态。

（3）如果 $S = 0$、$R = 0$，导引门 3 及门 4 输出均为 1，触发器的输出状态将保持不变。

（4）如果 $S = 1$、$R = 1$，导引门 3 及门 4 输出均为 0，使触发器输出 $Q^{n+1} = \overline{Q}^{n+1} = 1$，输入信号撤除后，触发器状态不确定，使用中要避免这种情况出现。

根据上述特性我们得出其真值表如表 6 – 2 所示。

表 6 – 2　钟控 RS 触发器真值表

CP	S	R	Q^n	Q^{n+1}	说明
0	×	×	×	Q^n	保持
1	0	0	×	Q^n	保持

CP	*S*	*R*	*Q^n*	*Q^{n+1}*	说明
1	0	1	0	0	置 "0"
1	0	1	1	0	
1	1	0	0	1	置 "1"
1	1	0	1	1	
1	1	1	×	不定	不允许

3. 特性方程及状态转移图

（1）状态转移图。

由时钟控制 RS 触发器的真值表可得到它的状态转移图，图 6 – 4 所示为 $CP = 1$ 时，时钟控制 RS 触发器的状态转移图。

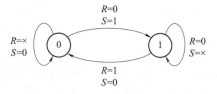

图 6 – 4　状态转移图

状态转移图表示了触发器从一个状态变化到另一个状态或保持原状态不变时，对输入信号（R、S）提出的要求。图 6 – 4 中两个圆圈表示触发器的两个稳定状态，箭头表示在输入时钟信号 CP 作用下状态转换的情况，箭头线旁标注的 R、S 值表示触发器状态转换的条件。

（2）特性方程。

时钟控制 RS 触发器在 $CP = 1$ 时与基本 RS 触发器具有相同的真值表，所以时钟控制 RS 触发器的特性方程与基本 RS 触发器的特性方程相同，为：

$$\begin{cases} Q^{n+1} = S + \overline{R}Q^n \\ RS = 0（约束条件） \end{cases}$$

4. 异步输入端的作用

（1）同步输入端。

图 中 R、S 称为同步输入端，因为 R、S 端的输入信号能否进入触发器而被接收，是受时钟脉冲 CP 同步控制的，$CP = 0$，R、S 端的输入信号对触发器不起作用。

（2）异步输入端。

$\overline{R}_D$、$\overline{S}_D$ 称为异步输入端，当 $\overline{R}_D = 0$ 时，触发器被复位到 0 状态；$\overline{S}_D = 0$ 时，触发器被置位到 1 状态。其作用与 CP 无关，故名异步输入端。异步输入端是用来预置触发器的初始状态，或者在工作过程中强行置位和复位触发器的。

例如：时钟控制 RS 触发器的 CP、R、S 的波形如图 6 – 5 所示，试画出其输出 Q 的时序波形图。

解：图 6 – 5 中当第一个脉冲出现时，$CP = 1$，$R = 1$，$S = 0$，Q 由初始态 1 翻转为 0；

当第二个脉冲出现时，$CP=1$，$R=0$，$S=1$，Q 由 0 翻转为 1；当第三个脉冲出现时，$CP=1$，$R=0$，$S=0$，Q 应保持 1 不变，但在 $CP=1$ 时，R、S 多次变化，因此 Q 多次变化，这种现象称为触发器的空翻。当第四个脉冲出现时，$CP=1$，$R=1$，$S=1$，$Q=\overline{Q}=1$，第四个脉冲过后，触发器状态不定；当第五个脉冲出现时，$CP=1$，$R=0$，$S=1$，Q 输出为 1。

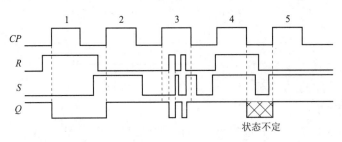

图 6-5　时钟控制 RS 触发器的时序图

6.1.3　D 触发器

同步 D 触发器

时钟控制 RS 触发器存在约束条件 $RS=0$，这给使用带来不便。在逻辑电路设计时满足约束条件，保证 R、S 不会同时为 1 是困难的。

（一）逻辑电路及逻辑符号图

D 触发器的逻辑电路如图 6-6（a）所示，图 6-6（b）则是 D 触发器的逻辑符号。

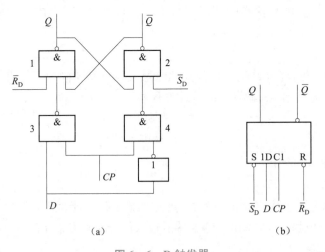

图 6-6　D 触发器

（a）逻辑电路；（b）逻辑符号

很明显，图 6-6（a）所示电路是在图 6-3 所示电路的 R、S 信号输入端之间接入了一个非门，实现了 $S=\overline{R}$，并以 S 控制端作为触发器的 D 输入端，这就是 D 触发器。这种触发器是在同步 RS 触发器的基础上改进得到的，因此也称为同步 D 触发器。

（二）D 触发器功能介绍

D 触发器的真值表如表 6 - 3 所示。

表 6 - 3　D 触发器的真值表

CP	D	Q^n	Q^{n+1}	说明
0	×	×	Q^n	保持
1	0	0	0	置 0
1	0	1	0	
1	1	0	1	置 1
1	1	1	1	

由表 6 - 3 可见，当 $CP = 0$ 时，触发器被封锁，D 输入的变化不能影响触发器的输出（触发器输出状态保持不变，见图 6 - 7）；当 $CP = 1$ 时，触发器状态与 D 输入状态相同。

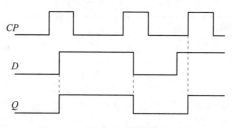

图 6 - 7　同步 D 触发器的时序

（三）D 触发器的特性方程

$$Q^{n+1} = D$$

即触发器状态的转换由输入信号 D 确定，$D = 0$ 时，则 $Q^{n+1} = 0$；$D = 1$ 时，则 $Q^{n+1} = 1$。

6.1.4　JK 触发器

同步 JK 触发器

JK 触发器也是一种双输入的双稳态触发器，它的功能完善，使用灵活。

（一）逻辑电路和逻辑符号

JK 触发器的逻辑电路是在时钟控制 RS 触发器的基础上发展而来的，从输出端 Q 和 $\overline{Q}$ 分别连线至触发器输入端，作为触发器的反馈控制。

（二）逻辑功能

（1）当 $CP = 0$ 时，门 3、门 4 被封锁，J、K 变化对门 3、门 4 输出无影响，触发器保持原状态。

（2）当 $CP = 1$ 时，门 3、门 4 开启，J、K 与 CP 及 Q^n 共同决定触发器状态。

①保持功能。当 $J = K = 0$ 时，无论 CP 时钟脉冲状态如何，触发器保持原状态不变，这

体现了触发器具有保持功能。

②置"1"功能。当 $J=1$，$K=0$ 时，触发器的下一个状态为 $Q=1$，$\overline{Q}=0$，即为 1 态。这包含两种情况，如果原状态为 1 态，触发器保持原状态不变，如果原状态为 0 态，触发器将翻转为 1 态。

③置"0"功能。当 $J=0$，$K=1$ 时，触发器的下一个状态为 $Q=0$，$\overline{Q}=1$，即为 0 态，这时也包含两种情况，如原状态为 0 态，触发器保持原状态不变，如原状态为 1 态，触发器将翻转为 0 态。

由上述分析可知，J、K 两个输入信号不同时，触发器的输出 Q 与 J 状态相同，即 $J=1$，$Q^{n+1}=1$，或 $J=0$，$Q^{n+1}=0$。

④计数功能。当 $J=K=1$ 时，时钟脉冲控制端每输入一个脉冲信号触发器就翻转一次，即 $Q^{n+1}=\overline{Q^n}$。此时触发器所具有的功能称为计数功能，记录触发器的翻转次数就可以得出输入时钟脉冲的个数。

由上述分析可得 JK 触发器的真值表如表 6-4 所示。

表 6-4　JK 触发器真值表

J	K	Q^n	Q^{n+1}	说明
0	0	0	0	保持
0	0	1	1	
0	1	0	0	置"0"
0	1	1	0	
1	0	0	1	置"1"
1	0	1	1	
1	1	0	1	计数
1	1	1	0	

（三）状态转移图及特性方程

由 JK 触发器的真值表可得其状态转移图，如图 6-8 所示。

由表 6-4 可画出 JK 触发器 Q^{n+1} 的卡诺图，利用卡诺图化简可得 JK 触发器的特性方程为：

$$Q^{n+1}=J\,\overline{Q^n}+\overline{K}Q^n$$

如已知 CP、J、K 的波形，可画出输出 Q 的波形，如图 6-9 所示。

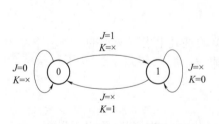

图 6-8　JK 触发器的状态转移图

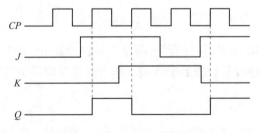

图 6-9　JK 触发器时序

基本触发器的特点

以上基本触发器都具有两个稳定状态，有记忆功能，可用来表示二进制 0 和 1，并作为二进制信息的存储单元。这里所说的触发器两个稳定状态是说触发器在正常工作时，两个输出端的状态是互补的，其中一个为1，另一个一定为0。所谓记忆功能是指当触发信号撤除后，触发器能保持触发信号作用时所具有的输出状态。

但基本触发器是电平触发型的，在 CP 时钟信号为1的整个作用期间，触发信号均可使触发器状态变化。当 $CP=1$ 到来后，若触发器状态已翻转，但 CP 仍处于高电平，触发信号却发生了变化，这将导致触发器状态可能发生二次翻转，甚至出现多次翻转。这种在一个 CP 脉冲作用下触发器发生两次或两次以上翻转的现象，称为空翻。要解决电平触发型触发器的空翻问题，就必须保证在 $CP=1$ 的整个期间，控制信号的状态不变或者限制 CP 很窄。这实际上是非常困难的。即使是在 $CP=1$ 期间控制信号的状态不发生变化，由于 CP 过宽，反馈的引入也会使触发器自动产生多次翻转，即产生振荡。空翻和振荡的存在，极大地限制了基本触发器的应用。

6.1.5　边沿触发型触发器

边沿触发型触发器，简称边沿触发器。由于是在 CP 时钟信号上升或下降的瞬间接收输入信号，触发器才按逻辑功能的要求改变状态，因此称为边沿触发。在时钟信号的其他时刻，触发器处于保持状态。因此，这是一种抗干扰能力强的实用触发器，应用最为广泛。

边沿 JK 触发器

以边沿触发型 JK 触发器为例来讨论这种触发器的结构和特点。

（一）电路结构及逻辑符号图

图 6-10（a）是一种下降沿触发的边沿触发型 JK 触发器逻辑电路图。图 6-10（b）是下降沿触发型边沿触发器的逻辑符号。

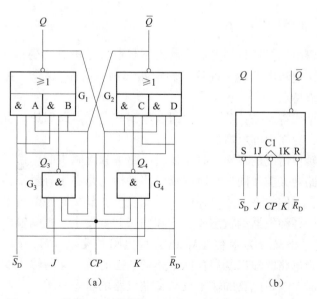

（a）　　　　　　　　　　　　　　（b）

图 6-10　边沿 JK 触发器 CT74LS112 的逻辑图和逻辑符号

（a）逻辑图；（b）逻辑符号

（二）工作原理

（1） $CP=0$ 时，触发器的状态不变。

在 $CP=0$ 时，G_3、G_4 被封锁，$Q_3=1$、$Q_4=1$，与门 A 和与门 D 被封锁，因此，触发器保持原稳定状态不变。

（2） CP 由 0 跳变到 1 时，触发器状态不变。

在 $CP=0$ 时，如触发器的状态为 $Q^n=0$、$\overline{Q^n}=1$，当 CP 由 0 跳变到 1 时，首先与门 A 输入全为 1，则输出 $Q^{n+1}=0$。由于 $Q^{n+1}=0$ 同时加到与门 C、D 的输入端，所以输出 $\overline{Q^{n+1}}=1$。触发器保持原状态不变。如触发器原为 1 状态，则在 CP 由 0 跳变到 1 时，触发器仍保持 1 状态不变。

（3） CP 由 1 跳变到 0 时，触发器的状态根据 J、K 端的输入信号确定。

（1） $J=0$，$K=0$ 时，触发器保持原状态不变。

（2） $J=0$，$K=1$ 时，触发器置 0 状态。

（3） $J=1$，$K=0$ 时，触发器置 1 状态。

（4） $J=1$，$K=1$ 时，触发器状态翻转，若原为 0 状态，则翻转为 1 状态；若原为 1 状态，则翻转为 0 状态。

6.2　典型时序逻辑电路的认识及应用

时序逻辑
电路的特点

6.2.1　时序逻辑电路的分析

（一）时序逻辑电路的特点

在一个逻辑电路中，任意时刻的输出状态不仅取决于该时刻的输入状态，还与电路原来的状态有关，则该逻辑电路称为时序逻辑电路（简称时序电路）。这也是时序电路的逻辑功能特点。

时序逻辑
电路的分类

时序逻辑电路结构特点是：第一，由组合电路和存储电路组成，存储电路必不可少。第二，存在内部反馈。

按照电路状态转换情况的不同，时序逻辑电路可分为同步时序逻辑电路和异步时序逻辑电路两大类。同步时序逻辑电路是指电路中所有触发器都受同一时钟脉冲控制，它们状态的改变在同一时刻发生；异步时序逻辑电路不是统一的时钟脉冲，各触发器的状态改变不在同一时刻发生。根据输出信号的特点，时序逻辑电路又分为米利（Mealy）型电路和莫尔（Moore）型电路。米利型时序逻辑电路的输出既与存储电路的状态有关，又与输入变量的状态有关；莫尔型时序逻辑电路的输出仅与存储电路的状态有关，而与输入变量的状态无关。典型的时序逻辑电路有计数器和寄存器。

时序逻辑电路的
功能描述方法

（二）时序逻辑电路的分析

时序逻辑电路的分析是根据给定的时序电路，求其状态表、状态图或时序图，从而确定电路的逻辑功能。时序逻辑电路的分析的一般步骤如下。

时序逻辑电路
的分析方法

1. 写方程式

（1）时钟方程，各触发器时钟信号的逻辑表达式。对于同步时序逻辑电路，时钟方程可不必书写。

（2）输出方程，时序逻辑电路各输出信号的逻辑表达式。

（3）驱动方程，各触发器输入信号的逻辑表达式。

（4）状态方程，将驱动方程代入相应触发器的特性方程，可求出时序逻辑电路的状态方程。

2. 列状态转换表

将电路输入和现态的各种取值组合，代入状态方程和输出方程中进行计算，求出相应的次态和输出，从而列出状态转换真值表。

3. 画状态转移图或时序图

状态转移图是指现态到次态的示意图。时序图是指在时钟脉冲作用下，各触发器状态变化的波形图。

4. 说明电路逻辑功能

根据状态转换表或状态转移图来说明电路的逻辑功能。

【例 6-1】试分析图 6-11 所示时序逻辑电路的逻辑功能。

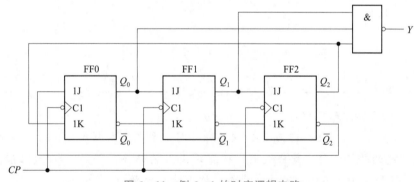

图 6-11 例 6-1 的时序逻辑电路

解： 由图 6-11 所示电路可以看出，各触发器的时钟端都连在一起接在时钟脉冲 CP 上，为同步时序逻辑电路，因此时钟方程可不写。FF_0、FF_1 和 FF_2 组成存储电路，输出 Y 只与 Q_0、Q_1 和 Q_2 有关，没有输入变量，因此，图 6-11 所示电路为莫尔型同步时序逻辑电路。

（1）写方程式：

输出方程为

$$Y = \overline{\overline{Q_0^n} \, \overline{Q_1^n} \, \overline{Q_2^n}}$$

驱动方程为

$$J_0 = \overline{Q_2^n}, \quad K_0 = Q_2^n; \quad J_1 = Q_0^n, \quad K_1 = \overline{Q_0^n}; \quad J_2 = Q_1^n, \quad K_2 = \overline{Q_1^n}$$

状态方程为

$$Q_0^{n+1} = \overline{Q_2^n}\,\overline{Q_0^n} + \overline{Q_2^n}Q_0^n = \overline{Q_2^n}$$
$$Q_1^{n+1} = Q_0^n\overline{Q_1^n} + Q_0^nQ_1^n = Q_0^n$$
$$Q_2^{n+1} = Q_1^n\overline{Q_2^n} + Q_1^nQ_2^n = Q_1^n$$

（2）列状态转换表。

设电路的现态为 $Q_2^nQ_1^nQ_0^n = 000$，代入输出方程和状态方程进行计算后得 $Y = 1$ 和 $Q_2^{n+1}Q_1^{n+1}Q_0^{n+1} = 001$，这说明输入第一个时钟脉冲 CP 后，电路的状态由 000 翻转到 001。然后再将 001 当作新的现态，即 $Q_2^nQ_1^nQ_0^n = 001$，代入输出方程和状态方程进行计算后得 $Y = 1$ 和 $Q_2^{n+1}Q_1^{n+1}Q_0^{n+1} = 011$，即输入第二个 CP 后，电路的状态由 001 翻转到 011。其余类推。由此可求得表 6 – 5 所示的状态转换表。

表 6 – 5　例 6 – 1 的状态转换表

现　态			次　态			输　出
Q_2^n	Q_1^n	Q_0^n	Q_2^{n+1}	Q_1^{n+1}	Q_0^{n+1}	Y
0	0	0	0	0	1	1
0	0	1	0	1	1	1
0	1	1	1	1	1	1
1	1	1	1	1	0	1
1	1	0	1	0	0	1
1	0	0	0	0	0	0
0	1	0	1	0	1	1
1	0	1	0	1	0	1

（3）画状态转移图和时序图。

根据表 6 – 5 可画出图 6 – 12 所示的状态转移图。图中圆圈内表示电路的一个状态，箭头表示电路状态的转换方向。箭头线上方标注的 X/Y 为转换条件，X 为转换前输入变量的取值，Y 为输出值。由于本例没有输入变量，故 X 未标出数值。

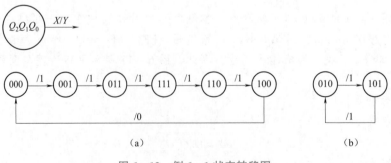

（a）　　　　　　　　　　　　　（b）

图 6 – 12　例 6 – 1 状态转移图

（a）有效循环；（b）无效循环

根据表 6 – 5 可画出图 6 – 13 所示的时序图。

（4）电路逻辑功能。

由表 6 – 5 或图 6 – 13 可知，图 6 – 11 所示电路在输入第六个时钟脉冲 CP 后，返回原来的状态，同时输出端 Y 输出一个正跃变进位信号，因此，图 6 – 11 所示电路为同步六进制计数器。

（5）检查电路能否自启动。

在时序逻辑电路中，凡是被利用的状态，都叫作有效状态。例如，在图 6 – 12（a）所示状态

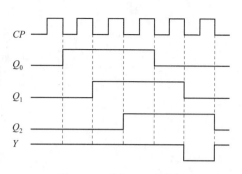

图 6 – 13　例 6 – 1 时序图

转移图中，6 个状态被利用了，故都是有效循环。凡是有效状态形成的循环，都称为有效循环。图 6 – 12（a）所示的循环就是有效循环。

在时序逻辑电路中，凡是没有被利用的状态，都叫作无效状态。例如，在图 6 – 12（b）所示状态转移图中的 010 和 101，就是无效状态。如果无效状态形成了循环，则称之为无效循环。图 6 – 12（b）所示的循环就是无效循环。

如果由于某种原因进入无效状态工作时，只要继续输入时钟脉冲 CP，电路会自动返回到有效状态工作，则称该电路能够自启动。

图 6 – 11 所示电路一旦进入无效状态后，不能自动回到有效状态工作，故该电路不能自启动。在这种时序逻辑电路中，一旦因某种原因而落入无效循环，就再也不能回到有效状态了，当然，电路再要正常工作也就不可能了。

6.2.2　寄存器

在数字电路中，常需要将数据或运算结果暂时存放起来。能够暂时存放二进制数据的电路称为寄存器。寄存器的主要组成部分是具有记忆功能的触发器，一个触发器只能存储 1 位二进制代码，n 个触发器可以构成能存储 n 位二进制代码的寄存器。在时钟脉冲 CP 控制下，寄存器接收输入的二进制代码并存储起来。

基本寄存器

按照功能的不同，寄存器可分为数码寄存器和移位寄存器两种。

（一）数码寄存器

数码寄存器只具有存储数码和清除数码的功能。图 6 – 14 是用 D 触发器组成的 4 位数码寄存器。$d_3 d_2 d_1 d_0$ 为待存储的数码，CP 为寄存数码控制端，$\overline{R}_D$ 为清除数码控制端。

数码寄存器的工作包含以下两个阶段：

第一阶段：在寄存器接收数码之前，通常会先在 $\overline{R}_D$ 端加一个清零脉冲，使得各触发器都置"0"，清零脉冲恢复高电平后，为接收数据做好准备。

第二阶段：假设寄存器的待存数码 $d_3 d_2 d_1 d_0 = 1011$，当 CP 脉冲上升沿到来时，$Q_3 Q_2 Q_1 Q_0 = d_3 d_2 d_1 d_0 = 1011$，这样待存数码就被暂存到寄存器中。需要取出寄存器中暂存的数码时，各位数码在寄存器的输出端 Q_3、Q_2、Q_1、Q_0 上是同时取出的。

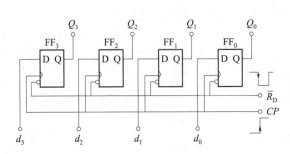

图 6 – 14 数码寄存器

可以看出，数码寄存器在工作时，同时输入各位数码 $d_3d_2d_1d_0$，并同时输出各位数码
$Q_3Q_2Q_1Q_0$，这种数码输入、输出方式称为并行输入、并行输出。

（二）移位寄存器

移位寄存器不仅能存储数码，而且具有移位数码的功能。移位寄存器又
分为单向移位寄存器和双向移位寄存器。

移位寄存器

1. 单向移位寄存器

图 6 – 15（a）是由 D 触发器组成的 4 位右移位寄存器。数码由最左边 FF_0 的 D 端串行
输入。所谓串行输入，就是待存的数码由第一个触发器的 D 端依次输入。工作之初先在$\overline{R}_D$
端加一个清零脉冲，使得各触发器都置"0"。设待存的二进制数码为 1011，输入第一个数
码时，$D_0 = 1$，在第一个移位脉冲上升沿的作用下，触发器 FF_0 由 0 状态翻转到 1 状态，第
一位数码 1 存入 FF_0 中，其原来的状态 $Q_0 = 0$ 移入 FF_1 中，数码向右移了一位，同理，FF_1、
FF_2、FF_3 中的数码都依次向右移了一位。这时，寄存器的状态为 $Q_3Q_2Q_1Q_0 = 0001$。当输入
第二个数码 0 时，$D_0 = 0$，在第二个移位脉冲上升沿的作用下，第二位数码 0 存入 FF_0 中，
这时，FF_0、FF_1、FF_2、FF_3 中原来的数码都依次向右移一位，即 $Q_3Q_2Q_1Q_0 = 0010$，这样，
在 4 个移位脉冲的作用下，输入的 4 位串行数码 1011 全部存入了寄存器。右移位寄存器的
状态如表 6 – 6 所示。

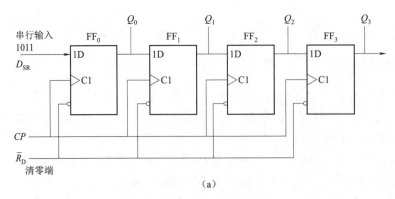

（a）

图 6 – 15 单向移位寄存器

（a）右移位寄存器

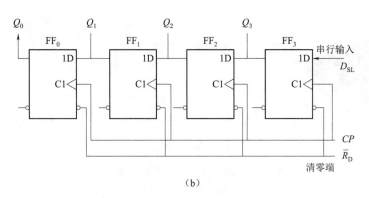

（b）

图6-15 单向移位寄存器（续）

（b）左移位寄存器

表6-6 右移位寄存器的状态转换表

移位脉冲	输入数码	移位寄存器中的数码			
		Q_0	Q_1	Q_2	Q_3
0		0	0	0	0
1	1	1	0	0	0
2	0	0	1	0	0
3	1	1	0	1	0
4	1	1	1	0	1

移位寄存器中的数码可由Q_3、Q_2、Q_1、Q_0并行输出，也可由Q_3串行输出，但这时需要连续输入4个移位脉冲才能将4个触发器中存放的4位数码1011全部取出。

图6-15（b）是D触发器组成的4位左移位寄存器。其工作过程和右移位寄存器基本相同。其数码由最右边FF$_3$的D端串行输入。每个触发器的输出作为其左边触发器的输入，则在每个CP上升沿的作用下，数据左移一位。

2. 双向移位寄存器

把左移位寄存器和右移位寄存器组合起来，加上移位方向控制信号，即可方便地构成双向移位寄存器。74LS194就是典型的4位TTL型集成双向移位寄存器，具有左移、右移、并行输入、保持数据和清除数据等功能。

图6-16所示是4位双向移位寄存器74LS194的实物图、引脚排列图和逻辑功能示意图。$\overline{CR}$是清零端，M_1、M_0是寄存器工作状态控制端，D_{SR}是右移串行数码输入端，D_{SL}是左移串行数码输入端，$D_0 \sim D_3$是并行数据输入端，$Q_0 \sim Q_3$是寄存器并行数据输出端，CP是移位时钟脉冲。

74LS194功能特性如表6-7所示。其中，"×"表示任意状态，"↑"表示上升沿触发。

 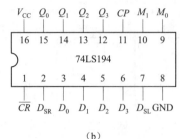 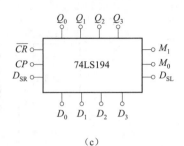

（a） （b） （c）

图 6 – 16 集成双向移位寄存器 74LS194

（a）实物图；（b）引脚排列图；（c）逻辑符号图

表 6 – 7 74LS194 功能特性表

$\overline{CR}$	M_1	M_0	CP	功能
0	×	×	×	异步清零
1	0	0	×	保持
1	0	1	↑	右移
1	1	0	↑	左移
1	1	1	↑	并行输入

（1）异步清零。

当 $\overline{CR} = 0$ 时，双向移位寄存器异步清零，输出端 $Q_3Q_2Q_1Q_0 = 0000$。

（2）保持功能。

当 $\overline{CR} = 1$ 且 $M_1M_0 = 00$ 或 CP 无上升沿时，双向移位寄存器保持原状态不变。

移位寄存器
74LS194 应用之一

（3）并行输入。

当 $\overline{CR} = 1$ 且 $M_1M_0 = 11$ 时，在 CP 上升沿作用下，并行数据 $D_0 \sim D_3$ 被送入寄存器中。

（4）右移串行输入。

当 $\overline{CR} = 1$ 且 $M_1M_0 = 01$ 时，在 CP 上升沿作用下，可依次将加在 D_{SR} 端的数据串行送入寄存器中。

移位寄存器
74LS194 应用之二

（5）左移串行输入。

当 $\overline{CR} = 1$ 且 $M_1M_0 = 10$ 时，在 CP 上升沿作用下，可依次将加在 D_{SL} 端的数据串行送入寄存器中。

6.2.3 计数器

能累计输入脉冲个数的逻辑电路称为计数器，它是数字电路中应用十分广泛的单元逻辑电路，除直接用作计数、分频、定时外，还经常应用于数字仪表、程序控制、计算机等领域。

计数器累计输入脉冲的最大数目称为计数器的"模"，又称为计数器

常见时序逻辑
电路计数器
功能概述

容量或计数长度，它实际上为计数器的有效循环状态数。如计数器模为 10 时，又称为十进制计数器。

计数器种类很多，按计数脉冲引入方式可将计数器分为同步计数器和异步计数器；按计数的进制不同可分为二进制计数器、十进制计数器以及 N 进制计数器；按计数值增减的规律可分为加法计数器、减法计数器和可逆计数器。

（一）二进制计数器

在计数脉冲作用下，各触发器状态翻转按照二进制规律进行计数的数字电路称为二进制计数器。n 位二进制计数器由 n 个触发器组成，其计数的模为 2^n，又称为 2^n 进制计数器，计数范围为 $0 \sim (2^n - 1)$。

1. 异步二进制计数器

图 6 - 17 为由 4 个下降沿触发的 JK 触发器构成的异步 4 位二进制加法计数器。各触发器的 $J = K = 1$，计数脉冲 CP 作为最低位触发器 FF_0 的时钟脉冲，触发器 $FF_2 \sim FF_3$ 的 CP 与相邻低位触发器的 Q 端相连，显然，各触发器的状态变化时刻不一致，这是一个异步时序逻辑电路。计数前，计数器的清零端 $\overline{R}_D$ 上加负脉冲，使电路处于 $Q_3 Q_2 Q_1 Q_0 = 0000$ 状态，计数过程中 $\overline{R}_D = 1$。

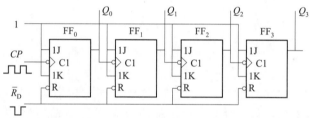

图 6 - 17　由 JK 触发器构成的异步 4 位二进制加法计数器

找出各级触发器的翻转条件并写出状态方程。由于各触发器 $J = K = 1$，触发器的功能为翻转，于是可得出各触发器的状态变化规律如下。

FF_0：$Q_0^{n+1} = \overline{Q_0^n}$，$CP_0 = CP$，即 CP 每来一个下降沿 Q_0 翻转一次。

FF_1：$Q_1^{n+1} = \overline{Q_1^n}$，$CP_1 = Q_0$，即 Q_0 每来一个下降沿 Q_1 翻转一次。

FF_2：$Q_2^{n+1} = \overline{Q_2^n}$，$CP_2 = Q_1$，即 Q_1 每来一个下降沿 Q_2 翻转一次。

FF_3：$Q_3^{n+1} = \overline{Q_3^n}$，$CP_3 = Q_2$，即 Q_2 每来一个下降沿 Q_3 翻转一次。

根据上述分析，可画出图 6 - 18 所示的工作波形，得到表 6 - 8 的异步 4 位二进制加法计数器的状态转换表。

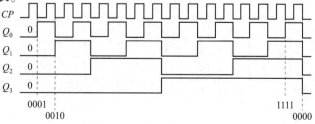

图 6 - 18　图 6 - 17 所示异步 4 位二进制加法计数器工作波形

表 6 – 8　异步 4 位二进制加法计数器状态转换表

计数脉冲	计数器状态				十进制数
	Q_3	Q_2	Q_1	Q_0	
0	0	0	0	0	0
1	0	0	0	1	1
2	0	0	1	0	2
3	0	0	1	1	3
4	0	1	0	0	4
5	0	1	0	1	5
6	0	1	1	0	6
7	0	1	1	1	7
8	1	0	0	0	8
9	1	0	0	1	9
10	1	0	1	0	10
11	1	0	1	1	11
12	1	1	0	0	12
13	1	1	0	1	13
14	1	1	1	0	14
15	1	1	1	1	15
16	0	0	0	0	0

从图 6 – 18 不难看出，每个触发器输出脉冲频率是它相邻低位触发器输出脉冲频率的二分之一，称为 2 分频，因此，Q_0、Q_1、Q_2、Q_3 输出脉冲频率分别是计数脉冲 CP 的 2 分频、4 分频、8 分频和 16 分频，这也是计数器具有分频功能的体现。

2. 同步二进制计数器

异步计数器中，由于进位信号是逐级传送的，因而计数速度受到限制。为了提高计数器的工作速度，可将计数脉冲同时加到各触发器的 CP 端，使得各触发器的状态翻转与计数脉冲同步，这种计数器称为同步计数器。

【例 6 – 2】分析图 6 – 19 所示逻辑电路的逻辑功能，说明其用途。设各触发器的初始状态为 0。

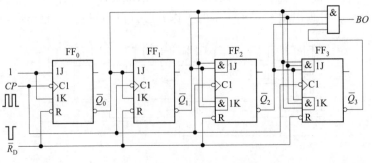

图 6 – 19　例 6 – 2 逻辑电路图

解：（1）写方程。

输出方程：$BO = \overline{Q_0^n}\,\overline{Q_1^n}\,\overline{Q_2^n}\,\overline{Q_3^n}$

驱动方程：

$$J_0 = K_0 = 1,$$

$$J_1 = K_1 = \overline{Q_0^n},$$

$$J_2 = K_2 = \overline{Q_0^n}\,\overline{Q_1^n}$$

$$J_3 = K_3 = \overline{Q_0^n}\,\overline{Q_1^n}\,\overline{Q_2^n}$$

根据 JK 触发器的特性方程 $Q^{n+1} = J\,\overline{Q^n} + \overline{K}Q^n$，写出各触发器的状态方程。

$$\text{FF}_0: \ Q_0^{n+1} = \overline{Q_0^n},$$

$$\text{FF}_1: \ Q_1^{n+1} = \overline{Q_0^n}\,\overline{Q_1^n} + Q_0^n\,Q_1^n$$

$$\text{FF}_2: \ Q_2^{n+1} = \overline{Q_0^n}\,\overline{Q_1^n}\,\overline{Q_2^n} + （Q_0^n + Q_1^n）\,Q_2^n$$

$$\text{FF}_3: \ Q_3^{n+1} = \overline{Q_0^n}\,\overline{Q_1^n}\,\overline{Q_2^n}\,\overline{Q_3^n} + （Q_0^n + Q_1^n + Q_2^n）\,Q_3^n$$

（2）列状态转换表。

由于各触发器的初始状态均为 0，代入各触发器的状态方程中，每来一个 CP 下降沿，各触发器同步翻转一次状态，由此可得出表 6 - 9 所示状态转换表。

表 6 - 9　例 6 - 2 逻辑电路状态转换表

计数脉冲	计数器状态				BO
	Q_3	Q_2	Q_1	Q_0	
0	0	0	0	0	1
1	1	1	1	1	0
2	1	1	1	0	0
3	1	1	0	1	0
4	1	1	0	0	0
5	1	0	1	1	0
6	1	0	1	0	0
7	1	0	0	1	0
8	1	0	0	0	0
9	0	1	1	1	0
10	0	1	1	0	0
11	0	1	0	1	0
12	0	1	0	0	0
13	0	0	1	1	0
14	0	0	1	0	0
15	0	0	0	1	0
16	0	0	0	0	1

（3）画工作波形。

根据前面分析，可画出 6 – 20 所示工作波形。

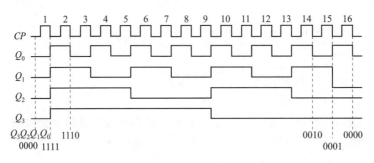

图 6 – 20　例 6 – 2 逻辑电路工作波形

（4）电路功能。

由图 6 – 19 可看出，该电路中 4 个触发器的 CP 端连在一起，受同一个时钟脉冲控制，显然各触发器状态的翻转与时钟同步，因此这是同步时序逻辑电路。由表 6 – 9 可看出，从初态 0000 开始，每输入一个计数脉冲 CP，逻辑电路的状态按二进制减法规律减 1，所以这是同步 4 位二进制减法计数器。当输入第 16 个计数脉冲 CP 时，电路返回到初始状态 0000，同时 BO 输出一个负跃变的借位信号，计数器有 0000～1111 这 16 种状态，所以也称为十六进制减法计数器。

（二）十进制计数器

二进制计数器结构简单，运算方便。但在许多场合，使用十进制计数器较符合人们的习惯。所谓十进制计数器是在计数脉冲作用下各触发器状态的翻转按十进制计数规律进行计数的数字电路。

图 6 – 21（a）为 4 个 JK 触发器组成的 8421BCD 码异步十进制加法计数器。根据逻辑图，可得出各触发器的变化规律如下。

FF_0：$J_0 = K_0 = 1$，$CP_0 = CP$，即 CP 每来一个下降沿 Q_0 翻转一次。

FF_1：$J_1 = \overline{Q_3}$，$K_1 = 1$，$CP_0 = Q_0$，即在 $\overline{Q_3} = 1$ 时，Q_0 每来一个下降沿 Q_1 翻转一次。

FF_2：$J_2 = K_2 = 1$，$CP_2 = Q_1$，即 Q_1 每来一个下降沿 Q_2 翻转一次。

FF_3：$J_3 = Q_1 Q_2$，$K_3 = 1$，$CP_3 = Q_0$，即在 $Q_1 Q_2 = 1$ 时，Q_0 每来一个下降沿 Q_3 翻转一次。

各触发器清零后，根据上述逻辑关系，对其工作过程分析如下。

（1）初始状态 $Q_3 Q_2 Q_1 Q_0 = 0000$，$J_0 = K_0 = 1$；$J_1 = \overline{Q_3} = 1$，$K_1 = 1$；$J_2 = K_2 = 1$；$J_3 = Q_1 Q_2 = 0$，$K_3 = 1$，在第一个计数脉冲下，FF_0 由 0 翻转为 1，即 $Q_0 = 1$；FF_1 因为无 Q_0 下降沿保持 0 态，即 $Q_1 = 0$；FF_2 因为无 Q_1 下降沿保持 0 态，即 $Q_2 = 0$；FF_3 由于 $J_3 = 0$ 且无 Q_0 下降沿保持 0 态，即 $Q_3 = 0$，所以计数器状态为 0001。

（2）根据 $Q_3 Q_2 Q_1 Q_0 = 0001$，$J_0 = K_0 = 1$；$J_1 = \overline{Q_3} = 1$，$K_1 = 1$；$J_2 = K_2 = 1$；$J_3 = Q_1 Q_2 = 0$，$K_3 = 1$，在第二个计数脉冲下，FF_0 由 1 翻转为 0，即 $Q_0 = 0$；FF_1 因为 Q_0 下降沿到来而发生翻转，即 $Q_1 = 1$；FF_2 因为无 Q_1 下降沿保持 0 态，即 $Q_2 = 0$；FF_3 由于 $J_3 = 0$ 而不能翻

转，即 $Q_3 = 0$，所以计数器状态为 0010。

以此类推后续计数脉冲到来时的工作状态变化，图 6 - 21（b）所示工作波形体现了上述变化过程。从波形图可看出，计数器从 0000 开始，每到达一个 CP 下降沿，各触发器按照 8421BCD 编码规律进行状态翻转，直到第十个计数脉冲到来，触发器又回到初始状态。

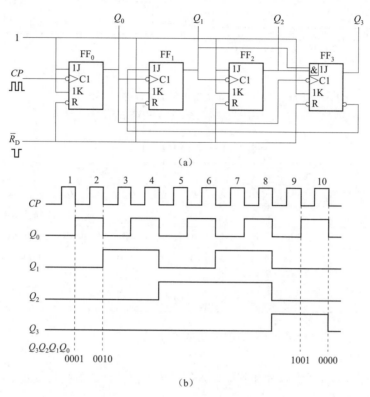

图 6 - 21　8421BCD 码异步十进制加法计数器

（a）逻辑电路；（b）工作波形

（三）集成计数器

所谓集成计数器，就是将整个计数器的电路集成在一个芯片上。为了增强集成计数器的适应能力，一般集成计数器设有很多附加功能，如预置数、清除、保持、计数等多种功能。因此，它具有通用性强、便于功能扩展、使用方便等优点，应用十分普遍。

1. 集成二进制计数器

中规模集成二进制计数器种类很多，同步 4 位二进制加法计数器有 74LS161、74LS163 等，同步 4 位二进制加/减计数器有 74LS169、74LS191、74LS193 等。这里以 74LS161 为例进行介绍。

常见时序逻辑
电路 2——
计数器 74LS161

图 6 - 22 是 74LS161 的引脚排列和逻辑符号。其中，$\overline{LD}$ 为同步置数控制端，$\overline{CR}$ 为异步清零控制端，CT_T、CT_P 为计数控制端，$D_0 \sim D_3$ 为并行数据输入端，CO 为进位输出端。表 6 - 10 为 74LS161 的功能表。

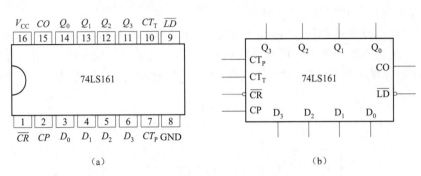

图6-22 同步4位二进制加法计数器74LS161

(a) 引脚排列图；(b) 逻辑符号

表6-10 74LS161的功能表

输入									输出				功能说明
$\overline{CR}$	$\overline{LD}$	CT_T	CT_P	CP	D_3	D_2	D_1	D_0	Q_3	Q_2	Q_1	Q_0	
0	×	×	×	×	×	×	×	×	0	0	0	0	异步清零
1	0	×	×	↑	d_3	d_2	d_1	d_0	d_3	d_2	d_1	d_0	同步置数
1	1	1	1	↑	×	×	×	×	计数				$CO = Q_3 Q_2 Q_1 Q_0$
1	1	0	×	×	×	×	×	×	保持				锁存数据
1	1	×	0	×	×	×	×	×					

由表6-10可知74LS161的主要逻辑功能如下。

(1) 异步置"0"。

当$\overline{CR} = 0$时，不管时钟脉冲和其他输入信号为何值，计数器被直接置"0"。

(2) 同步预置数。

当$\overline{CR} = 1$、$\overline{LD} = 0$时，在时钟脉冲CP上升沿的作用下，并行输入的数据$d_3 \sim d_0$被置入计数器，即$Q_3 Q_2 Q_1 Q_0 = d_3 d_2 d_1 d_0$。

(3) 计数。

当$\overline{CR} = \overline{LD} = CT_T = CT_P = 1$时，$CP$端输入计数脉冲时，计数器进行二进制加法计数。

(4) 保持。

当$\overline{CR} = \overline{LD} = 1$，且$CT_T$和$CT_P$中有0时，计数器保持原来的状态不变。

2. 集成十进制计数器

中规模集成十进制计数器种类很多，如同步十进制加法计数器74LS160、74LS162等，同步十进制双计数器CD4518，同步十进制加/减计数器74LS190，同步十进制计数/译码集成电路CD4017，异步二-五-十进制加法计数器74LS290。这里以CD4017为例进行介绍。

CD4017是一种十进制计数器/脉冲分配器。CD4017是5位Johnson计数器，具有10个译码输出端，CP、CR、INH输入端。时钟输入端的斯密特触发器具有脉冲整形功能，对输入时钟脉冲上升和下降时间无限制。CD4017提供了16引线多层陶瓷双列直插（D）、熔封陶瓷双列直插（J）、塑料双列直插（P）和陶瓷片状载体（C）4种封装形式。

图6-23是CD4017的实物和引脚排列图。其中，CR是复位端，CP、INH是两个时钟

输入端，$Q_0 \sim Q_9$ 为 10 个译码输出端，CO 是进位端。

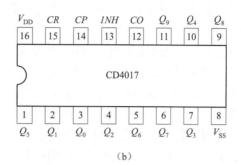

	V_{DD}	CR	CP	INH	CO	Q_9	Q_4	Q_8
	16	15	14	13	12	11	10	9

CD4017

1	2	3	4	5	6	7	8
Q_5	Q_1	Q_0	Q_2	Q_6	Q_7	Q_3	V_{SS}

（a）　　　　　　　　　　　　　　　　（b）

图 6 – 23　十进制计数/译码电路 CD4017
（a）实物图；（b）引脚排列图

CD4017 计数器提供了快速操作、2 输入译码选通和无毛刺译码输出功能。防锁选通，保证了正确的计数顺序。译码输出一般为低电平，只有在对应时钟周期内保持高电平。在每 10 个时钟输入周期 CO 信号完成一次进位，并用作多级计数链的下级脉冲时钟。

（1）清零。

当在 CD4017 的 CR 端上加高电平或正脉冲时，输出 Q_0 为高电平，其余输出端（$Q_1 \sim Q_9$）均为低电平。

（2）2 输入译码选通。

CP（第 14 脚）和 INH（第 13 脚）是 2 个时钟输入端，若要用上升沿来计数，则信号由 CP 端输入；若要用下降沿来计数，则信号由 INH 端输入。设置 2 个时钟输入端，级联时比较方便，可驱动更多二极管发光。

（3）计数/译码。

CD4017 有 10 个输出端（$Q_0 \sim Q_9$）和 1 个进位输出端 CO，由于其内部由计数器及译码器两部分组成，由译码输出实现对脉冲信号的分配，整个输出时序就是 Q_0、Q_1、Q_2、…、Q_9 依次出现与时钟同步的高电平，宽度等于时钟周期。如从 0 开始计数，则输入到第 1 个时钟脉冲时，Q_1 就变成高电平，输入第 2 个时钟脉冲时，Q_2 变成高电平……直到输入第 10 个时钟脉冲，Q_0 变为高电平。同时，进位端 CO 输出一个进位脉冲，作为下一级计数的时钟信号。

由此可见，当 CD4017 有连续脉冲输入时，其对应的输出端依次变为高电平状态，故可直接用作顺序脉冲发生器。

注：CD4017 为 CMOS 系列器件，不使用的端子不能悬空。

（四）集成计数器的应用

计数器一般是 4 位、8 位二进制或十进制的，其技术范围是有限的。若已有 M 进制计数器，而需要得到的是 N 进制计数器，则当 $N > M$ 时，可以选用集成计数器的级联来实现；当 $N < M$ 时，可以在 M 进制计数器的顺序计数过程中跳过（$M - N$）个状态，从而获得 N 进制计数器。

常见时序逻辑电路
计数器实现
任意进制的方法

1. 中规模集成计数器的级联（$N > M$ 时）

集成计数器的种类很多，这里以前面介绍的同步 4 位二进制加法计数器 74LS161 为例进行阐述。

74LS161 是十六进制加法计数器，它有进位输出端 CO，可以选择合适的进位信号来驱动下一级计数器计数，扩大计数器的长度。同步计数器级联的方式有两种：一种为级间采用异步方式，这种方式是将低位计数器的进位输出直接作为高位计数器的时钟信号，但这种方式速度较慢；另一种为级间采用同步方式，这种方式一般是把各计数器的 CP 端连在一起接统一的时钟信号，而低位计数器的进位输出送高位计数器的计数控制端。本例采用第二种级联方式，如图 6 – 24 所示，利用两片 74LS161 构成 8 位二进制计数器。

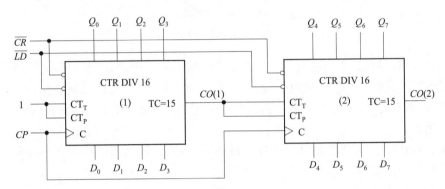

图 6 – 24　两片 74LS161 级联成 8 位二进制计数器

2. 利用现有集成计数器获得 N 进制计数器（$N < M$ 时）

集成计数器一般都设有清零输入端和置数输入端，在 M 进制计数器的顺序计数过程中跳过 $M - N$ 个状态，常用的方法是反馈置零法（复位法）和反馈置数法（置位法）两种，下面以我们熟悉的 74LS161 为例，利用 74LS161 实现时钟信号需要的六进制计数器。

（1）利用反馈置零法。

此方法适用于有异步清零功能的计数器。利用 74LS161 的异步清零端 $\overline{CR}$ 实现六进制计数器的原理为：当 74LS161 从全 0（S_0）状态开始计数并接收了 6 个脉冲信号以后，电路进入 S_N 状态，如果此时产生一个置零信号加到 74LS161 的 $\overline{CR}$ 端，则计数器立刻返回到全 0 状态，从而跳过后面的 $M - N$ 个状态。图 6 – 25（a）所示是利用 74LS161 的 $\overline{CR}$ 端构成的六进制计数器。

（2）利用反馈置数法。

此方法适用于有预置数功能的计数器，实现原理为：通过给计数器重复置入某个数值来跳过 $M - N$ 个状态，从而实现 N 进制计数器。74LS161 具有同步预置数功能，在其计数过程中，可将它输出的期望状态进行译码，产生一个预置数控制信号反馈至 $\overline{LD}$ 端，在下一个 CP 作用后，计数器就会把预置数输入端的 $D_0 \sim D_3$ 置入给输出端。图 6 – 25（b）所示是利用 74LS161 的 $\overline{LD}$ 端构成的六进制计数器。

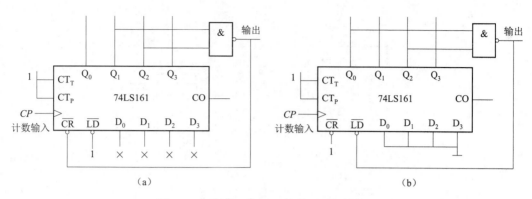

图 6 – 25   利用 74LS161 构成六进制计数器

（a）利用 74LS161 的 $\overline{CR}$ 构成六进制计数器；（b）利用 74LS161 的 $\overline{LD}$ 构成六进制计数器

6.3   555 定时器的认识及作用

555 定时器是一种将模拟电路和数字电路集成于一体的中规模集成电路，外形为双列直插 8 脚结构，体积很小，使用起来方便。只要在外部配上几个适当的阻容元件，就可以构成史密特触发器、单稳态触发器及自激多谐振荡器等脉冲信号产生与变换电路。它在波形的产生与变换、测量与控制、定时电路、家用电器、电子玩具、电子乐器等方面有广泛的应用。

555 定时器的内部电路框图如图 6 – 26 所示，其逻辑符号和引脚排列如图 6 – 27 所示。由图可见，它的内部包括以下几部分：一个由三个阻值相等的电阻（5 kΩ）组成的分压网络，产生 $\frac{1}{3}V_{CC}$ 和 $\frac{2}{3}V_{CC}$ 两个基准电压；两个电压比较器 C_1、C_2；一个由与非门 G_1、G_2 组成的基本 RS 触发器（低电平触发）；一个放电三极管 VT 和一个输出反相缓冲器 G_3。各引脚功能如表 6 – 11 所示。

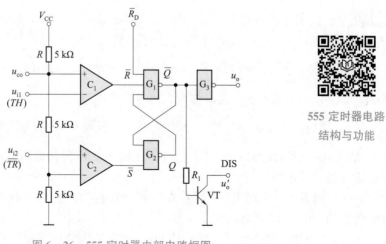

555 定时器电路
结构与功能

图 6 – 26   555 定时器内部电路框图

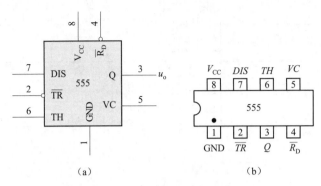

图 6 –27　555 定时器逻辑符号和引脚

(a) 555 的逻辑符号；(b) 555 的引脚排列

表 6 –11　NE555 引脚功能

引脚序号	1	2	3	4	5	6	7	8
引脚定义	GND	$\overline{TR}$	u_o	$\overline{R_\text{D}}$	VC	TH	DIS	V_CC
引脚功能	电源地	低触发	输出	复位	控制电压	高触发	放电	电源正

$\overline{R_\text{D}}$ 是复位端，低电平有效。复位后，基本 RS 触发器的 $\overline{Q}$ 端为 1 （高电平），经反相缓冲器后，输出为 0 （低电平）。

分析图 6 –26 的电路：在 555 定时器的 V_CC 端和地之间加上电压，并让 VC 端悬空，则比较器 C_1 的同相输入端接参考电压 $\frac{2}{3}V_\text{CC}$，比较器 C_2 反相输入端接参考电压 $\frac{1}{3}V_\text{CC}$，为了学习方便，我们规定：

当 TH 端的电压 $> \frac{2}{3}V_\text{CC}$ 时，写为 $TH = 1$，当 TH 端的电压 $< \frac{2}{3}V_\text{CC}$ 时，写为 $TH = 0$。

当 $\overline{TR}$ 端的电压 $> \frac{1}{3}V_\text{CC}$ 时，写为 $\overline{TR} = 1$，当 $\overline{TR}$ 端的电压 $< \frac{1}{3}V_\text{CC}$ 时，写为 $\overline{TR} = 0$。

（1）低触发：当输入电压 $u_{i2} < \frac{1}{3}V_\text{CC}$ 且 $u_{i1} < \frac{2}{3}V_\text{CC}$ 时，$\overline{TR} = 0$，$TH = 0$，比较器 C_2 输出为低电平，C_1 输出为高电平，基本 RS 触发器的输入端 $\overline{S} = 0$、$\overline{R} = 1$，使 $Q = 1$，$\overline{Q} = 0$，经输出反相缓冲器后，$u_\text{o} = 1$，VT 截止。这时称 555 定时器 "低触发"。

（2）保持：若 $u_{i2} > \frac{1}{3}V_\text{CC}$ 且 $u_{i1} < \frac{2}{3}V_\text{CC}$，则 $\overline{TR} = 1$，$TH = 0$，$\overline{S} = \overline{R} = 1$，基本 RS 触发器保持，$u_\text{o}$ 和 VT 状态不变，这时称 555 定时器 "保持"。

（3）高触发：若 $u_{i1} > \frac{2}{3}V_\text{CC}$，则 $TH = 1$，比较器 C_1 输出为低电平，无论 C_2 输出何种电平，基本 RS 触发器因 $\overline{R} = 0$，使 $\overline{Q} = 1$，经输出反相缓冲器后，$u_\text{o} = 0$；VT 导通。这时称 555 定时器 "高触发"。

555 定时器的 "低触发" "高触发" 和 "保持" 三种基本状态和进入状态的条件（即 TH、$\overline{TR}$ 的 "0" "1"）必须牢牢掌握。

VC 为控制电压端，在 VC 端加入电压，可改变两比较器 C_1、C_2 的参考电压。正常工作时，要在 VC 和地之间接 0.01 μF（电容量标记为 103）电容。放电管 VT 的输出端 DIS 为集电极开路输出。555 定时器的控制功能说明见表 6 – 12。

表 6 – 12 555 定时器控制功能表

输　　入			输　　出	
TH	$\overline{TR}$	$\overline{R}_D$	u_o	DIS
×	×	L	L	导通
$< \frac{2}{3}V_{CC}$	$< \frac{1}{3}V_{CC}$	H	H	截止
$< \frac{2}{3}V_{CC}$	$> \frac{1}{3}V_{CC}$	H	不变	不变
$> \frac{2}{3}V_{CC}$	×	H	L	导通

根据 555 定时器的控制功能，可以制成各种不同的脉冲信号产生与处理电路，例如，史密特触发器、单稳态触发器、自激多谐振荡器等。

6.3.1　识读 NE555 的芯片资料

集成 555 定时器有双极性型和 CMOS 型两种产品。一般双极性型产品型号的最后三位数都是 555，CMOS 型产品型号的最后四位数都是 7555，它们的逻辑功能和外部引线排列完全相同。器件电源电压推荐为 4.5 ~ 12 V，最大输出电流在 200 mA 以内，并能与 TTL、CMOS 逻辑电平相兼容。其主要参数见表 6 – 13、表 6 – 14。

表 6 – 13　双极性型 5G555 的主要性能参数

参数名称	符号	单位	参数
电源电压	V_{CC}	V	5 ~ 16
电源电流	I_{CC}	mA	10
阈值电压	U_{TH}	V	$\frac{2}{3}V_{CC}$
触发电压	$U_{\overline{TR}}$	V	$\frac{1}{3}V_{CC}$
输出低电平	U_{OL}	V	1
输出高电平	U_{OH}	V	13.3
最大输出电流	I_{Omax}	mA	≤200
最高振荡频率	f_{max}	kHz	≤300
时间误差	Δt	ns	≤5

表 6 – 14　CMOS 型 7555 的主要性能参数

参数名称	符号	单位	参数
电源电压	V_{CC}	V	3 ~ 18
电源电流	I_{CC}	μA	60
阈值电压	U_{TH}	V	$\frac{2}{3}V_{DD}$
触发电压	$U_{\overline{TR}}$	V	$\frac{1}{3}V_{DD}$
输出低电平	U_{OL}	V	0.1
输出高电平	U_{OH}	V	14.8
最大输出电流	I_{Omax}	mA	≤200
最高振荡频率	f_{max}	kHz	≥500
时间误差	Δt	ns	

6.3.2　了解获得脉冲信号的方法

图 6 – 28 所示为自激多谐振荡器电路和波形图。自激多谐振荡器用于产生连续的脉冲信号。电路采用电阻、电容组成 RC 定时电路，用于设定脉冲的周期和宽度。调节 R_W 或电

容 C，可得到不同的时间常数；还可产生周期和脉宽可变的方波输出。

脉冲宽度计算公式：$T_W \approx 0.7(R_1 + R_W + R_2)C$

振荡周期计算公式：$T \approx 0.7(R_1 + R_W + 2R_2)C$

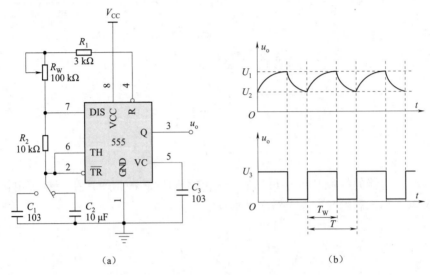

（a）　　　　　　　　　　　　　　　（b）

图 6 - 28　自激多谐振荡器电路和波形图

（a）自激多谐振荡器电路；（b）振荡波形

6.3.3　利用 NE555 获得脉冲信号并仿真

由 555 定时器构成
的多谐振荡器

在图 6 - 28（a）中，刚接通电源时，$u_C = 0$（设电容器 C 原先未充电），555 定时器"低触发"，u_o 输出为高电平，放电管 VT 截止，电源 V_{CC} 通过电阻（$R_1 + R_W + R_2$）对电容器充电，当充电至 $u_C = u_{TH} = u_{\overline{TR}} > \dfrac{2}{3}V_{CC}$ 时，555 定时器"高触发"，输出 u_o 变为低电平，放电管 VT 导通，电容器经 R_2 放电，当放电至 $u_C = u_{TH} = u_{\overline{TR}} < \dfrac{1}{3}V_{CC}$ 时，555 定时器又进入"低触发"，u_o 变为高电平，如此周而复始，循环不止，输出连续脉冲信号，波形如图 6 - 28（b）所示。

根据图 6 - 28 自激多谐振荡器电路的分析，利用 NE555 设计一个脉冲信号产生电路并仿真验证。

（1）启动 Proteus 仿真软件，新建"脉冲信号产生电路"设计文件。

（2）添加本设计所需使用的元器件。添加定时器 NE555、固定电阻 RES、可调电阻 POT - HG、极性电容 CAP - ELEC、无极性电容 CAP 等元器件。

（3）放置元器件、修改参数并进行电气连接，如图 6 - 29 所示。其中，虚拟仪器是为了形象地观察产生的脉冲信号和测量波形参数，添加方法是单击工具栏虚拟仪器按钮，添加一个示波器 OSCILLOSCOPE，并按图 6 - 29 连接，示波器的 A 通道显示产生的脉冲信号，B 通道显示电容器 C_2 的电压波形。

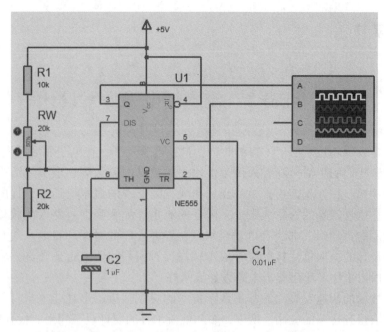

图 6 – 29　利用 NE555 构成的脉冲信号产生电路仿真图

（4）单击运行按钮进行电路仿真，调整 R_W 的滑片为 50% 处（R_W 实际接入电路的阻值为 20 kΩ × 50%），如图 6 – 30 所示，从示波器上可以看出，电容器 C_2 充电电压低于 $\frac{2}{3}V_{CC}$ 时，电路输出高电平；电容器 C_2 放电电压大于 $\frac{1}{3}V_{CC}$ 时，电路输出低电平。通过测量，图 6 – 29 所示脉冲信号产生电路的脉宽为 28 ms，这与脉冲宽度计算公式 $T_W \approx 0.7(R_1 + R_W + R_2)C_2 = 0.7(10\ kΩ + 10\ kΩ + 20\ kΩ) × 1\ μF = 28\ ms$ 的理论值相符。调整 R_W 的滑片位置，可调节脉宽 T_W 的大小，同学们可自行实践测试。

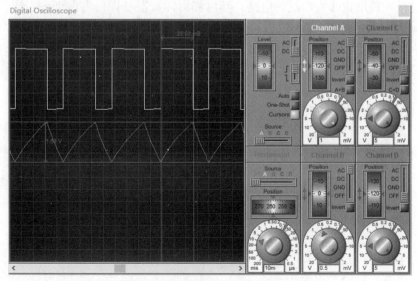

图 6 – 30　脉冲信号产生电路仿真波形图

📀 项目实施

6.4　任务1　流水灯电路方案设计

当今社会是一个新技术层出不穷的时代，科技迅速发展，在电子领域的发展更是迅速，同时也在影响着我们的生活。随着人民生活水平的提高，流水灯在现实生活中所起的作用越来越重要。例如：在人流拥挤繁忙的交通路段，闪烁着的流水交通灯，提醒着我们要遵守交通规则，在霓虹闪烁的繁华大街上，闪烁的流水灯无不吸引过路人的眼球，甚至在一些大型商场大厦的自动门上都装有自动流水灯，告诉人们的时间和日期。通常情况流水灯是应用单片机设计的，而单片机的设计成本较高，对编程的要求也比较高，由于我们学习了数字电路，所以采用了小型集成电路设计流水灯。

随着电子技术的快速发展，尤其是数字技术的突飞猛进，多功能流水灯凭着简易、高效、稳定等特点得到普遍的应用。所以，多功能流水灯的设计具有相当的代表性。

6.4.1　设计要求

设计一个基于 NE555 + CD4017 流水彩灯的控制电路，要求电路开启后，各种颜色的灯在时钟信号作用下按以下规律转换状态：电路启动后，要求各种颜色的灯在脉冲作用下顺序、循环点亮；改变脉冲频率时，各种颜色的灯转换速度相应发生改变。

因为循环彩灯对频率的要求不高，只要能产生高低电平就可以了，且脉冲信号的频率可调，所以采用 555 定时器组成的振荡器其输出的脉冲可作为下一级的时钟信号。计数器是用来累计和寄存输入脉冲个数的时序逻辑部件，在此电路中采用十进制计数/分频器 CD4017，它是一种用途非常广泛的电路，其内部由计数器及译码器两部分组成，由译码输出实现对脉冲信号的分配，整个输出时序就是 $Q_0 Q_1 \cdots Q_9$ 依次出现与时钟同步的高电平，宽度等于时钟周期。显示电路主要由发光二极管组成，当 CD4017 的输出依次输出高电平时，驱动发光二极管也依次点亮，产生一种流动变化的效果。

6.4.2　电路设计结构框图

根据设计需求，考虑按照以下结构框图来设计流水灯控制电路，如图 6 – 31 所示。

图 6 – 31　流水灯控制电路功能框图

6.5　任务 2　流水灯电路方案验证

6.5.1　电路原理分析

根据前面的设计要求和结构框图提示，设计出如图 6 - 32 所示的电路原理图，NE555 时基电路组成振荡电路，电源 V_{CC} 通过电阻 R_2、R_{P1} 向电容 C_1 充电，当充电到一定程度后，2、6 脚电压升高，当 2、6 脚电压升高到 $\frac{2}{3}V_{CC}$ 后，3 脚输出为低电平，7 脚对地呈低阻态，电容 C_1 通过电位器和 7 脚对地放电，当放电至 2、6 脚电压低于 $\frac{1}{3}V_{CC}$ 时，3 脚输出为高电平，7 脚对地呈高阻态，V_{CC} 通过 R_{P1} 又开始对电容 C_1 充电，周而复始。通过调节 R_{P1} 的阻值，可以改变电容充放电的时间常数，从而改变 3 脚输出脉冲的频率。从 3 脚输出振荡脉冲作为 CD4017 工作的时钟脉冲，在时钟脉冲的作用下，CD4017 十进制计数器开始计数，从 10 个输出端依次输出高电平，不断循环，10 只发光二极管被依次点亮。

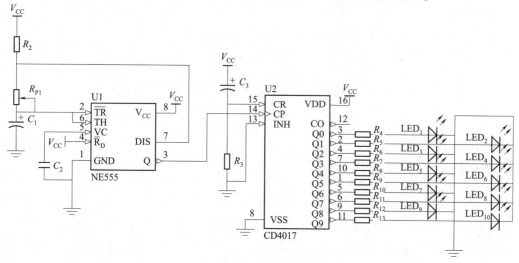

图 6 - 32　流水灯控制电路原理图

6.5.2　电路仿真

（1）启动 Proteus 仿真软件，新建"流水灯电路"设计文件。

（2）添加本设计所需使用的元器件。添加定时器 NE555、集成计数器 CD4017、固定电阻 RES、可调电阻 POT - HG、极性电容 CAP - ELEC、无极性电容 CAP、发光二极管 LED - Green 等元器件。

（3）放置元器件、修改参数并进行电气连接，如图 6 - 33 所示。其中，虚拟示波器测试的是振荡脉冲信号的波形。

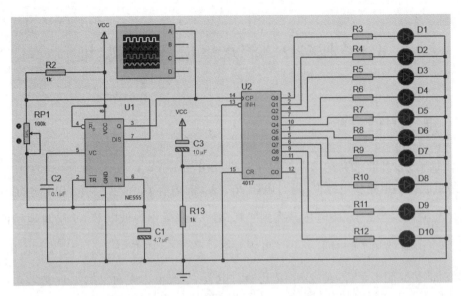

图 6-33 流水灯电路的仿真图

（4）单击运行按钮进行电路仿真，可观测流水灯效果及示波器的波形。

★注意事项：

当 LED 不停闪动时，应检查 555 的振荡频率是否正常。

6.6 任务 3 流水灯控制电路制作

6.6.1 实体电路及原理图分析

流水灯的原理图如图 6-34 所示。电路由 555 构成时基振荡电路，产生输出时基脉冲，振荡频率在 6~50 Hz 可调，此信号作为 CD4017 计数输入信号，进行十进制计数后再译码输出，CD4017 输出高电平的顺序分别是 3、2、4、7、10、1、5、6、9、11 脚，使得 $D_1 \sim D_{10}$ 依次被点亮，从而形成流水灯效果。通过调节电位器 R_{P1} 的旋钮，即可调整流水灯的流动速度。

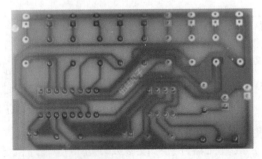

图 6-34 流水灯电路的实体电路图

6.6.2 流水灯电路的安装与调试

1. 安装的工艺流程

安装的工艺流程如图 6－35 所示。

图 6－35 流水灯电路的安装工艺流程图

2. 电路安装准备

（1）仪表与工具。

在制作电路之前应准备好以下仪表与工具：

①仪表：万用表、示波器、直流稳压电源。

②工具：镊子、斜口钳、电烙铁等电子装接工具。

（2）电路元器件清单，见表 6－15。

表 6－15 流水灯电路材料清单

序号	位号	名称	规格	数量	元件名	封装
1	R_2、R_3	金属膜电阻	1 kΩ，1/4 W	2	Res2	Axial 0.4
2	$R_4 \sim R_{13}$	金属膜电阻	2.2 kΩ，1/4 W	10	Res2	Axial 0.4
3	R_{P1}	卧式蓝白微调电位器	WH06－1－100 kΩ	1	RPOT2	RPOT2
4	C_1	电解电容	4.7 μF/50 V	1	Cap Pol1	CAPPR2－5×6.8
5	C_2	瓷片电容	0.1 μF/50 V	1	Cap	CAPR5.08－7.8×3.2
6	C_3	电解电容	10 μF/50 V	1	Cap Pol1	CAPPR2－5×6.8
7	IC_1	555 定时器	NE555	1	NE555	DIP－8
8	IC_2	十进制计数器	CD4017	1	CD4017BD	DIP－16
9	DIP8	IC 插座	DIP8	1		
10	DIP16	IC 插座	DIP16	1		
11	$LED_1 \sim LED_{10}$	红色 LED	φ3 mm	10	LED0	LED3
12	X1	2P 接线端子	GX128/KF128 2P	1	HEADER 1×2	HEADER 1×2
13		单面玻纤感光板	7.5 cm×3 cm	1		
14		电池盒或直流电源	5 V	1		

3. 电路安装

安装步骤及操作要领：要求按电子产品的装配工艺完成。

（1）利用万用表对所有元件的性能进行检测，防止已损坏的元件被装上印制板。若元件引脚有氧化膜，则应除去氧化膜，并进行搪锡处理。

（2）将检测合格的元器件按照图 6 – 32 所示的电路原理图安装在图 6 – 36 所示的 PCB 板上。安装时注意：

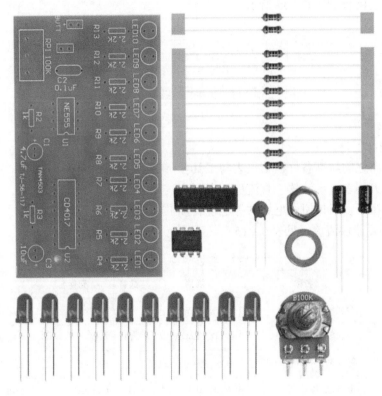

图 6 – 36　流水灯电路散件

①遵循"先小后大、先低后高"的安装工艺原则（如先安装固定色环电阻），同一种元件的高度应当尽量一致，这样便于安装操作。

②要确保元件的极性正确，如二极管的正、负极，电解电容的正、负极，集成电路的引脚顺序应与 PCB 板上的丝印符号相吻合。

（3）安装检查完毕后，开始焊接，焊接时尽可能保持焊点光亮无毛刺，焊接完毕后要检测有无漏焊、虚焊、桥焊等现象。

（4）安装焊接完毕后，在给电路供电前，使用万用表的蜂鸣器挡检测电源的正负极之间是否短路。

安装好的流水灯电路如图 6 – 34 所示。

4. 电路测试

（1）调节双路直流稳压电源，使其输出 +5 V。

（2）将电源接入电路，观察发光二极管顺序循环点亮的现象。

（3）调节电位器 R_{P1} 的旋钮，观察发光二极管循环点亮的速度变化。

（4）电路功能测试完毕后，关闭电源。

5. 故障分析与排除

（1）若流水灯没有正常流动，首先检查电路板是否有虚焊或短路，检查之后重新测试；若仍有问题，检查元件是否有错误焊接，并进行修正。

（2）若流水灯只有部分闪烁，使用万用表检查没有闪烁 LED 灯管是否正确安装或被损坏，如果反接则重新连接，如果损坏了则替换灯管，检查相关电路连接部分的焊接以及所连接电阻是否存在问题。

（3）若只有一个灯光被点亮且不闪烁，检查 NE555 相连电解电容是否反接或被损坏，若接反了则调换引脚，若损坏了则更换电容；若不是电容问题，考虑是否为 NE555 的连接上存在问题或 NE555 本身出现问题，若是连接上的问题，则需进行调整，若是元件问题，则需向老师索要新元件进行替换。

（4）若通电时电路板出现冒烟或元件爆裂，则需及时切断电源连接，检查电路板状况，查找出现问题的原因，看是否可以继续使用。

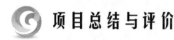 **项 目 总 结 与 评 价**

（一）项目总结

（1）触发器是时序逻辑电路的基本单元，是具有存储一位二进制数码的基本单元电路。触发器具有 0 和 1 两个稳定输出状态，在一定外界输入信号作用下，触发器可以从一个稳定状态翻转为另一个稳定状态。

（2）触发器的种类较多，根据电路结构形式的不同，可以分为基本 RS 触发器、同步 RS 触发器、主从触发器、维持阻塞触发器、边沿触发器。根据触发器逻辑功能的不同分为 RS 触发器、JK 触发器、D 触发器、T 触发器、T′触发器等几种类型。

（3）触发器的逻辑功能可用逻辑状态转换表、特性方程、状态转移图、波形图等方式表达。

（4）时序逻辑电路一般由组合逻辑电路和触发器组成，其特点是任意时刻的输出状态不仅与该时刻的输入状态有关，还与电路原来的状态有关，典型的时序逻辑电路有计数器和寄存器。

（5）计数器是一种用于计算输入脉冲数目的逻辑部件。还常用于分频、定时等。计数器有多种分类方式：按时钟控制方式，计数器分为同步计数器和异步计数器；按计数增减，计数器分为加法计数器、减法计数器和可逆计数器；按计数进制，计数器分为二年进制计数器、十进制计数器和任意进制计数器。

（6）555 定时器是一种将模拟电路和数字电路集成于一体的电子器件，属于中规模集成电路。555 集成定时器只需外接少量元件，即可组成多种功能的电路。可以构成多谐振荡器，产生脉冲信号电路或波形变换电路；可以构成施密特触发器，实现波形变换或波形整形等功能。

（二）项目评价

项目评价标准见表 6 – 16。

表 6-16 项目评价表

考核项目	配分	工艺标准	评分标准	扣分记录	得分
观察识别能力	10分	能根据提供的任务所需设备、工具和材料清单进行检查、性能检测	(1) 不能根据设备、工具和材料清单进行检查，每处扣2分； (2) 不能对材料进行检测与判断，每处扣2分		
电路组装能力	40分	(1) 元器件布局合理、紧凑； (2) 元器件安装平整、对称，电阻器、二极管、集成电路水平安装，贴紧电路板，晶体管、电容器垂直安装； (3) 绝缘恢复良好，紧固件牢固可靠； (4) 未损伤导线绝缘层和元器件表面涂敷层； (5) 焊点光亮、清洁，焊料适量，无漏焊、虚焊、假焊、搭焊、溅锡等现象； (6) 焊接后元器件引脚剪脚留头长度小于1 mm	(1) 布局不合理，每处扣5分； (2) 元器件错装、漏装，每处扣5分； (3) 元器件安装歪斜、不对称、高度超差，每处扣1分； (4) 绝缘恢复不符合要求，扣10分； (5) 损伤绝缘层和元器件表面涂敷层，每处扣5分； (6) 紧固件松动，每处扣2分； (7) 焊点不光亮、不清洁，焊料不适量，漏焊、虚焊、假焊、搭焊、溅锡，每处扣1分； (8) 剪脚留头大于1 mm，每处扣0.5分		
仪表使用能力	40分	(1) 能对任务所需的仪器仪表进行使用前检查与校正； (2) 能根据任务采用正确的测试方法与工艺，正确使用仪器仪表； (3) 测试结果正确合理，数据整理规范正确； (4) 确保仪器仪表完好无损	(1) 不能对任务所需的仪器仪表进行使用前检查与校正，每处扣5分； (2) 不能根据不同的任务采用正确的测试方法与工艺，每处扣5分； (3) 不能根据任务正确使用仪器仪表，每处扣5分； (4) 测试结果不正确、不合理，每处扣5分； (5) 数据整理不规范、不正确，每处扣5分； (6) 使用不当损坏仪器仪表，每处扣10分		
安全文明生产	10分	(1) 小组分工明确，能按规定时间完成项目任务； (2) 各项操作规范，注意安全，装配质量高、工艺正确	(1) 成员无分工，扣5分；超时扣5分； (2) 违反安全操作规程，扣10分； (3) 违反文明生产要求，扣10分		
考评人：			得分：		

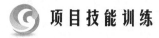

项目技能训练

实训 11　NE555 的认识与测试

1. 实训目标

（1）掌握 NE555 的电路功能。

（2）了解 NE555 的引脚排列及引脚功能。

（3）掌握 NE555 性能好坏的测试方法。

2. 实训器材

（1）万用表 1 只。

（2）面包板 1 块，NE555 集成器件 1 片。

3. 实训步骤

（1）NE555 的认识。

NE555（Timer IC）为 8 脚时基集成电路，体积小、质量轻、稳定可靠，操作电源范围大，输出端的供给电流能力强，计时精确度高，温度稳定度佳，且价格便宜。NE555 是一个用途很广且相当普遍的计时 IC，只需少数的电阻和电容，便可用内部的定时器来构成时基电路，给其他的电路提供时序脉冲。NE555 常有两种封装：一是 DIP 双列直插 8 脚封装，另一种是 SOP8 小型（SMD）封装形式，如图 6 – 37 所示。

（a）　　　　　　　　　　（b）　　　　　　　　　　（c）

图 6 – 37　NE555 封装图

（a）DIP8 封装；（b）SOP8 封装；（c）引脚排列图

（2）NE555 的测试。

可用指针万用表 $R \times 1$ kΩ 挡位测其内电阻，方法是：将 NE555 固定在面包板上，红表笔接集成电路的地端引脚 1，黑表笔分别检测其余引脚，其检测值称为正向电阻 $R_{正向}$；黑表笔接集成电路的地端引脚 1，红表笔分别检测其余引脚，其检测值称为正向电阻 $R_{反向}$。将检测数据填入表 6 – 17 中，若测试数据与表 6 – 18 中的参考值接近，表示该 NE555 功能正常可用。

注：不同类型的指针万用表、不同挡位检测的值，有些差异属于正常现象。

表 6 – 17　NE555 引脚测试数据表

引脚	1	2	3	4	5	6	7	8
$R_{正向}/\text{k}\Omega$								
$R_{反向}/\text{k}\Omega$								

表 6 – 18　NE555 质量检测的参考值

引脚	1	2	3	4	5	6	7	8
$R_{正向}/\text{k}\Omega$	0	∞	31	∞	12	70	∞	20
$R_{反向}/\text{k}\Omega$	0	10	8.5	10	9	10	8.5	7.5

实训 12　集成计数器 CD4017 的测试

1. 实训目标

（1）掌握中规模集成计数器的使用及其测试方法。

（2）了解 CD4017 的引脚排列及引脚功能。

（3）掌握 CD4017 计数器的逻辑功能及使用方法。

2. 实训器材

（1）双踪示波器 1 台。

（2）CD4017 集成器件 1 片，数字电路实验箱。

3. 实训步骤

（1）CD4017 的认识。

十进制计数/分频器 CD4017，其内部由计数器及译码器两部分组成，由译码输出实现对脉冲信号的分配，整个输出时序就是 Q_0、Q_1、Q_2、…、Q_9 依次出现与时钟同步的高电平，宽度等于时钟周期。CD4017 有 10 个输出端（$Q_0 \sim Q_9$）和 1 个进位输出端 CO。每输入 10 个计数脉冲，CO 就可得到 1 个进位正脉冲，该进位输出信号可作为下一级的时钟信号。其逻辑功能如表 6 – 19 所示，工作波形如图 6 – 38 所示。

表 6 – 19　CD4017 逻辑功能表

输入			输出	
CP（14 脚）	INH（13 脚）	CR（15 脚）	$Q_0 \sim Q_9$	CO（12 脚）
×	×	H	清零	计数脉冲为 $Q_0 \sim Q_4$ 时，$CO = \text{H}$ 计数脉冲为 $Q_5 \sim Q_9$ 时，$CO = \text{L}$
↑	L	L	计数	
H	↓	L	计数	
L	×	L	保持	
×	H	L	保持	
↓	×	L	保持	
×	↑	L	保持	

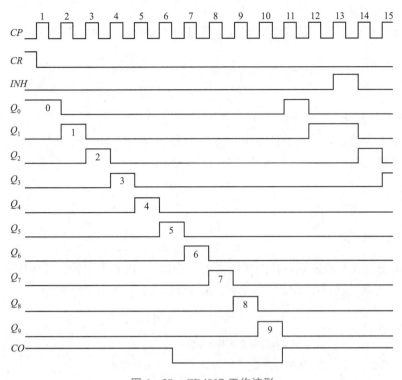

图6-38 CD4017 工作波形

（2）CD4017 的测试。

①打开数字电路实验箱，将芯片插在相应的卡槽，注意芯片有缺口的一端对卡槽有缺口的一端，别接反了。

②按照图6-23（b）所示的CD4017 引脚排列图连接电路，16 脚接 +5 V 电源，8 脚接地。

③将 CP（14 脚）接单次脉冲源，CR（15 脚）接电平开关，INH（13 脚）接电平开关，$Q_0 \sim Q_9$、CO（12 脚）接逻辑电平显示输入端。

④给数字电路实验箱连上电源，检查电路，确认无误后，打开电源，根据表6-19 有规律地改变 CP、INH 和 CR 的输入设置，逐次送入单次脉冲，观察 $Q_0 \sim Q_9$、CO 情况，并与真值表进行对比。

⑤将单次脉冲改成 1 Hz 连续脉冲，观察 $Q_0 \sim Q_9$ 情况并验证功能。

⑥改变连续脉冲频率为 100 Hz，用双踪示波器观察 CP、$Q_0 \sim Q_9$ 波形，并绘制出来。

项目拓展

（一）综合应用

1. 知识图谱绘制

根据前面知识的学习，请同学们完成本项目所涉及的知识图谱的绘制。

2. 技能图谱绘制

根据前面知识的学习，请同学们完成本项目所涉及的技能图谱的绘制。

3. 创新应用设计

以 74LS161 为核心设计一个秒钟电路并进行数字显示（显示范围为 00 ~ 59），画出该设计电路原理图。

（二）以证促学

以集成电路设计与验证职业技能等级证书（中级）、PCB 电路设计及应用职业技能等级证书（中级）为例，教材中本项目与 1 + X 证书对应关系如表 6 – 20 所示。

表 6 – 20 教材与 1 + X 证书对应关系

职业技能等级证书（中级）				教材
证书名称	工作领域	工作任务	技能要求	对应小节
集成电路设计与验证	3. 逻辑设计与验证	3.5 简单单元和模块的 Verilog 设计	3.5.1 能进行基本逻辑门的 Verilog 设计。 3.5.2 能进行数据选择器的 Verilog 设计。 3.5.3 能进行译码器的 Verilog 设计。 3.5.4 能进行编码器的 Verilog 设计。 3.5.5 能进行触发器的 Verilog 设计。	6.1
PCB 电路设计及应用	2. PCB 电路基础知识规范	2.1 电路符号识别	2.1.1 能识读电阻、电容、电感等独立元器件符号。 2.1.2 能识读集成电路符号和型号，包括大规模集成电路的每个子件。 2.1.3 能识读安全操作标识符号。	6.2 ~ 6.3
	6. PCB 电路应用	6.1 电路板设计	6.1.1 理解产品设计功能，设计产品的功能图框。 6.1.2 查找符合产品功能的元器件，阅读数据手册，提炼关键有用参数。 6.1.3 能使用数字集成电路、模拟器件、分立元器件等，绘制简单电路。 6.1.4 根据产品设计要求，能熟练创建原理图符号库，并调用符号，绘制原理图等。 6.1.5 根据产品要求，绘制符合规则的封装，并创建封装库文件。 6.1.6 按照规定 PCB 板卡外形，设置规则并绘制 PCB，完成布局布线和检查。 6.1.7 能正确导出 PCB 加工文档，并编写生产工艺需要的相关文档。	6.1 ~ 6.5

续表

职业技能等级证书（中级）				教材
证书名称	工作领域	工作任务	技能要求	对应小节
PCB 电路设计及应用	6. PCB 电路应用	6.2　电路板装配和调试	6.2.1　能了解电路板的贴装工艺，并根据板卡情况判断使用符合的工艺。 6.2.2　能辨识 DFM 设计生产工艺要求。 6.2.3　能检查和识别板卡的 DFA 设计组装规则。 6.2.4　理解 EMC 三要素。 6.2.5　能正确使用万用表、信号发生器、示波器、逻辑分析仪等仪器设备进行调试。 6.2.6　选择正确的仪器设备对电阻、电容、电感等分立元器件进行测量。 6.2.7　熟练使用装配和焊接工具对板卡器件进行焊接或者更换等。 6.2.8　能使用正确的下载工具对单片机下载程序	6.6

（三）以赛促练

以集成电路开发及应用国赛为例。集成电路开发及应用赛项来源于集成电路行业真实工作任务，由"集成电路设计与仿真""集成电路工艺仿真""集成电路测试"及"集成电路应用"4 部分组成。这里分析集成电路设计与仿真部分的样题。赛项职业素养评分见表 6 – 21。

表 6 – 21　赛项职业素养评分表

赛项名称	集成电路设计与仿真	赛位号		
评分指标及分值	评分说明	配分	得分	项目总分
安全意识（2 分）	不符合安全用电规范，操作、安装、接线未在断电状态下进行，扣 1 分	1		
	仪器设备摆放不稳定，操作过程中损坏仪器设备，扣 1 分	1		
环境清洁（1 分）	工作台面未清洁、装接垃圾未统一存放，焊锡乱甩，地面不干净，饮用水摆放不合理，餐盒乱放，扣 0.5 分	0.5		
	赛项结束后，凳子未放回原处，未清理个人物品和垃圾，扣 0.5 分	0.5		
操作规范（2 分）	仪器、仪表、工具、器件、作品摆放不整齐、杂乱，不便于操作，元件存放不规范、标识不清楚，扣 1 分	1		
	工作桌面上摆放有矿泉水及食物，扣 1 分	1		
总分（5 分）				

评分裁判签名：＿＿＿＿＿＿＿＿＿＿＿＿　　　　日期：20　年　　月　　日

1. 样题

根据图 6 – 39 所示的状态转移图（状态值随机抽取，*CP* 上升沿触发状态转移），使用 Multisim 14. 1 Education Edition 设计集成电路，并进行功能仿真。现场评判时，只允许展示已完成的电路图、现场运行并展示出时序图、现场生成并展示元件清单，不能进行增加、删除、修改、连线等操作。电路设计要求如下：

（1）只能选用 ZVP2106G 和 ZVN2106G 两种元器件进行设计。

（2）添加电源、信号源、仪表，标注 Q_0、Q_1、Q_2、CP 信号标号，能直接运行并展示出包含两个周期序列状态的完整的数字分析时序图。

（3）最终设计的集成电路包含 1 个 CP 时钟输入端，3 个信号输出端 Q_0、Q_1、Q_2，三者由低到高组成状态 S，S 共包含 8 种不同的状态 $S_0 \sim S_7$，各状态对应的 Q_0、Q_1、Q_2 值由比赛现场裁判长抽取的任务参数确定。

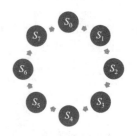

图 6-39 周期序列发生器状态转移图

现场评判须知：

• 选手向裁判展示已完成的电路图，可以缩放或拖动滚动条，但不允许编辑电路图。

• 选手现场运行仿真，产生至少包含两个完整周期序列状态的时序图，并向裁判展示。时序图不足两个完整周期序列，或者两个周期序列不一致者，计 0 分。

• 选手现场生成元件清单，并向裁判展示。

• 现场评判时，选手有增加、删除、修改、连线操作的，计 0 分。

2. 样题分析

根据总体功能需求，可先设计一个上升沿触发的 D 触发器，使其功能为 $Q^{n+1} = D$（当 CP 上升沿时）。设计完成后，将该 D 触发器封装为子电路，再使用上升沿触发的 D 触发器搭建周期序列发生器。上升沿触发的 D 触发器参考电路如图 6-40 所示。

3. 竞赛模拟

使用集成电路版图设计软件，根据下面计数器功能要求（计数器初值和进制随机抽取），使用指定工艺 PDK，设计集成电路原理图和版图，并进行功能仿真。设计要求如下：

（1）芯片引脚：1 个 CP 时钟输入端；4 个信号输出端 Q_2、Q_1、Q_0 和 CO；1 个 V_{CC} 电源端；1 个 GND 接地端。

（2）功能要求：输出端 Q_2、Q_1、Q_0 由高到低组成状态 S，初始 CO 为 0。CP 上升沿计数，每次计数时 S 的值增加 1，S 为 $(111)_2$ 时计数后变为 $(000)_2$，计数次数达到进制值后 S 变为初始状态 S_0，同时进位 CO 变为 1。初始状态 S_0 由比赛现场裁判长抽取的任务参数确定，进制值由比赛现场裁判长抽取的任务参数从 3 ~ 8 之中确定。

（3）仿真设置：V_{CC} 为 +5 V，CP 为 1 kHz。

（4）通过 DRC 检查和 LVS 验证。

（5）使用 MOS 管数量应尽量少。

（6）所设计版图面积应尽量小。

现场评判要求：

• 只允许展示已完成的电路图、仿真图、DRC 检查和 LVS 验证结果、版图及尺寸。

• 不能进行增加、删除、修改、连线等操作。

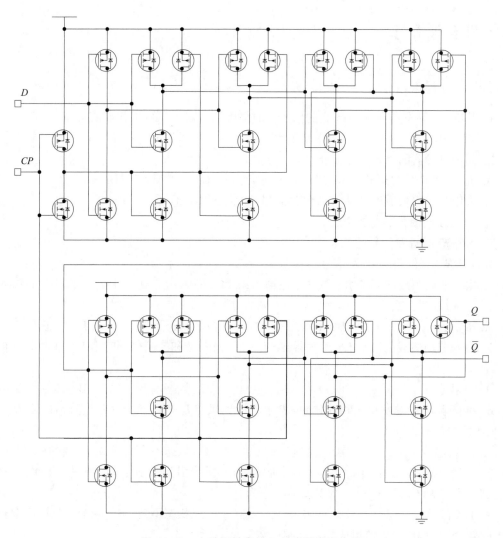

图 6 – 40　上升沿触发的 D 触发器参考电路

参数抽取举例：

抽取举例状态转移图如图 6 – 41 所示。

待抽取参数	抽取结果举例
初始状态值 S（$Q_2Q_1Q_0$）	110
计数器进制值	4

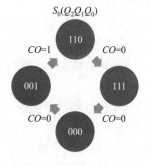

图 6 – 41　抽取举例状态转移图

思考与练习

（一）选择题

1. 基本 RS 触发器在 $\overline{R}=\overline{S}=0$ 的信号同时撤除后，触发器的输出状态为（　　）。

A. 都为 0 　　　　　　B. 恢复正常 　　　　　　C. 不确定

2. 同步触发器的"同步"是指（　　）。

A. R、S 两个信号同步 　　B. Q^{n+1} 与 S 同步 　　　　C. Q^{n+1} 与 CP 同步

3. 采用与非门构成的主从 RS 触发器，输出状态取决于（　　）。

A. $CP=1$ 时触发信号的状态

B. $CP=0$ 时触发信号的状态

C. CP 从 0 变为 1 时触发信号的状态

4. 由与非门组成的基本 RS 触发器在输入 $\overline{R}_D$ 和 $\overline{S}_D$ 同时由 0 变为 1 后，触发器的输入状态为（　　）。

A. 0 状态 　　　　　B. 1 状态 　　　　　C. 状态不变 　　　　　D. 状态不定

5. 由与非门组成的同步 RS 触发器在 $CP=1$，输入 R 和 S 信号同时由 1 变为 0 时，输出状态为（　　）。

A. 0 状态 　　　　　B. 1 状态 　　　　　C. 状态不变 　　　　　D. 状态不确定

6. 维持阻塞 D 触发器在时钟脉冲 CP 上升沿到来前 $D=1$，而在 CP 上升沿以后 D 变为 0，则触发器状态为（　　）。

A. 0 状态 　　　　　B. 1 状态 　　　　　C. 状态不变 　　　　　D. 状态不确定

7. 下降沿触发的边沿 JK 触发器在时钟脉冲 CP 下降沿到来前 $J=1$、$K=0$，而在 CP 下降沿到来后变为 $J=0$、$K=1$，则触发器状态为（　　）。

A. 0 状态 　　　　　B. 1 状态 　　　　　C. 状态不变 　　　　　D. 状态不确定

8. 4 个边沿 JK 触发器组成的二进制计数器最多能计（　　）。

A. 0 至 7 个数 　　　B. 0 至 15 个数 　　　C. 0 至 9 个数 　　　D. 0 至 16 个数

9. 下降沿触发的边沿 JK 触发器 CT74LS112 的 $\overline{R}_D=1$、$\overline{S}_D=1$，且 $J=1$、$K=1$ 时，如时钟脉冲 CP 输入频率为 110 kHz 的方波，则 Q 端输出脉冲的频率为（　　）。

A. 110 kHz 　　　　B. 55 kHz 　　　　C. 50 kHz 　　　　D. 220 kHz

10. 触发器的记忆功能是指触发器在触发信号撤除后，能保持（　　）。

A. 触发信号不变 　　　B. 初始状态不变 　　　C. 输出状态

11. 下列逻辑电路中属于时序逻辑电路的是（　　）。

A. 译码器 　　　　　B. 加法器 　　　　　C. 数据选择器 　　　　　D. 寄存器

12. 同步计数器和异步计数器相比较，同步计数器的显著优点是（　　）。

A. 工作速度高 　　　B. 触发器利用率高 　　C. 电路简单 　　D. 不受 CP 控制

13. 加/减计数器的功能是（　　）。

A. 既能进行同步计数又能进行异步计数

B. 既能进行二进制计数又能进行十进制计数

C. 加法计数和减法计数同时进行

D. 既能进行加法计数又能进行减法计数

14. n 个触发器可以构成最大计数长度（进制数）为（　　）进制的计数器。

A. n 　　　　　　　B. $2n$ 　　　　　　　C. n^2 　　　　　　　D. 2^n

15. 若 4 位同步二进制加法计数器当前状态是 0111，下一个输入时钟脉冲后，计数器状态为（　　）。

A. 0111 　　　　　　B. 0110 　　　　　　C. 1000 　　　　　　D. 0011

16. 一个 4 位二进制异步加法计数器用作分频器，能输出脉冲信号的频率有（　　）。

A. 8 个 　　　　　　B. 4 个 　　　　　　C. 2 个 　　　　　　D. 6 个

17. 欲设计 0、1、2、3、4、5、6、7 这几个数的计数，如果设计合理，采用同步二进制计数器，最少应使用（　　）级触发器。

A. 2 　　　　　　　　B. 3 　　　　　　　　C. 4 　　　　　　　　D. 8

18. 1 位 8421BCD 码计数器至少需要（　　）个触发器。

A. 3 　　　　　　　　B. 4 　　　　　　　　C. 5 　　　　　　　　D. 10

19. 由两个模数分别为 M、N 的计数器级联成的计数器，其总的模数为（　　）。

A. $M+N$ 　　　　　B. $M-N$ 　　　　　C. $M×N$ 　　　　　D. $M÷N$

20. 利用集成计数器的同步清零功能构成 N 进制计数器时，写二进制代码的数是（　　）。

A. N 　　　　　　　B. $2N$ 　　　　　　C. $N+1$ 　　　　　　D. $N-1$

21. 设计一个能存放 8 位二进制代码的寄存器，需要（　　）个触发器。

A. 8 　　　　　　　　B. 4 　　　　　　　　C. 3 　　　　　　　　D. 2

（二）填空题

1. 触发器具有_____稳定状态，其输出状态由触发器的_____和_____状态决定。

2. 基本 RS 触发器有_____、_____、_____三种可使用的功能。对于由与非门组成的基本 RS 触发器，在 $\bar{R}_\mathrm{D}=1$、$\bar{S}_\mathrm{D}=0$ 时，触发器_____；在 $\bar{R}_\mathrm{D}=1$、$\bar{S}_\mathrm{D}=1$ 时，触发器_____；在 $\bar{R}_\mathrm{D}=0$、$\bar{S}_\mathrm{D}=1$ 时，触发器_____；不允许 $\bar{R}_\mathrm{D}=0$、$\bar{S}_\mathrm{D}=0$ 存在，排除这种情况出现的约束条件是_____。

3. 由或非门组成的基本 RS 触发器在 $R_\mathrm{D}=0$、$S_\mathrm{D}=1$ 时，触发器_____；在 $R_\mathrm{D}=1$、$S_\mathrm{D}=0$ 时，触发器_____；在 $R_\mathrm{D}=0$、$S_\mathrm{D}=0$ 时，触发器_____；不允许 $R_\mathrm{D}=1$、$S_\mathrm{D}=1$ 存在，排除这种情况出现的约束条件是_____。

4. 边沿 JK 触发器具有_____、_____、_____、_____功能，其特性方程为_____，对于具有异步置"0"端 $\bar{R}_\mathrm{D}$ 和置"1"端 $\bar{S}_\mathrm{D}$ 的 TTL 边沿 JK 触发器，在 $\bar{R}_\mathrm{D}=1$、$\bar{S}_\mathrm{D}=1$，要使 $Q^{n+1}=\bar{Q}^n$ 时，要求 J 为_____、K 为_____；如果要求 $Q^{n+1}=Q^n$ 时，则要求 J 为_____、K 为_____；如果要求 $Q^{n+1}=1$ 时，则要求 J 为_____、K 为_____；如果要求 $Q^{n+1}=0$ 时，则要求 J 为_____，K 为_____。

5. 维持阻塞 D 触发器具有_____和_____功能，其特性方程为_____。如将输

入 D 和输出 $\bar{Q}$ 相连后，则 D 触发器处于_____状态。

6. 特性表用以表示触发器的_____和_____与_____之间的关系。

7. 按计数脉冲引入方式可将计数器分为_____计数器和_____计数器。

8. n 位二进制计数器由 n 个触发器组成，其计数模数为_____，计数范围为_____。

9. 集成计数器的清零方式分为_____和_____；置数方式分为_____和_____。因此，集成计数器构成任意计数器的方法有_____法和_____法。

10. 3.2 MHz 的信号经一级 10 分频后输出为_____ kHz，再经一级 8 分频后输出_____ kHz，最后经 16 分频后输出_____ kHz。

11. 寄存器可分为_____寄存器和_____寄存器两大类。集成芯片 CT74LS194 是_____寄存器。

（三）判断题

1. 一个触发器可保存 1 位二进制数。   （   ）

2. 由与非门组成的基本 RS 触发器可用 $\bar{R}_D$ 和 $\bar{S}_D$ 端输入的信号直接进行置"0"或置"1"。   （   ）

3. 上升沿触发器在时钟脉冲 $CP = 1$ 期间，输出状态随输入信号变化。   （   ）

4. 同步 RS 触发器在 $CP = 1$ 期间，输出状态随输入 R、S 端的信号变化而变化。 （   ）

5. 上升沿 JK 触发器原状态为 1，欲使其状态变为 0 时，则在时钟脉冲 CP 上升沿到来前置 $J = \mathrm{X}$、$K = 1$。   （   ）

6. 同步 JK 触发器在时钟脉冲 $CP = 1$ 期间，J、K 输入信号发生变化时，对输出 Q 的状态不会有影响。   （   ）

7. 边沿 JK 触发器在时钟脉冲 $CP = 1$ 期间，J、K 输入信号发生变化时，输出 Q 的状态随之变化。   （   ）

8. 维持阻塞 D 触发器在输入 $D = 1$ 时，输入时钟脉冲 CP 上升沿后，触发器只能翻转到 1 状态。   （   ）

9. 时序逻辑电路的输出状态不仅与输入状态有关，还与电路原来的状态有关。 （   ）

10. 时序逻辑电路没有记忆功能。   （   ）

11. 同步时序逻辑电路的所有触发器都受同一时钟脉冲控制。   （   ）

12. 计数器的模是指输入脉冲的最大数目。   （   ）

13. 和异步计数器相比，同步计数器的显著优点是工作频率高。   （   ）

14. 4 位二进制计数器是一个十五分频电路。   （   ）

15. 把一个五进制计数器和一个十进制计数器串联可得到十五进制计数器。   （   ）

16. 4 位数码寄存器可寄存 4 位二进制数。   （   ）

（四）分析题

1. 试将 JK 触发器转换成 T 触发器。

2. 试用边沿 JK 触发器设计一个二分频电路，并画出逻辑电路图。（至少两种方法）

3. 试分析电路图 6 – 42 所示的时序电路，设触发器初始状态为 0。

（1）写出输出方程、驱动方程和状态方程；

（2）列出状态转换真值表；

（3）分析电路逻辑功能。

（4）画出状态转移图和时序图。

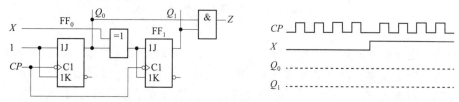

图 6 – 42　时序逻辑电路

4. 试分析图 6 – 43 所示电路为几进制计数器，设触发器初始状态均为 0，要求：

（1）写出驱动方程和状态方程；

（2）列出状态转换表；

（3）分析是几进制计数器。

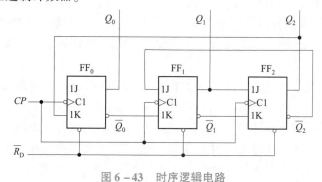

图 6 – 43　时序逻辑电路

5. 试用同步 4 位二进制加法计数器 74LS161 设计一个十进制计数器，写出过程并画出逻辑电路图。（至少两种方法）

表 6 – 22 中，"×"称为约束项。因此本例可以用带有约束项的最小项表达式表示为

$$M = \sum m(2) + \sum d(0,3,5,6,7)，其中 \sum d(0,3,5,6,7) 就是表 6 – 22 中的约束项。$$

表 6 – 22　带约束项的真值表

A	B	C	M
0	0	0	×
0	0	1	0
0	1	0	1
0	1	1	×
1	0	0	0
1	0	1	×
1	1	0	×
1	1	1	×

在化简函数时，可以充分利用约束项的取值不定，择机将其算作 0 或者 1，可以简化化简的难度。

参考文献

［1］康华光. 电子技术基础（模拟部分）［M］. 5 版. 北京：高等教育出版社，1999.

［2］康华光. 电子技术基础（数字部分）［M］. 5 版. 北京：高等教育出版社，2005.

［3］孙余凯，项绮明，吴鸣山，等. 电子元件检测选用代换手册［M］. 北京：电子工业出版社，2007.

［4］杨刚，周群. 电子系统设计与实践［M］. 北京：电子工业出版社，2004.

［5］唐程山. 电子技术基础［M］. 北京：高等教育出版社，2004.

［6］赵保经. 中国集成电路大全 TTL 集成电路分册［M］. 北京：国防工业出版社，1985.

［7］王松武，于鑫，武思君. 电子创新设计与实践［M］. 北京：国防工业出版，2005.

［8］阎石. 数字电子技术基础［M］. 5 版. 北京：高等教育出版社，2006.

［9］彭介华. 电子技术课程设计指导［M］. 北京：高等教育出版社，1997.

［10］吕思忠，施齐云. 数字电路实验与课程设计［M］. 修订版. 哈尔滨：哈尔滨工程大学出版社，2008.

［11］朱清惠，张凤蕊，王志奎. Proteus 教程——电子线路设计、制版与仿真［M］. 北京：清华大学出版社，2019.

［12］郜志峰. 电子技术基础［M］. 北京：北京理工大学出版社，2019.

［13］刘鹏，刘旭. 电子技术基础［M］. 北京：北京理工大学出版社，2019.

［14］董建民. 电子技术教学做一体化教程［M］. 2 版. 北京：北京理工大学出版社，2022.